新工科建设之路·计算机类专业系列教材

Python 编程基础与数据分析应用

孙 艺　王东滨　王天棋　桂成荣　编著

电子工业出版社
Publishing House of Electronics Industry
北京·BEIJING

内 容 简 介

当今各种编程语言在不断地融合、壮大，其中 Python 表现尤为突出，把面向对象的思想和应用方式推向了一个新的高度，使得人们可以用技术的方式把事物之间的逻辑联系完美地展示出来。

本书共 18 章，第 1 章介绍 Python 的产生、特点及安装，第 2 章从标识符、注释方式等几个方面进行讲解，第 3 章讲解 Python 对象的内容，第 4 章详细讲解数据类型和函数方面的知识，第 5 章至第 7 章讲解序列、映射、集合及控制语句的概念和使用方法，第 8 章和第 9 章讲解文件相关知识和异常的处理方法，第 10 章和第 11 章讲解函数编程和模块化编程的内容，第 12 章讲解面向对象的知识，第 13 章和第 14 章讲解程序的执行环境和网络编程的重要知识，第 15 章至第 18 章是实验的相关内容。

本书既可以作为初学者和企业培训的入门教材，也可以作为本科、大专及职业院校相关专业的教材。

未经许可，不得以任何方式复制或抄袭本书之部分或全部内容。
版权所有，侵权必究。

图书在版编目（CIP）数据

Python 编程基础与数据分析应用 / 孙艺等编著. —北京：电子工业出版社，2023.2
ISBN 978-7-121-44919-2

Ⅰ.①P… Ⅱ.①孙… Ⅲ.①软件工具－程序设计－高等学校－教材 Ⅳ.①TP311.561

中国国家版本馆 CIP 数据核字（2023）第 015363 号

责任编辑：张小乐
文字编辑：戴　新
印　　刷：北京七彩京通数码快印有限公司
装　　订：北京七彩京通数码快印有限公司
出版发行：电子工业出版社
　　　　　北京市海淀区万寿路 173 信箱　　邮编：100036
开　　本：787×1 092　1/16　印张：23.75　字数：608 千字
版　　次：2023 年 2 月第 1 版
印　　次：2023 年 11 月第 3 次印刷
定　　价：79.80 元

凡所购买电子工业出版社图书有缺损问题，请向购买书店调换。若书店售缺，请与本社发行部联系，联系及邮购电话：（010）88254888，88258888。
质量投诉请发邮件至 zlts@phei.com.cn，盗版侵权举报请发邮件至 dbqq@phei.com.cn。
本书咨询联系方式：（010）88254462，zhxl@phei.com.cn。

前　　言

人工智能技术及应用已经渗透到社会的各个方面，而 Python 是用于刻画人工智能技术的重要开发语言之一。从对小学生科学素质的培养到相关岗位对技术人员的能力要求，Python 无不彰显它独特的科学魅力。作者总结多年的实践教学经验，基于众多创新创业项目，使用软件工程的学科要求及方法，以实践应用为核心，围绕 Python 开展了一系列工作，取得了良好的成果，并在这些工作的基础上整理了大量的资料，对一系列的实验进行了总结。

本书在编写过程中得到了北京智齿博创科技有限公司、上海德拓信息技术股份有限公司、优选创新（北京）科技有限公司、北京环球奇迅技术有限公司、北京领众恒信科技公司及海数据实验等企业的支持，以及曲俊男、宋葳、李璐璐、董云洲、胡靓、金昕等同人的帮助。本书的出版获得了国家自然科学基金资助（项目号 62002025），以及河北省重点研发计划项目（20313701D）、北京邮电大学教改项目（2019JY-E03）、教育部产学合作协同育人项目（202102373005）的支持。

本书内容按照由浅入深的方式，介绍了 Python 的基础知识、主要语法、网络编程和异常处理等内容。本书既可以作为初学者和企业培训的入门教材，也可以作为本科、大专及职业院校相关专业的教材。

由于作者水平有限，书中难免存在错误或不足之处，敬请读者指正。

编著者

目 录

知 识 篇

第 1 章　Python 概述 ································ 1
  1.1　Python 的产生及版本 ················ 1
  1.2　Python 的特点 ···························· 1
  1.3　Python 的安装与运行 ················ 2

第 2 章　Python 基础知识 ····················· 3
  2.1　Python 的标识符 ························ 3
  2.2　Python 的保留字 ························ 4
  2.3　行和缩进 ······································ 4
  2.4　Python 的注释 ···························· 5
  2.5　数据类型、变量和常量 ············ 5
    2.5.1　数据类型 ······················· 5
    2.5.2　变量 ······························· 8
    2.5.3　常量 ····························· 10

第 3 章　Python 对象 ······························ 11
  3.1　内建类型 ···································· 11
  3.2　对象的概念 ································ 14
  3.3　内建函数 ···································· 16

第 4 章　数字及函数 ·································· 20
  4.1　数据类型 ···································· 20
    4.1.1　数字类型 ····················· 20
    4.1.2　Python 数字类型转换 ···· 21
    4.1.3　Python 算数运算符 ······ 21
  4.2　函数的基本知识 ······················ 23
    4.2.1　数学函数 ····················· 23
    4.2.2　随机数函数 ················· 23
    4.2.3　三角函数 ····················· 24
    4.2.4　数学常量 ····················· 24

第 5 章　序列 ·· 25
  5.1　字符串 ·· 25
    5.1.1　Python 访问字符串中的值 ·········· 25

    5.1.2　Python 字符串更新 ······ 25
    5.1.3　Python 转义字符 ·········· 26
    5.1.4　Python 字符串运算符 ···· 26
    5.1.5　Python 字符串格式化 ···· 27
    5.1.6　Python 三引号 ············· 28
    5.1.7　Unicode 字符串 ··········· 29
    5.1.8　Python 的字符串内建函数 ············ 29
  5.2　列表 ·· 31
    5.2.1　访问列表中的值 ········· 31
    5.2.2　更新列表 ····················· 31
    5.2.3　删除列表元素 ············· 32
    5.2.4　列表脚本操作符 ········· 32
    5.2.5　列表截取与拼接 ········· 32
    5.2.6　嵌套列表 ····················· 33
    5.2.7　列表函数和方法 ········· 33
  5.3　元组 ·· 34
    5.3.1　访问元组 ····················· 34
    5.3.2　修改元组 ····················· 35
    5.3.3　删除元组 ····················· 35
    5.3.4　元组运算符 ················· 35
    5.3.5　元组索引和截取 ········· 36
    5.3.6　元组内置函数 ············· 36

第 6 章　映射与集合 ·································· 37
  6.1　映射类型 ···································· 37
    6.1.1　访问字典里的值 ········· 37
    6.1.2　修改字典 ····················· 38
    6.1.3　删除字典元素 ············· 38
    6.1.4　字典键的特性 ············· 38
    6.1.5　字典的内置函数和方法 ················ 39

6.2 集合 ································· 40
    6.2.1 集合概述 ····················· 40
    6.2.2 集合的基本操作 ············· 41
    6.2.3 集合内置方法 ················ 43

第 7 章 控制语句 ························· 44
7.1 条件语句 ····························· 44
    7.1.1 if 语句 ························ 44
    7.1.2 if 嵌套 ························ 47
7.2 循环 ································· 48
    7.2.1 while 循环 ···················· 48
    7.2.2 for 循环 ······················ 50
    7.2.3 range() ······················· 51
    7.2.4 break 语句、continue 语句
            及循环中的 else 子句 ····· 52
    7.2.5 pass 语句 ····················· 54

第 8 章 文件和内建函数 ··············· 55
8.1 文件对象 ···························· 55
8.2 内建函数 ···························· 55
8.3 文件方法 ···························· 56

第 9 章 异常处理 ························ 59
9.1 错误和异常 ························· 59
9.2 异常处理方法 ······················ 60
    9.2.1 try-except 语句 ·············· 60
    9.2.2 try-finally 语句ꞏꞏꞏꞏꞏꞏꞏꞏꞏꞏꞏꞏ 62

第 10 章 函数编程 ······················· 63
10.1 函数 ································ 63
10.2 函数调用 ··························· 63
10.3 参数传递 ··························· 64
10.4 参数 ································ 65
10.5 匿名函数 ··························· 69
10.6 变量作用域 ························ 70
10.7 return 语句 ························ 73
10.8 迭代器 ····························· 73
10.9 生成器 ····························· 75

第 11 章 模块化编程 ···················· 77
11.1 模块的定义 ························ 77

11.2 from-import 语句ꞏꞏꞏꞏꞏꞏꞏꞏꞏꞏꞏꞏꞏꞏ 78
11.3 其他 ································ 78
11.4 包 ·································· 80

第 12 章 面向对象 ······················· 83
12.1 面向对象的相关知识 ············· 83
12.2 类和实例 ··························· 84
12.3 访问限制 ··························· 86
12.4 继承和多态 ························ 88
12.5 获取对象信息 ····················· 92
12.6 实例属性和类属性 ··············· 96

第 13 章 执行环境 ······················· 98
13.1 简介 ································ 98
13.2 可调用对象 ························ 98
13.3 代码对象 ··························· 100
13.4 执行其他 Python 程序 ········· 103
13.5 执行其他非 Python 程序 ······ 103
13.6 结束执行 ··························· 106
13.7 各种 os 模块属性 ················ 107

第 14 章 网络编程 ······················· 108
14.1 TCP/IP ······························ 108
14.2 TCP 编程 ··························· 109
    14.2.1 客户端 ······················· 109
    14.2.2 服务器 ······················· 110
14.3 UDP 编程 ·························· 112
14.4 多线程 ····························· 113
14.5 多进程 ····························· 114
14.6 主要示例 ··························· 115
    14.6.1 多进程模块 ················· 115
    14.6.2 子进程模块 ················· 116
    14.6.3 线程模块 ···················· 118
    14.6.4 Lock ··························· 119
    14.6.5 多核 CPU ···················· 121
    14.6.6 ThreadLocal ················ 122
14.7 进程与线程的模式 ············· 123

实 验 篇

第 15 章　基础实验 ·············· 125
- 15.1　Python 基本数据类型——数字、字符串 ············· 125
- 15.2　Python 运算符与表达式 ······ 131
- 15.3　Python 的判断、循环、函数 ······················· 141
- 15.4　Python 基本数据类型——列表、元组 ················ 150
- 15.5　Python 数据结构——列表推导式 ··················· 153
- 15.6　Python 数据结构——字典语法及应用 ·············· 157
- 15.7　Python 数据结构——集合语法及应用 ·············· 169
- 15.8　类与对象及系统成员应用 ··························· 176
- 15.9　Python 函数设计与使用 ····· 182
- 15.10　Python 模块的使用 ········ 191
- 15.11　Python 生成器与迭代器 ··· 195
- 15.12　Python 的文件异常、I/O 及常用库 ·············· 199
- 15.13　Python 数据爬虫爬取网页数据 ·················· 206

第 16 章　功能实验 ·············· 217
- 16.1　绘制多个子图 ··············· 217
- 16.2　文本说明 ··················· 229
- 16.3　条形图 ····················· 244
- 16.4　3D 图 ······················ 250
- 16.5　Redis ······················ 257
- 16.6　Series 操作 ················ 262
- 16.7　DataFrame 基本操作 ······· 269
- 16.8　可视化 ····················· 277

第 17 章　数据分析 ·············· 283
- 17.1　linalg 线性代数函数 ········ 283
- 17.2　random 类 ·················· 288
- 17.3　电影数量增长可视化 ······· 297
- 17.4　数据预处理 ················ 316
- 17.5　特征选择 ·················· 324
- 17.6　交叉验证 ·················· 328
- 17.7　模型评估 ·················· 335

第 18 章　综合实验 ·············· 352
- 18.1　笔迹识别 ·················· 352
- 18.2　爬取商业动态数据 ········· 358
- 18.3　决策树算法 ················ 363
- 18.4　机器学习实验 ·············· 369

知 识 篇

第 1 章 Python 概述

Python 语言之所以发展迅速，得益于其良好的解释性、编译性和互动性，能够对面向对象的思想进行完美的表达。其可读性表现得更是淋漓尽致，通过一个 Python 提示符就可以完成与执行者的互动。用户可以用接近人类的思考方式编写 Python 程序，不仅能够全面调用计算机的功能接口，还可以像用 shell 那样轻松地编程，非常适合用于各个应用领域的技术开发。

1.1 Python 的产生及版本

Python 的作者是一个名叫 Guido van Rossum 的荷兰数学家。Python 有蟒蛇的意思，但 Guido 起这个名字完全和蟒蛇没有关系。Guido 在实现 Python 的时候，他阅读了 *Monty Python's Flying Circus* 的剧本，这是一部 20 世纪 70 年代的 BBC 喜剧。Guido 认为他需要一个简短、独特且略显神秘的名字，因此他将该语言命名为 Python。

1989 年 12 月，Guido 写出了 Python 的第一个版本。1991 年，Python 的第一个解释器诞生，主要由 C 语言实现，同时借鉴了其他部分语言的规则。1994 年 1 月，Python 1.0 版本被发布，这个版本的主要新功能有 lambda、map、filter 和 reduce，但是这个版本为了追求精准度而限制了灵活性。所以，Guido 对其继续改进，在 2000 年 10 月发布了 2.0 版本。接着在 2008 年 12 月发布了 Python 3.0 版本，但是 Python 3.0 版本不兼容其他版本。之后在 2009 年发布 3.1 版本、在 2011 年 2 月发布 3.2 版本、在 2016 年 12 月发布 3.6 版本、在 2020 年 10 月发布 3.9 版本等。

1.2 Python 的特点

Python 的关键字很少，编程结构简单，语法明确，学习起来很容易。Python 代码定义清晰，有一个广泛的标准库，并且在不断地丰富，容易维护和阅读，也表现出了良好的跨平台性。在此基础上引入的互动模式可以让用户直接从终端输入执行代码并获得结果，可以互动测试和调试代码片断。基于其本身开放源代码的特性，Python 可以被移植到许多不同的平台，使得其兼容性进一步扩大，例如，某段效率较高的关键代码是用其他语言编写的，可以把该部分代码公布，之后使用 Python 程序中的调用服务。

1.3 Python 的安装与运行

目前可以获取的最新版本是 Python 3.9.5，用户登录 Python 官网，选择系统适合的安装包进行下载即可，如图 1-1 所示。

图 1-1 Python 官网

第 2 章 Python 基础知识

2.1 Python 的标识符

在大多数程序设计语言中，标识符（Identifier）是程序中某个元素名字的字符串或用来标识源程序中某个对象的名字。该元素可以是一个语句标号、一个过程或函数、一个数据元素或程序本身。标识符可以与变量名同义使用，其位置通过变量的标识符联系到存储器地址，而存储器地址又指向存储器内的物理单元，该单元包含一个值，在整个程序执行期间保持不变。可见，标识符是用来标识某个实体的符号，在不同的应用环境下有不同的含义。在计算机编程语言中，标识符是用户编程时使用的名字，用于给变量、常量、函数、语句块等命名。标识符通常由字母、数字及其他字符构成。Python 中标识符的使用规则如下。

（1）标识符由字母、数字、下画线组成，但不能以数字开头。

（2）标识符是区分大小写的。

（3）以下画线开头的标识符是有固定意义的，使用的时候需要注意。例如，前后各有两个下画线（注：两个下画线在输入后会连在一起）的标识符（如__foo__）定义的是特殊方法，一般是系统定义的名字，类似__init__()。以单下画线开头的标识符（如_foo）表示的是保护类型的变量，保护类型只允许其本身与子类进行访问，不能用于访问 from module import*__foo。双下画线表示的是私有类型（private）的变量，只允许该类本身进行访问。

合法的标识符：

```
name
User
user_name
user_age
BOOK
book_name
book13
```

不合法的标识符：

```
user&book  # & 不属于标识符的组成字符，即包含非法字符
4name      # 不能以数字开头
and        # and是关键字，不能作为标识符
```

标识符中的字母必须严格区分大小写：

```
name = '张三同志'
Name = '张三同志'
NAME = '张三同志'
```

2.2　Python 的保留字

保留字（Reserved Word）是指在高级语言中已经定义过的单词，用户不能将这些单词作为变量名或过程名使用。保留字包括关键字和未使用的保留字。关键字是指在语言中有特定含义，成为语法一部分的那些单词。在一些语言中，保留字可能并没有应用于当前的语法中，这就是保留字与关键字的区别。一般出现这种情况可能是出于扩展性的考虑。例如，JavaScript 中有一些保留字，如 abstract、double、goto 等。

Python 中的保留字是一些已经被赋予特定意义的单词，也被称为关键字。因此，在程序开发中不能将这些保留字作为标识符给变量、函数、类、模板及其他对象命名。

图 2-1 中列出了 Python 的保留字，这些保留字不能用作常数或变量，以及任何其他标识符名称。

and	as	assert	break	class	continue
def	del	elif	else	except	finally
for	from	False	global	if	import
in	is	lambda	nonlocal	not	None
or	pass	raise	return	try	True
while	with	yield			

图 2-1　Python 的保留字

2.3　行 和 缩 进

Python 中的行主要分为逻辑行和物理行。逻辑行主要指一段代码，是一种逻辑意义上的行数。物理行指的是在程序中实际看到的行数。在 Python 中，一个物理行一般可包含多个逻辑行，在一个物理行中编写多个逻辑行的时候，逻辑行与逻辑行之间用分号隔开。每个逻辑行的后面必须有一个分号，如果一个逻辑行的位置处于一个物理行的最后，则这个逻辑行可以省略分号。还有一种情况就是，当多个逻辑行都在一个物理行中时，可以将一个逻辑行分别写在多个物理行中，但是必须使用行连接。行连接是在行的最后加上一个\符号，通常是一行写完一条语句，但如果语句很长，就可以使用\符号来实现多行语句。

另外，在 Python 中，逻辑行行首的空白是有规定的，逻辑行行首的空白不对，就会导致程序执行出错。因此，Python 对缩进的空白有明确的要求：①逻辑行的"首行"需要顶格，即无缩进；②相同逻辑层保持相同的缩进；③":"标记一个新的逻辑层，增加缩进表示进入下一个代码层，减少缩进表示返回上一个代码层。

物理行：

```
print "abc"
    print "abc"
```

逻辑行：

```
print "ab";print "89"; print "666"
```

行连接：

```
#行连接
print "中国 
      \山东"
```

这个示例中如果缺少\符号，就会出错。

使用\符号将一行语句分为多行显示：

```
total = item_one + \
        item_two + \
        item_three
```

如果语句中包含[]、{}或()，就不需要使用行连接符号：

```
days = ['Monday', 'Tuesday', 'Wednesday',
        'Thursday', 'Friday']
```

2.4　Python 的注释

Python 中使用单引号（'）、双引号（"）、三引号（'''或"""）来表示字符串，前引号和后引号必须是相同类型的。其中，三引号可以引用多行，编写多行文本的快捷语法，常用于文档字符串，在文件的特定地方被当作注释。但是，如果字符串中包含引号对，就会造成歧义，因此在使用时需要注意。注释分为单行注释和多行注释，Python 中的单行注释也叫作行注释，使用#表示，可以作为单独的一行被放在被注释代码行之上，也可以放在语句或表达式之后。当单行注释作为单独的一行被放在被注释代码行之上时，为了保证代码的可读性，建议在#后面添加一个空格，再添加注释内容。当单行注释被放在语句或表达式之后时，同样为了保证代码的可读性，建议注释和语句（表达式）之间至少添加两个空格。另外，当注释内容过多，导致一行无法显示时，可以使用多行注释。

单行注释：

```
# 第一个注释
```

多行注释：

```
''' 这是使用三个单引号的多行注释'''
""" 这是使用三个双引号的多行注释 """
```

2.5　数据类型、变量和常量

2.5.1　数据类型

数据类型也叫作数据元（Data Element）或数据素，是用一组属性描述其定义、标识、表示和允许值的数据单元，在一定语境下，通常用于构建一个语义正确、独立且无歧义的特定概念语义的信息单元。可以将数据元理解为数据的基本单元，将若干具有相关性的数据元按一定的次序组成一个整体结构即为数据模型。数据元通常由对象类、特性和表示 3 部分组成。对象类（Object Class）是现实世界或抽象概念中事物的集合，有清楚的边界和含义，并且特性和行为遵循同样的规则，从而能够被标识。特性（Property）是对象类的所有个体共有的某种性质，是对象有别于其他成员的依据。表示（Representation）是值域、数据类型、表示方式的组合，必要时也包括计量单位、字符集等信息。

1. 整数

在 Python 中可以处理任意大小的整数，当然也包括负整数，它们在程序中的表示方法和在数学中的写法一模一样，如 1、100、-8080、0 等。

因为计算机使用二进制数，所以有时用十六进制数表示整数比较方便。十六进制数用 0x 前缀和 0~9、a~f 表示，如 0xff00、0xa5b4c3d2 等。

2. 浮点数

浮点数就是小数，之所以称为浮点数，是因为在按照科学计数法表示时，一个浮点数的小数点位置是可变的。例如，$1.23×10^9$ 和 $12.3×10^8$ 是完全相等的。浮点数可以用数学写法，如 1.23、3.14、-9.01 等。但是对于很大或很小的浮点数，就必须用科学计数法表示了，用 e 替代 10，$1.23×10^9$ 就是 1.23e9 或 12.3e8，0.000012 可以写成 1.2e-5 等。

整数和浮点数在计算机内部存储的方式是不同的，整数运算永远是精确的（除法难道也是精确的？是的），而浮点数运算则可能会有四舍五入的误差。

3. 字符串

字符串是用单引号（'）或双引号（"）括起来的任意文本，如'abc'、"xyz"等。单引号或双引号本身只是一种表示方式，不是字符串的一部分，因此字符串'abc'只有 a、b、c 这 3 个字符。如果单引号本身也是一个字符，那么可以用双引号括起来，如"I'm OK"包含 I、'、m、空格、O、K 这 6 个字符。

如果字符串内部既包含单引号又包含双引号，则可以用转义字符（\）来标识，例如：

'I\'m \"OK\"!'

表示的字符串内容是：

I'm "OK"!

使用转义字符可以转义很多字符，如\n 表示换行、\t 表示制表符。字符\本身也要转义，所以\\表示的字符就是\，可以在 Python 的交互式命令行中用 print()打印字符串查看：

```
>>> print('I\'m ok.')
I'm ok.
>>> print('I\'m learning\nPython.')
I'm learning
Python.
>>> print('\\\n\\')
\
\
```

如果字符串里面有很多字符都需要转义，就需要加很多\，为了简化，Python 允许用 r'表示单引号内部的字符串默认不转义，读者可以自己试试。

```
>>> print('\\\t\\')
\    \
```

```
>>> print(r'\\\t\\')
\\\t\\
```

如果字符串内部有很多换行，则在一行里写很多\n 不好阅读，为了简化，Python 允许用'''...'''格式表示多行内容，如下所示：

```
>>> print('''line1
... line2
... line3''')
line1
line2
line3
```

上面是在交互式命令行内输入的，注意在输入多行内容时，提示符由>>>变为...，提示用户可以接着上一行输入，注意...是提示符，不是代码的一部分，如图 2-2 所示。

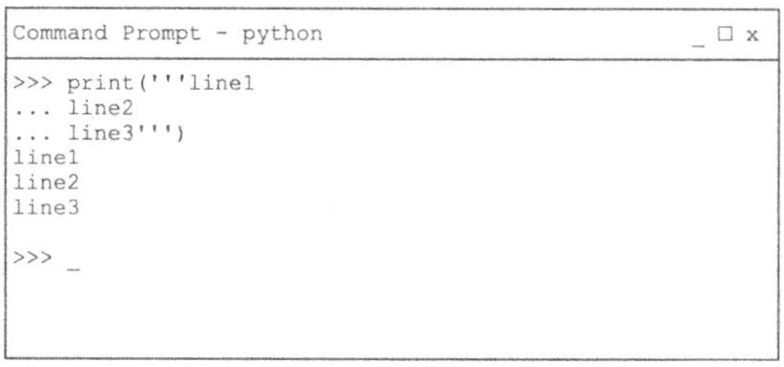

图 2-2 提示符实例

当输入完结束符'''和)后，执行该语句并打印结果。

如果写成程序并保存为.py 文件，结果如下：

```
print('''line1
line2
line3''')
```

4．布尔值

布尔值只有 True、False 两种情况，要么是 True，要么是 False。在 Python 中，可以直接用 True、False 表示布尔值（注意大小写），也可以通过布尔运算计算出来：

```
>>> True
True
>>> False
False
>>> 3 > 2
True
>>> 3 > 5
False
```

布尔值可以用 and、or 和 not 进行运算。

and 运算是与运算，只有当所有值都为 True 时，and 运算的结果才是 True：

```
>>> True and True
True
```

```
>>> True and False
False
>>> False and False
False
>>> 5 > 3 and 3 > 1
True
```

or 运算是或运算，只要其中有一个值为 True，or 运算的结果就是 True：

```
>>> True or True
True
>>> True or False
True
>>> False or False
False
>>> 5 > 3 or 1 > 3
True
```

not 运算是非运算，它是一个单目运算符，把 True 变成 False 或把 False 变成 True：

```
>>> not True
False
>>> not False
True
>>> not 1 > 2
True
```

布尔值经常用在条件判断中，例如：

```
if age >= 18:
    print('adult')
else:
    print('teenager')
```

5. 空值

空值是 Python 里一个特殊的值，用 None 表示。不能将 None 理解为 0，因为 0 是有意义的，而 None 是一个特殊的空值。此外，Python 中还提供了列表、字典等多种数据类型，也允许创建自定义数据类型。

2.5.2 变量

变量的概念基本上和初中代数中的方程变量的概念是一致的，只是在计算机程序中，变量不仅可以是数字，还可以是任意数据类型。变量在程序中用一个变量名表示，变量名必须是大小写英文字母、数字和下画线（_）的组合，且不能用数字开头，例如：

```
a = 1
```

变量 a 是一个整数。

```
t_007 = 'T007'
```

变量 t_007 是一个字符串。

Answer = True

变量 Answer 是一个布尔值 True。

在 Python 中，等号（=）是赋值语句，可以把任意数据类型赋值给变量，同一个变量可以被反复赋值，而且可以是不同类型的变量，例如：

```
a = 123 # a 是整数
print(a)
a = 'ABC' # a 变为字符串
print(a)
```

这种变量本身类型不固定的语言被称为动态语言，与之对应的是静态语言。静态语言在定义变量时必须指定变量类型，如果赋值的时候类型不匹配，就会报错。例如，Java 是静态语言，赋值语句如下（//表示注释）：

```
int a = 123;    //a 是整数类型变量
a = "ABC";      //错误：不能把字符串赋值给整型变量
```

和静态语言相比，动态语言更灵活。

注意，不要把赋值语句中的等号等同于数学中的等号。比如下面的代码：

```
x = 10
x = x + 2
```

如果从数学上理解 x = x + 2，无论如何是不成立的。而在程序中，赋值语句先计算右侧的表达式 x + 2，得到结果 12，再赋值给变量 x。x 之前的值是 10，重新被赋值后，x 的值变成了 12。

理解变量在计算机内存中的表示非常重要，当输入 a = 'ABC'时，Python 解释器做了两件事情：

（1）在内存中创建了一个'ABC'的字符串；
（2）在内存中创建了一个名为 a 的变量，并把它指向'ABC'。

也可以把一个变量 a 赋值给另一个变量 b，这个操作实际上是把变量 b 指向变量 a 所指向的数据，如下面的代码：

```
a = 'ABC'
b = a
a = 'XYZ'
print(b)
```

最后打印出变量 b 的内容到底是'ABC'还是'XYZ'呢？如果从数学意义上理解，就会错误地得出 b 和 a 的值相同，都是'XYZ'，但实际上 b 的值是'ABC'。

执行 a = 'ABC'，解释器创建了字符串'ABC'和变量 a，并把变量 a 指向'ABC'，如图 2-3 所示。

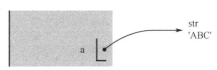

图 2-3　创建字符串'ABC'和变量 a

执行 b = a，解释器创建了变量 b，并把变量 b 指向变量 a 指向的字符串'ABC'，如图 2-4 所示。

执行 a = 'XYZ'，解释器创建了字符串'XYZ'，并把变量 a 的指向改为'XYZ'，而变量 b 并没有更改指向，如图 2-5 所示。

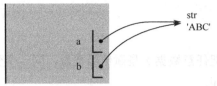
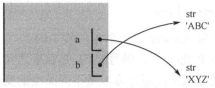

图 2-4 变量 b 指向变量 a 指向的字符串　　　　图 2-5 变量 a 指向字符串'XYZ'

因此，最后打印出的变量 b 的结果自然就是'ABC'了。

2.5.3 常量

常量就是不能改变的变量，如常用的数学常数 π 就是一个常量。在 Python 中，通常用全部大写的变量名表示常量：

```
PI = 3.14159265359
```

但事实上 PI 仍然是一个变量，因为 Python 根本没有任何机制保证 PI 不会被改变，所以用全部大写的变量名表示常量只是一个习惯上的用法。

下面解释整数的除法为什么是精确的。在 Python 中，有两种除法，一种除法是/：

```
>>> 10 / 3
3.3333333333333335
```

/除法的计算结果是浮点数，即使是两个整数恰好整除，结果也是浮点数：

```
>>> 9 / 3
3.0
```

还有一种除法是//，被称为地板除，两个整数相除的结果仍然是整数：

```
>>> 10 // 3
3
```

整数的//除法结果永远是整数，即使除不尽。要做精确的除法，使用/除法就可以。

因为//除法只取结果的整数部分，所以 Python 还提供了一个余数运算，可以得到两个整数相除的余数：

```
>>> 10 % 3
1
```

无论整数做//除法还是取余数，结果永远是整数，所以整数运算的结果永远是精确的。

第 3 章 Python 对象

3.1 内建类型

1. 列表（List）

Python 有 6 个序列的内建类型，列表是最常用的 Python 数据类型之一。列表以一个方括号内的逗号分隔值的形式出现，列表的数据项不需要具有相同的类型。列表是 Python 中最基本的数据结构之一，列表中的每个元素都被分配一个位置，一个元素对应一个位置；这些位置通过索引与该元素的存储位置映射，第一个索引是 0，第二个索引是 1，依次类推；序列可以通过索引完成切片、加、乘、检查成员等操作。另外，Python 还内置了序列的长度及确定最大和最小元素的方法等诸多函数。列表定义如下：

```
a = ["I","you","he","she"]         #元素可为任何类型
```

下标：以 0 开始，按下标数字读写，作为数组处理，有负下标的使用情况。下标 0 表示第一个元素，下标-1 表示最后一个元素。len(list)实际上是调用了此对象的 len(self)方法。创建连续的列表。示例代码如下：

```
L = range(1,5)                     #即 L=[1,2,3,4]，不含最后一个元素
L = range(1, 10, 2)                #即 L=[1, 3, 5, 7, 9]
```

列表的方法代码如下：

```
L.append(var)                      #追加元素
L.insert(index,var)
L.pop(var)                         #返回最后一个元素，并从列表中删除
L.remove(var)                      #删除第一次出现的该元素
L.count(var)                       #该元素在列表中出现的个数
L.index(var)                       #该元素的位置，无则抛异常
L.extend(list)                     #追加列表，即合并列表到 L 上
L.sort()                           #排序
L.reverse()                        #倒序
```

列表操作符有:、+、*，关键字是 del，示例代码如下：

```
a[1:]                              #片段操作符，用于子列表的提取
[1,2]+[3,4]                        #结果为[1,2,3,4]，同 extend()方法
[2]*4                              #结果为[2,2,2,2]
del L[1]                           #删除指定下标的元素
```

11

```
del L[1:3]                #删除指定下标范围的元素
```

列表的复制代码如下：

```
L1 = L        #L1 为 L 的别名，用 C 语言来解释就是指针地址相同，对 L1 操作即对 L 操作。函数参数就是这样传递的
L1 = L[:]     #L1 为 L 的复制
```

2. 字典（Dictionary）

Python 字典的本质是一种结构可以灵活变化的容器模型，并且可以存储任意类型的对象，如字符串、数字、元组等。字典的每个键值对（key=>value）用冒号（:）分隔，键值对之间用逗号（,）分隔，整个字典被放在花括号（{}）中。

Python 中对字典的使用较为规范：①必须通过键而不是通过索引来读取，因此字典有时也被称为关联数组或散列表（Hash），它通过键将一系列的值联系起来，这样就可以通过键从字典中获取指定项；②字典是任意对象的无序集合，字典的各项是无序排列的，方便提高查询的速度；③字典的形式灵活可变，并且可以任意嵌套不同深度的其他字典，也可以对字典的任意某项进行扩展；④字典中的键必须是唯一的，不允许同一个键出现两次，如果出现多次，则只有最后一个值会被记住；⑤字典中的键必须固定，不可变更，因此只能使用数字、字符串或元组，不能使用列表。

字典（C++标准库的 map）的示例代码如下：

```
dict = {'ob1':'computer', 'ob2':'mouse', 'ob3':'printer'}
```

由此可以看出，每个元素是成对出现的，包含 key、value 两部分；key 是整数或字符串类型，value 是任意类型。键是唯一的，字典只确认最后一次赋的键值。

字典的方法代码如下：

```
D.get(key, 0)            #同 dict[key]，类似返回默认值 0。若没有[]，则抛异常
D.has_key(key)           #键返回 True，否则返回 False
D.keys()                 #返回字典键的列表
D.values()               #返回列表形式
D.items()                #返回字典中的所有键值对信息
D.update(dict2)          #增加合并字典
D.popitem()              #得到一个键值对，并从字典中删除它。若已空，则抛异常
D.clear()                #清空字典，同 del dict
D.copy()                 #复制字典
D.cmp(dict1,dict2)       #比较字典（优先级依次为元素个数、键大小、键值大小）
#第一个值大，返回 1；第一个值小，返回-1；两个值一样，返回 0
```

字典的复制代码如下：

```
dict1 = dict             #别名
dict2=dict.copy()        #复制
```

3. 元组（Tuple）

元组（常量数组）是关系数据库中的常用概念，表中的每行（数据库中的每条记录可以用一个行列式表示）是一个元组，每列是一个属性。在二维表里，元组也被称为行，可以用列表的操作符提取元素，但不能直接修改元素。元组的示例代码如下：

tuple = ('a', 'b', 'c', 'd', 'e')

4．字符串（String）

字符串的形式如下：

str = "Hello My friend"

字符串是一个整体，无法对局部进行修改，只能通过读出字符串的某一部分来进行修改。子字符串的提取代码如下：

str[:6]

在字符串中可以使用判断操作符 in 和 not in，其代码如下：

"He" in str
"she" not in str

字符串模块还提供了很多方法：

```
S.find(substring, [start [,end]])      #可指定范围查找子串，返回索引值，否则返回-1
S.rfind(substring,[start [,end]])      #反向查找
S.index(substring,[start [,end]])      #同 find 函数，只是在找不到时生成 ValueError 异常
S.rindex(substring,[start [,end]])     #同反向查找
S.count(substring,[start [,end]])      #返回找到子串的个数
S.capitalize()                         #首字母大写
S.lower()                              #转小写
S.upper()                              #转大写
S.swapcase()                           #大小写互换
S.split(str,' ')                       #将 String 转换成 List，用空格分隔
S.join(list,' ')                       #将 List 转换成 String，用空格连接
```

处理字符串的内置函数如下：

```
len(str)                    #字符串长度
cmp("my friend", str)       #字符串比较。第一个值大，返回 1
max('abcxyz')               #寻找字符串中最大的字符
min('abcxyz')               #寻找字符串中最小的字符
```

字符串的转换方法如下：

```
oat(str)                    #转换成浮点数，如 float("1e-1")，结果为 0.1
int(str)                    #转换成整型，如 int("12")，结果为 12
int(str,base)               #转换成基本进制整型数，如 int("11",2)，结果为 2
long(str)                   #转换成长整型
long(str,base)              #转换成基本进制长整型
```

字符串的格式化方法如下：

```
str_format % (参数列表)     #参数列表是以元组的形式定义的，不可在运行中改变
>>>print "%s's height is %dcm" % ("My brother", 180)
#结果显示为 My brother's height is 180cm
```

列表和元组的相互转换，示例代码如下：

```
tuple(ls)
list(ls)
```

去掉列表中重复的元素，示例代码如下：

```
a = [3, 3, 5, 7, 7, 5, 4, 2]
a = list(set(a))              # [2, 3, 4, 5, 7] 连排序都做好了
```

3.2 对象的概念

基于面向对象的编程思想是当前软件工程学科的核心体现，是对现实世界中同一类事物高度抽象的理解和应用，在编程中可以理解为对现实世界事物的映射模型。其中，对象的概念是重点，对象是类的具体表现形式，是实际存在的个体，是单位程序的执行者。面向对象关注的重点是谁在执行任务、谁能完成工作。因此，Python中类的概念是面向对象的基础，类是同一系列事物的相同结构抽象后的统称，同类事物必定具有相同的特征，对象就是类具体化的实例。日常事物的特征主要表现在状态和行为，对应到类中表现出来的就是变量和方法。代表类的特征分类的内部定义的变量叫作属性，内部定义这些变量的函数叫作方法，它们被统称为类的成员。面向对象就是在需要执行任务的时候，关注哪些个体能够执行对应的任务，然后找到对应的个体，按照一定的逻辑执行即可完成对应的任务。

在Python中，PyObject是整个Python对象机制的核心，代码如下：

```
typedef struct _object {
    PyObject_HEAD
} PyObject;
```

在release模式下编译Python时，PyObject代码如下：

```
typedef struct _object {
    int ob_refcnt;                  //引用计数
    struct _typeobject *ob_type;    //类型
} PyObject;
```

其中，ob_refcnt为整型变量，实现了基于引用计数的垃圾收集机制。对于某个对象A，当有一个新的PyObject引用该对象时，A的引用计数应该增加；而当这个PyObject被删除时，A的引用计数应该减少；当A的引用计数减少到0时，A就可以从堆上被删除，以释放出内存供别的对象使用。

1. 引用计数

PyObject中的ob_refcnt是一个32位的整型变量，这是Python的一个规范，即对一个对象的引用计数不会超过一个整型变量的最大值。

2. 整数对象

1）小整数对象

在Python中，所有对象都需要遵守堆的规则，重复使用malloc申请空间会大幅降低运行效率，导致出现大量内存碎片，影响整体性能。因此，Python使用对象池技术对小整数对象进行管理，缓存所有的小整数对象，以解决重复的问题。NSMALLPOSINTS和NSMALLNEGINTS用来修改小整数对象池的范围，默认值分别为257和-5。

2）大整数对象

对于大整数，Python 提供了一种 PyIntBlock 结构供大整数对象使用。PyIntBlock 通过维护一块内存（Block）来供大整数对象使用，并通过单向列表 block_list 来维护。当一个 PyIntObject 对象被销毁时，它所占用的内存并不会被释放，而是继续被 Python 保留，加入到 free_list 所维护的自有内存链表中，被其他需要创建对象的内存使用。

3．字符串对象

在 Python 中，PyStringObject 是字符串对象的实现，是一个拥有可变长度内存的对象：

```
typedef struct {
    PyObject_VAR_HEAD        //ob_size 字符串长度
    long ob_shash;           //字符串 hash 值
    int ob_sstate;
    char ob_sval[1];
} PyStringObject;
```

4．intern 机制和缓存池

在 PyStringObject 中，使用了 intern 机制和缓存池技术。intern 机制的目的是保证被该机制处理之后的字符串在 Python 整个运行期间只对应唯一的一个 PyStringObject 对象。使用 intern 机制的关键是在系统中构建一个（key,value）映射的集合，该集合的名称叫作 interned，记录所有被 intern 机制处理过的 PyStringObject 对象。当 Python 创建一个字符串时，首先在 interned 中检查是否已经有该字符串对应的 PyStringObject 对象，如果有，则不用创建。intern 机制在创建之后才会生效。需要注意，Python 在运行时创建一个 PyStringObject 对象的 temp 后，会销毁该对象，同时引用计数减 1。

与小整数缓存池的使用方法类似，Python 为 PyStringObject 中每个字符对应的 PyStringObject 对象设计对象池 characters。

处理过程分为三个步骤：①判断是否为一个字符；②创建 PyStringObject 对象，使用 intern 机制进行操作；③将 intern 机制的处理结果缓存到字符的缓冲池中。

5．PyStringObject 效率问题

在 Python 中使用"+"操作符作为字符串连接的方法效率非常低，其原因在于 Python 中的 PyStringObject 对象是一个不可变对象，按照处理步骤，当连接字符串时，必须创建一个新的 PyStringObject 对象，如果需要连接 N 个 PyStringObject 对象，就必须进行 $N-1$ 次内存申请及搬运工作，严重影响 Python 的运行效率。

因此，选择使用 PyStringObject 对象的 join 操作。join 操作会统计列表中所有 PyStringObject 对象的字符串长度，然后申请内存，这个过程只需要分配一次内存，即可完成对存储在列表和元组中的一组 PyStringObject 对象连接的操作，执行效率迅速提高。

6．列表对象

PyListObject 是 Python 提供的对列表的抽象模型，类似 C++中的 vector，但它不是列表，代码如下：

```
typedef struct {
    PyObject_VAR_HEAD
```

```
    PyObject **ob_item;           //元素首地址
    int allocated;                //实际申请内存的个数(部分没有被使用,类似 vector)
} PyListObject;
```

其中,ob_item 为指向元素列表的指针,Python 所采用的内存管理策略和 C++中 vector 采取的内存管理策略一样,并不是根据数据量申请对应空间的,而是在每次使用内存时,通过 PyListObject 申请一块内存,该内存的大小被记录在 allocated 中,而实际被使用的内存数量被记录在 ob_size 中,通过这种动态策略管理内存的申请和使用。

7. 对象缓存池

对象缓存池主要针对对象的创建和释放:在创建一个新的列表时,首先创建 PyListObject 对象,然后创建 PyListObject 对象所维护的元素列表;在销毁一个列表时,首先销毁 PyListObject 所维护的列表,然后释放 PyListObject 本身,但是在释放之前,Python 会检查缓冲池 free_lists,查看其中缓存的 PyListObject 数量是否已经满了,如果没满,就将该数据对象加入缓存池,否则删除。

8. PyDictObject 对象

PyDictObject 采用散列表的形式,目的是通过算法复杂度提高搜索效率。散列表的核心机制是通过一个函数将需要搜索的键值映射为一个整数,将这个整数视为索引值,以访问某片连续性的内存区域。在使用散列表的过程中,不同的对象经过散列函数的作用,可能被映射为相同的散列值,随着需要存储的数据的增多,这样的冲突就会频繁出现,这就是散列冲突。散列冲突是散列表不可避免的问题,通常用散列表的装载率表示,当已使用空间和总空间的比值大于 2/3 时,散列冲突发生的概率就会大大增加。Python 采用开放地址法解决该问题,当发生冲突时,Python 会通过一个二次探测函数 f 计算下一个候选位置,如果该候选位置可用,则将待插入元素放到该位置,否则再次调用探测函数 f,寻找可用位置。

关联容器 entry,表示对象在执行过程中的不同结构,代码如下:

```
typedef struct {
    Py_ssize me_hash;             //散列值
    PyObject *me_key;
    PyObject *me_value;
}
```

在 PyDictObject 对象生命周期中,entry 通过 Unused、Active 和 Dummy 三种方式,推动该对象在不同的状态之间转换。

- Unused:一个 entry 的 me_key 和 me_value 都是 Null。
- Active:entry 中存储了一个键值对(key,value)。
- Dummy:当 entry 中存储的键值对被删除后,entry 的状态不能直接从 Active 转换到 Unused(伪删除),否则会导致冲突探测链中断。

3.3 内建函数

Python 针对众多的类型,提供了对应的内建函数来处理,这些内建函数的作用是可对多种类型的对象进行类似的操作,即多种类型对象共有的操作。如果某种操作只针对特殊的某一类对象，则该方法同样可以使用，Python 常将其设置为该种类型的方法。

1．查看内建函数

在 Python 交互模式下，输入相应的命令即可查看当前 Python 版本的一些内建函数，如使用 dir()可以查看当前 Python 的一些内建属性，如图 3-1 所示。

```
>>> dir(__builtins__)
['ArithmeticError', 'AssertionError', 'AttributeError', 'BaseException', 'Buffer
Error', 'BytesWarning', 'DeprecationWarning', 'EOFError', 'Ellipsis', 'Environme
ntError', 'Exception', 'False', 'FloatingPointError', 'FutureWarning', 'Generato
rExit', 'IOError', 'ImportError', 'ImportWarning', 'IndentationError', 'IndexErr
or', 'KeyError', 'KeyboardInterrupt', 'LookupError', 'MemoryError', 'NameError',
 'None', 'NotImplemented', 'NotImplementedError', 'OSError', 'OverflowError', 'P
endingDeprecationWarning', 'ReferenceError', 'RuntimeError', 'RuntimeWarning', '
StandardError', 'StopIteration', 'SyntaxError', 'SyntaxWarning', 'SystemError',
'SystemExit', 'TabError', 'True', 'TypeError', 'UnboundLocalError', 'UnicodeDeco
deError', 'UnicodeEncodeError', 'UnicodeError', 'UnicodeTranslateError', 'Unicod
eWarning', 'UserWarning', 'ValueError', 'Warning', 'ZeroDivisionError', '_', '__
debug__', '__doc__', '__import__', '__name__', '__package__', 'abs', 'all', 'any
', 'apply', 'basestring', 'bin', 'bool', 'buffer', 'bytearray', 'bytes', 'callab
le', 'chr', 'classmethod', 'cmp', 'coerce', 'compile', 'complex', 'copyright', '
credits', 'delattr', 'dict', 'dir', 'divmod', 'enumerate', 'eval', 'execfile', '
exit', 'file', 'filter', 'float', 'format', 'frozenset', 'getattr', 'globals', '
hasattr', 'hash', 'help', 'hex', 'id', 'input', 'int', 'intern', 'isinstance', '
issubclass', 'iter', 'len', 'license', 'list', 'locals', 'long', 'map', 'max', '
memoryview', 'min', 'next', 'object', 'oct', 'open', 'ord', 'pow', 'print', 'pro
perty', 'quit', 'range', 'raw_input', 'reduce', 'reload', 'repr', 'reversed', 'r
ound', 'set', 'setattr', 'slice', 'sorted', 'staticmethod', 'str', 'sum', 'super
', 'tuple', 'type', 'unichr', 'unicode', 'vars', 'xrange', 'zip']
>>>
```

图 3-1　查看内建属性

也可以通过如下代码查看：

```
>>> import __builtin__
>>>dir(__builtin__)
```

2．使用内建函数获取帮助信息

help()用于获取帮助信息：

```
>>>help(funcName)
```

使用内建函数获取帮助信息的完整使用形式为 help(module.class.function)，根据用户所要查询的精度，通过加“.”可以进行更精确的查找，如图 3-2 所示。

```
>>> import sys
>>> help(sys)

>>> help(sys.getsizeof)
```

图 3-2　使用 help()获取帮助信息

3．dir()

dir()用于显示所要查询对象的一些文档字符串（Doc Strings）的列表，这些文档字符串主要包含模块的介绍、方法功能的说明等，其完整使用形式如下：

```
>>> dir(module.class.function)
```

dir()查询方法与 help()查询方法类似，不同的是 dir()查询方法仅列出一个文档字符串列表（见图 3-3），而 help()查询方法列出的信息更为详细、清楚。

```
>>> dir(sys)
['__displayhook__', '__doc__', '__egginsert', '__excepthook__', '__name__', '__p
ackage__', '__plen', '__stderr__', '__stdin__', '__stdout__', '_clear_type_cache
', '_current_frames', '_getframe', '_mercurial', 'api_version', 'argv', 'builtin
_module_names', 'byteorder', 'call_tracing', 'callstats', 'copyright', 'displayh
ook', 'dont_write_bytecode', 'exc_clear', 'exc_info', 'exc_type', 'excepthook',
'exec_prefix', 'executable', 'exit', 'flags', 'float_info', 'float_repr_style',
'getcheckinterval', 'getdefaultencoding', 'getdlopenflags', 'getfilesystemencodi
ng', 'getprofile', 'getrecursionlimit', 'getrefcount', 'getsizeof', 'gettrace',
'hexversion', 'last_traceback', 'last_type', 'last_value', 'long_info', 'maxint'
, 'maxsize', 'maxunicode', 'meta_path', 'modules', 'path', 'path_hooks', 'path_i
mporter_cache', 'platform', 'prefix', 'ps1', 'ps2', 'py3kwarning', 'pydebug', 's
etcheckinterval', 'setdlopenflags', 'setprofile', 'setrecursionlimit', 'settrace
', 'stderr', 'stdin', 'stdout', 'subversion', 'version', 'version_info', 'warnop
tions']
```

图 3-3　使用 dir()查询

4．数值类型表示的内建函数（见图 3-4）

bin()用于获取一个 int 类型或长整型的整数，返回其二进制形式的字符串。
oct()用于获取一个整数，返回其八进制形式的字符串。
hex()用于获取一个整数，返回其十六进制形式的字符串。

```
>>> bin(21)
'0b10101'
>>> oct(21)
'025'
>>> hex(21)
'0x15'
```

图 3-4　数值类型表示的内建函数

在 Python 较新的版本中，二进制数以 0b 作为前缀，八进制数以 0 作为前缀，十六进制数以 0x 作为前缀。

5．对象生成的内建函数

对象生成的内建函数与 dict()创建字典的方式不同。
int()将数值或字符串转换为整数 int，完整使用形式是 int(x,base)，base 用于指定进制。
long()将数值或字符串转换为整数 long，完整使用形式是 long(x, base)，base 用于指定进制。
float()将数值或字符串转换为浮点数。
complex()返回一个复数，完整使用形式是 complex(real,imag)。
以上 4 个函数的示例如图 3-5 所示。

```
>>> int(21.9)
21
>>> long(21.9)
21L
>>> int('0b110',2)
6
>>> long('0b110',2)
6L
>>> float(21)
21.0
>>> float('21')
21.0
>>> complex(1,2)
(1+2j)
```

图 3-5　对象生成的内建函数示例 1

str()将所给对象转换为字符串，使用形式为 str(object)。
list()获取对象并转换为列表，使用形式为 list(object)。
dict()获取映射并转换为字典，使用形式为 dict(mapping)。
tuple()获取一个可迭代的对象，返回一个元组，使用形式为 tuple(iterable)。

以上 4 个函数的示例如图 3-6 所示。

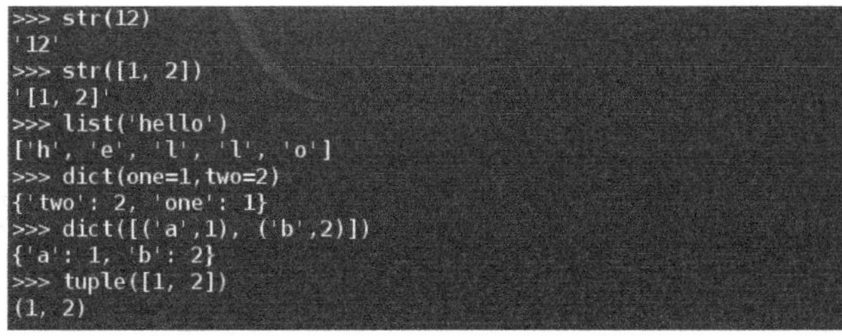

```
>>> str(12)
'12'
>>> str([1, 2])
'[1, 2]'
>>> list('hello')
['h', 'e', 'l', 'l', 'o']
>>> dict(one=1,two=2)
{'two': 2, 'one': 1}
>>> dict([('a',1), ('b',2)])
{'a': 1, 'b': 2}
>>> tuple([1, 2])
(1, 2)
```

图 3-6　对象生成的内建函数示例 2

第 4 章

数字及函数

4.1 数 据 类 型

Python 中的变量不需要声明，但是每个变量在使用前都必须被赋值，被赋值后该变量才会被创建。变量没有类型，通常 Python 的"类型"是指变量在内存中存储对象的类型，为了区别用数字类型说明，用等号（=）运算符给变量赋值，等号运算符左边是一个变量名，等号运算符右边是存储在变量中的值。Python 3 中有 6 个标准的数据类型：数字（Number）、字符串（String）、列表（List）、元组（Tuple）、集合（Set）、字典（Dictionary）。其中，不可变数据类型有 3 个，即数字、字符串和元组；可变数据类型也有 3 个，即列表、字典和集合。

4.1.1 数字类型

Python 数字类型用于说明存储数值的类型，也是对象的类型。数字类型不允许变更，如果改变数字类型的值，就会重新分配内存空间。实例在变量赋值时，其对象将被创建。

```
var1 = 1
var2 = 10
```

使用 del 语句可以删除对象的引用。
del 语句的语法如下：

```
del var1[,var2[,var3[...,varN]]]
```

使用 del 语句可以删除单个或多个对象的引用，例如：

```
del var
del var_a, var_b
```

Python 支持 3 种不同的数字类型。
- 整数（Int）：也被称为整型，用正整数或负整数表示，Python 3 中的整型没有被限制大小，可以作为 Long 类型使用。
- 浮点数（Float）：浮点数由整数部分与小数部分组成，也可以使用科学计数法表示，如 2.5e2 = 2.5×10^2 = 250。
- 复数（Complex）：复数由实数部分和虚数部分组成，可以用 a + bj 或 complex(a,b)表示，复数的实部 a 和虚部 b 都是浮点数，还可以使用十六进制数和八进制数来代表整数。

```
>>> number = 0xA0F  # 十六进制数
```

```
>>> number
2575

>>> number=037 # 八进制数
>>> number
31
```

表 4-1 是 Python 数字类型示例。

表 4-1 Python 数字类型示例

Int	Float	Complex
10	0.0	3.14j
100	15.20	45.j
−786	−21.9	9.322e−36j
080	32.3+e18	.876j
−0490	−90.	−.6545+0j
−0x260	−32.54e100	3e+26j
0x69	70.2−E12	4.53e−7j

4.1.2 Python 数字类型转换

整数、浮点数和复数是 Python 中的 3 种数字类型，在对数据内置的类型进行转换时，将数字类型转换为函数名即可：int(x)将 x 转换为一个整数；float(x)将 x 转换为一个浮点数；complex(x)将 x 转换为一个复数，该复数实数部分为 x，虚数部分为 0；complex(x, y)将 x 和 y 转换为一个复数，该复数实数部分为 x，虚数部分为 y，x 和 y 是数字表达式。

将浮点数 a 转换为整数，示例代码如下：

```
>>> a = 1.0
>>> int(a)
1
```

4.1.3 Python 算数运算符

Python 解释器具有简单的计算器功能，在解释器里输入一个表达式，可以输出表达式的值。算数运算符有+、−、*和/等，它们的含义和其他计算机语言中算数运算符的含义一样，只是在不同的计算机上浮点运算的结果可能不一样。例如：

```
>>> 2 + 2
4
>>> 50 - 5*6
20
>>> (50 - 5*6) / 4
5.0
>>> 8 / 5   # 总是返回一个浮点数
1.6
```

在整数除法中，除法总是返回一个浮点数，如果只想得到整数的结果，不要分数部分，则可以使用 // 运算符：

```
>>> 17 / 3          # 整数除法返回浮点数
5.666666666666667
>>>
>>> 17 // 3         # 整数除法返回向下取整后的结果
5
>>> 17 % 3          # %操作符返回除法的余数
2
>>> 5 * 3 + 2
17
```

使用//运算符得到的结果并不一定是整数类型的值，其结果与分母和分子的数字类型有关系：

```
>>> 7//2
3
>>> 7.0//2
3.0
>>> 7//2.0
3.0
>>>
```

等号（=）用于给变量赋值，赋值之后，除下一个提示符外，解释器不会显示任何结果：

```
>>> width = 20
>>> height = 5*9
>>> width * height
900
```

在 Python 中可以使用 ** 操作符来进行幂运算：

```
>>> 5 ** 2          # 5 的平方
25
>>> 2 ** 7          # 2 的 7 次方
128
```

变量在使用前必须先被"定义"（赋予变量一个值），否则会出现错误：

```
>>> n               # 尝试访问一个未被定义的变量
Traceback (most recent call last):
  File "<stdin>", line 1, in <module>
NameError: name 'n' is not defined
```

不同类型的数字在进行混合运算时，整数会被转换为浮点数：

```
>>> 3 * 3.75 / 1.5
7.5
>>> 7.0 / 2
3.5
```

在交互模式中，最后输出的表达式结果被赋值给变量 _：

```
>>> tax = 12.5 / 100
>>> price = 100.50
```

```
>>> price * tax
12.5625
>>> price + _
113.0625
>>> round(_, 2)
113.06
```

此处，变量_应被用户视为只读变量。

4.2 函数的基本知识

函数是可重复使用的结构的表示，是用来实现单一或相关联功能的代码段，能提高应用的模块性和代码的重复利用率。在某些编程语言中，函数声明和函数定义是分开的，但是在 Python 中，函数声明和函数定义是一个整体。Python 中函数的应用非常广泛，如 input()、print()、range()、len()等是 Python 的内置函数，可以直接使用。除可以直接使用的内置函数外，Python 还支持自定义函数，即将一段有规律的、可重复使用的代码定义成函数，从而达到一次编写、多次调用的目的。

4.2.1 数学函数

表 4-2 是 Python 中的数学函数及其描述。

表 4-2 数学函数及其描述

函　数	描　述
abs(x)	返回数字的绝对值，如 abs(-10)返回 10
ceil(x)	返回数字的上入整数，如 math.ceil(4.1)返回 5
cmp(x, y)	如果 x < y，则返回-1；如果 x == y，则返回 0；如果 x > y，则返回 1。在 Python 3 中已被废弃，可使用 (x>y)-(x<y)替换
exp(x)	返回 e 的 x 次幂，如 math.exp(1)返回 2.718281828459045
fabs(x)	返回数字的绝对值，如 math.fabs(-10)返回 10.0
floor(x)	返回数字的下舍整数，如 math.floor(4.9)返回 4
log(x)	如 math.log(math.e)返回 1.0、math.log(100,10)返回 2.0
log10(x)	返回以 10 为基数的 x 的对数，如 math.log10(100)返回 2.0
max($x_1, x_2,...$)	返回给定参数的最大值，参数可以为序列
min($x_1, x_2,...$)	返回给定参数的最小值，参数可以为序列
modf(x)	返回 x 的整数部分与小数部分，两部分的数值符号与 x 相同，整数部分用浮点数表示
pow(x, y)	返回 x**y 运算后的值
round(x [,n])	返回浮点数 x 的四舍五入值，如给出 n 值，则代表舍入到小数点后的位数
sqrt(x)	返回数字 x 的平方根

4.2.2 随机数函数

随机数经常被用到，如密码加密、数据生成、蒙特卡洛方法等都需要随机数的参与。数学上的随机数是指连续型随机变量的分布，最简单且最基本的分布是单位均匀分布。由该分布抽取的简单子样被称为随机数序列,其中每个个体被称为随机数。单位均匀分布即[0,1]上的均匀分布。由随机数序列的定义可知,$\xi_1,\xi_2,\ldots$ 是相互独立且具有相同单位均匀分布的随机数序列。所以,独立性、均匀性是随机数必备的两个特点。随机数可以用于数学、游戏、安全等领域,还经常被嵌入到算法中,用来提高算法效率,并提高程序的安全性。

表 4-3 是 Python 中常用的随机数函数及其描述。

表 4-3 常用的随机数函数及其描述

函　数	描　述
choice(seq)	从序列的元素中随机挑选一个元素,如 random.choice(range(10)),即从 0~9 中随机挑选一个整数
randrange ([start,] stop [,step])	在指定范围内,从指定基数递增的集合中获取一个随机数,基数默认值为 1
random()	随机生成下一个实数,它的取值范围是[0,1)
seed([x])	改变随机数生成器的种子 seed。如果不了解其原理,就不必特别设定 seed,Python 会帮用户选择
shuffle(lst)	将序列的所有元素随机排序
uniform(x, y)	随机生成下一个实数,它的取值范围是[x,y]

4.2.3 三角函数

表 4-4 是 Python 中的三角函数及其描述。

表 4-4 三角函数及其描述

函　数	描　述
acos(x)	返回 x 的反余弦弧度值
asin(x)	返回 x 的反正弦弧度值
atan(x)	返回 x 的反正切弧度值
atan2(y, x)	返回给定的 x 及 y 坐标值的反正切值
cos(x)	返回 x 弧度的余弦值
hypot(x, y)	返回欧几里得范数 sqrt(x*x + y*y)
sin(x)	返回 x 弧度的正弦值
tan(x)	返回 x 弧度的正切值
degrees(x)	将弧度转换为角度,比如 degrees(math.pi/2),返回 90.0
radians(x)	将角度转换为弧度

4.2.4 数学常量

表 4-5 是 Python 中的数学常量及其描述。

表 4-5 数学常量及其描述

数学常量	描　述
pi	圆周率,一般用 π 表示
e	自然常数

第 5 章　序　列

序列是 Python 中最基本的数据结构，序列中的每个元素都对应一个数字作为它的位置或索引，第一个索引是 0，第二个索引是 1，依次类推。Python 有 6 个序列的内置类型，最常见的是字符串、列表和元组。序列可以进行的操作有索引、切片、加、乘、检查成员。此外，Python 已经内置确定序列的长度及最大和最小元素的方法。

5.1　字　符　串

字符串是 Python 程序中最常见的数据类型，可以使用 3 种方式定义字符串：单引号、双引号和三引号。在使用时，这 3 种引号的主要功能是在字符串中以不同的方式包含换行，如果程序中的内容是分行的，那么在使用时也是分行的，在显示的时候就不需要使用"\n"来换行了。与多数编程语言一样，Python 中的字符串是不可变的。对于转移字符的处理问题，Python 也和其他语言类似，如'What's your name'，在这个字符串内部，出现了"'"字符，对于该字符，可以使用"\"字符进行转义，即'What\'s your name'，或者使用双引号代替字符串定义，即"What's your name"。经常使用的方式是用"\"来转义字符，用"\n"来定义换行，"\t"表示一个 tab，"\\"表示一个真实的"\"字符。在创建字符串时为变量分配一个值即可，例如：

```
var1 = 'Hello World!'
var2 = "Runoob"
```

5.1.1　Python 访问字符串中的值

Python 不支持单字符类型，单字符在 Python 中作为一个字符串使用。在 Python 中访问子字符串时，可以使用方括号来截取字符串，示例代码如下：

```
#!/usr/bin/python3
var1 = 'Hello World!'
var2 = "Runoob"
print ("var1[0]: ",
var1[0])
print ("var2[1:5]: ", var2[1:5])
```

以上示例的输出结果如下：

```
var1[0]: H
var2[1:5]: unoo
```

5.1.2　Python 字符串更新

可以截取字符串的一部分并与其他字符串拼接，示例代码如下：

```
#!/usr/bin/python3
var1 = 'Hello World!'
print ("已更新字符串 : ", var1[:6] + 'Runoob!')
```

以上示例的输出结果如下：

已更新字符串: Hello Runoob!

5.1.3　Python 转义字符

转义字符是很多程序语言、数据格式和通信协议的形式文法的一部分。对于一个给定的字母表，使用一个转义字符的目的是开始一个字符序列，使得以转义字符开头的该字符序列具有不同于该字符序列单独出现时的语义。因此，以转义字符开头的字符序列被叫作转义序列。当需要使用特殊字符时，用反斜杠（\）加转义字符。表 5-1 是转义字符及其描述。

表 5-1　转义字符及其描述

转义字符	描　　述
\(在行尾时)	续行符
\\	反斜杠符号
\'	单引号
\"	双引号
\a	响铃
\b	退格（Backspace）
\e	转义
\000	空
\n	换行
\v	纵向制表符
\t	横向制表符
\r	回车
\f	换页
\oyy	八进制数，yy 代表字符，例如，\o12 代表换行
\xyy	十六进制数，yy 代表字符，例如，\x0a 代表换行
\other	其他字符以普通格式输出

5.1.4　Python 字符串运算符

表 5-2 是字符串运算符及其描述。

表 5-2　字符串运算符及其描述

运 算 符	描　　述	示　　例
+	连接字符串	a + b 输出结果 HelloPython
*	重复输出字符串	a*2 输出结果 HelloHello
[]	通过索引获取字符串中的字符	a[1]输出结果 e
[:]	截取字符串中的一部分，遵循左闭右开原则，str[0,2]是不包含第 3 个字符的	a[1:4]输出结果 ell

续表

运算符	描述	实例
in	成员运算符，如果字符串中包含给定的字符，则返回 True	'H' in a 输出结果 True
not in	成员运算符，如果字符串中不包含给定的字符，则返回 True	'M' not in a 输出结果 True
r/R	原始字符串，所有的字符串都是直接按照字面的意思来使用的，没有转义或不能打印的字符。原始字符串除在字符串的第一个引号前加上字母 r（R）外，与普通字符串有着几乎完全相同的语法	print(r'\n') print(R'\n')
%	字符串格式化	参考 5.1.5 节

在表 5-2 中，变量 a 的值为字符串"Hello"，变量 b 的值为字符串"Python"，示例代码如下：

```
#!/usr/bin/python3
a = "Hello"
b = "Python"

print("a + b 输出结果： ", a + b)
print("a * 2 输出结果： ", a * 2)
print("a[1] 输出结果： ", a[1])
print("a[1:4] 输出结果： ", a[1:4])

if( "H" in a) :
    print("H 在变量 a 中")
else :
    print("H 不在变量 a 中")

if( "M" not in a) :
    print("M 不在变量 a 中")
else :
    print("M 在变量 a 中")
print (r'\n')
print (R'\n')
```

以上示例的输出结果如下：

```
a + b 输出结果：HelloPython
a * 2 输出结果：HelloHello
a[1] 输出结果：e
a[1:4] 输出结果：ell
H 在变量 a 中
M 不在变量 a 中
\n
\n
```

5.1.5　Python 字符串格式化

Python 支持格式化字符串的输出，最基本的用法是将一个值插入有字符串格式符（%s）的字符串。从 Python 2.6 开始，新增了一种格式化字符串的函数 str.format()，它增强了字符串格式化的功能，示例代码如下：

```
#!/usr/bin/python3
print ("我叫 %s 今年 %d 岁!" % ('小明', 10))
```

以上示例的输出结果如下:

我叫小明 今年 10 岁!

Python 字符串格式化符号及其描述如表 5-3 所示。

表 5-3 字符串格式化符号及其描述

符 号	描 述
%c	格式化字符及其 ASCII 码
%s	格式化字符串
%d	格式化整数
%u	格式化无符号整型
%o	格式化无符号八进制数
%x	格式化无符号十六进制数
%X	格式化无符号十六进制数（大写）
%f	格式化浮点数，可指定小数点后的精度
%e	用科学计数法格式化浮点数
%E	作用同%e，用科学计数法格式化浮点数
%g	%f 和%e 的简写
%G	%f 和%E 的简写
%p	用十六进制数格式化变量的地址

格式化操作符辅助指令符号及其功能如表 5-4 所示。

表 5-4 格式化操作符辅助指令符号及其功能

符 号	功 能
*	定义宽度或小数点精度
-	用作左对齐
+	在正数前面显示加号(+)
<sp>	在正数前面显示空格
#	在八进制数前面显示零（'0'），在十六进制数前面显示 0x 或 0X（取决于用的是 x 还是 X）
0	在显示的数字前面填充 0 而不是默认的空格
%	%%表示输出单一的%
(var)	映射变量（字典参数）
m.n.	m 是显示的最小总宽度，n 是小数点后的位数（如果可用）

5.1.6 Python 三引号

Python 三引号允许一个字符串跨多行，字符串中可以包含换行符、制表符及其他特殊字符。示例代码如下:

```
#!/usr/bin/python3
para_str = """这是一个多行字符串的示例
多行字符串可以使用制表符
TAB ( \t )。
也可以使用换行符 [ \n ]。
"""
print (para_str)
```

以上示例的输出结果如下:

```
这是一个多行字符串的示例
多行字符串可以使用制表符
TAB (    )。
也可以使用换行符 [
 ]。
```

使用三引号可以让用户自始至终保持一小块字符串的格式——WYSIWYG 格式,用这个格式作为转义的基础。例如,当需要应用 HTML 或 SQL 时,字符串转义操作非常烦琐,有了这个基础,转义的灵活性就提高了,示例代码如下:

```
errHTML = '''
<HTML><HEAD><TITLE>
Friends CGI Demo</TITLE></HEAD> <
BODY><H3>ERROR</H3>
<B>%s</B><P>
<FORM><INPUT TYPE=button VALUE=Back
ONCLICK="window.history.back()"></FORM>
</BODY></HTML>
'''
cursor.execute('''
CREATE TABLE users (
login VARCHAR(8),
uid INTEGER,
prid INTEGER)
''')
```

5.1.7 Unicode 字符串

普通字符串是以 8 位 ASCII 码进行存储的,而 Unicode 字符串则存储为 16 位,能够表示更多的字符集,使用的语法是在字符串前面加上前缀 u。在 Python 3 中,所有的字符串都是 Unicode 字符串。

5.1.8 Python 的字符串内建函数

Python 的字符串常用内建函数及其描述如表 5-5 所示。

表 5-5　Python 的字符串常用内建函数及其描述

函　数	描　述
capitalize()	将字符串的第一个字符转换为大写
center(width, fillchar)	返回一个指定宽度且居中的字符串，fillchar 为填充的字符，默认为空格
count(str, beg= 0,end=len(string))	返回 str 在 string 里面出现的次数，如果指定了范围 beg 和 end，则返回指定范围内 str 出现的次数
bytes.decode(encoding="utf-8", errors="strict")	Python 3 中没有 decode 方法，可以使用 bytes 对象的 decode()方法来解码给定的 bytes 对象，这个 bytes 对象可以由 str.encode()来编码返回
encode(encoding='UTF-8',errors='strict')	以 encoding 指定的编码格式编码字符串，如果出错，则默认报 ValueError 异常，除非 errors 指定的是 ignore 或 replace
endswith(suffix, beg=0, end= len(string))	检查字符串是否以 obj 结束，如果指定了范围 beg 和 end，则检查在指定的范围内是否以 obj 结束，如果是，则返回 True；否则，返回 False
expandtabs(tabsize=8)	把字符串中的 tab 符号转换为空格，tab 符号默认的空格数是 8 个
find(str, beg=0, end=len(string))	检查字符串中是否包含 str，如果指定了范围 beg 和 end，则检查 str 是否在指定范围内，如果是，则返回开始的索引值；否则，返回-1
index(str, beg=0, end=len(string))	跟 find()方法一样，只不过如果 str 不在字符串中，就报一个异常
isalnum()	如果字符串中至少有一个字符且所有字符都是字母或数字，则返回 True；否则，返回 False
isalpha()	如果字符串中至少有一个字符且所有字符都是字母，则返回 True；否则，返回 False
isdigit()	如果字符串中只包含数字，则返回 True；否则，返回 False
islower()	如果字符串中至少包含一个区分大小写的字符，并且所有这些（区分大小写的）字符都是小写的，则返回 True；否则，返回 False
isnumeric()	如果字符串中只包含数字字符，则返回 True；否则，返回 False
isspace()	如果字符串中只包含空白，则返回 True；否则，返回 False
istitle()	如果字符串是标题化的（见 title()），则返回 True；否则，返回 False
isupper()	如果字符串中至少包含一个区分大小写的字符，并且所有这些（区分大小写的）字符都是大写的，则返回 True；否则，返回 False
join(seq)	以指定字符串作为分隔符，将 seq 中的所有元素（元素的字符串表示）合并为一个新的字符串
len(string)	返回字符串长度
ljust(width[, fillchar])	返回一个原字符串左对齐，并且使用 fillchar 填充至宽度 width 的新字符串，fillchar 默认为空格
lower()	转换字符串中所有大写字符为小写字符
lstrip()	截掉字符串左边的空格或指定字符
maketrans()	创建字符映射的转换表，接收两个参数的最简单的调用方式是，第一个参数是字符串，表示需要转换的字符；第二个参数也是字符串，表示转换的目标
max(str)	返回字符串 str 中最大的字母
min(str)	返回字符串 str 中最小的字母
replace(str1, str2 [, max])	把字符串中的 str1 替换成 str2，如果 max 指定，则替换不超过 max 次
rfind(str, beg=0,end=len(string))	类似 find()，只不过是从右边开始查找的
rindex(str, beg=0, end=len(string))	类似 index()，只不过是从右边开始查找的

续表

函 数	描 述
rjust(width,[, fillchar])	返回一个原字符串右对齐,并且使用 fillchar(默认为空格)填充至宽度 width 的新字符串
rstrip()	删除字符串末尾的空格
split(str="", num=string.count(str))	num=string.count(str)表示以 str 为分隔符截取字符串,如果 num 有指定值,则仅截取 num+1 个子字符串
splitlines([keepends])	按照行('\r', '\r\n', \n')分隔,返回一个包含各行作为元素的列表,如果参数 keepends 为 False,则不包含换行符;如果参数 keepends 为 True,则保留换行符
startswith(substr, beg=0,end=len(string))	检查字符串是否是以指定子字符串 substr 开头的,如果是,则返回 True;否则,返回 False。如果 beg 和 end 是指定值,则在指定范围内检查
strip([chars])	在字符串上执行 lstrip()和 rstrip()
swapcase()	将字符串中的大写字母转换为小写字母,将小写字母转换为大写字母
title()	返回标题化的字符串,所有单词都是以大写字母开始的,其余字母均为小写(见 istitle())
translate(table, deletechars="")	根据 str 给出的表(包含 256 个字符)转换字符串中的字符,把过滤掉的字符放到 deletechars 参数中
upper()	将字符串中的小写字母转换为大写字母
zfill (width)	返回宽度为 width 的字符串,原字符串右对齐,前面填充 0
isdecimal()	检查字符串中是否只包含十进制字符,如果是,则返回 True;否则,返回 False

5.2 列　　表

列表是 Python 中最常用的数据类型。列表的数据项不需要具有相同的类型。创建一个列表,只要把以逗号分隔的不同数据项用方括号括起来即可。例如,list1 = ['Google', 'Runoob', 1997, 2000]、list2 = [1, 2, 3, 4, 5]、list3 = ["a", "b", "c", "d"]。与字符串的索引一样,列表索引也从 0 开始。列表可以进行截取、组合等。

5.2.1 访问列表中的值

使用下标索引可以访问列表中的值,也可以使用方括号截取字符,示例代码如下:

```
#!/usr/bin/python3
list1 = ['Google', 'Runoob', 1997, 2000];
list2 = [1, 2, 3, 4, 5, 6, 7 ];
print ("list1[0]: ", list1[0])
print ("list2[1:5]: ", list2[1:5])
```

以上示例的输出结果如下:

list1[0]:　Google
list2[1:5]:　[2, 3, 4, 5]

5.2.2 更新列表

可以对列表的数据项进行修改或更新,也可以使用 append()方法添加列表项,示例代码如下:

```
#!/usr/bin/python3
list = ['Google', 'Runoob', 1997, 2000]

print ("第三个元素为 : ", list[2])
list[2] = 2001
print ("更新后的第三个元素为 : ", list[2])
```

以上示例的输出结果如下:

```
第三个元素为 :  1997
更新后的第三个元素为 :  2001
```

5.2.3 删除列表元素

可以使用 del 语句删除列表中的元素,示例代码如下:

```
#!/usr/bin/python3
list = ['Google', 'Runoob', 1997, 2000]
 print ("原始列表 : ", list)
 del list[2]
print ("删除第三个元素 : ", list)
```

以上示例的输出结果如下:

```
原始列表 :   ['Google', 'Runoob', 1997, 2000]
删除第三个元素 :   ['Google', 'Runoob', 2000]
```

5.2.4 列表脚本操作符

Python 列表脚本操作符的应用如表 5-6 所示。

表 5-6 列表脚本操作符的应用

Python 表达式	结　果	描　述
len([1, 2, 3])	3	长度
[1, 2, 3] + [4, 5, 6]	[1, 2, 3, 4, 5, 6]	组合
['Hi!'] * 4	['Hi!', 'Hi!', 'Hi!', 'Hi!']	重复
3 in [1, 2, 3]	True	元素是否存在于列表中
for x in [1, 2, 3]: print(x, end=" ")	1 2 3	迭代

5.2.5 列表截取与拼接

Python 的列表截取与字符串操作示例代码如下:

```
>>>L=['Google', 'Runoob', 'Taobao']
>>> L[2]
'Taobao'
>>> L[-2]
'Runoob'
>>> L[1:]
['Runoob', 'Taobao']
>>>
```

列表截取与字符串操作的输出结果及描述如表 5-7 所示。

表 5-7　列表截取与字符串操作的输出结果及描述

Python 表达式	输 出 结 果	描　　述
L[2]	'Taobao'	读取第 3 个元素
L[-2]	'Runoob'	读取倒数第 2 个元素
L[1:]	['Runoob', 'Taobao']	输出第 2 个元素后的所有元素

列表还支持拼接操作，示例代码如下：

```
>>>squares = [1, 4, 9, 16, 25]
>>> squares += [36, 49, 64, 81, 100]
>>> squares
[1, 4, 9, 16, 25, 36, 49, 64, 81, 100]
>>>
```

5.2.6　嵌套列表

嵌套列表，即在列表里创建其他列表，示例代码如下：

```
>>>a = ['a', 'b', 'c']
>>> n = [1, 2, 3]
>>> x = [a, n]
>>> x
[['a', 'b', 'c'], [1, 2, 3]]
>>> x[0]
['a', 'b', 'c']
>>> x[0][1]
'b'
```

5.2.7　列表函数和方法

Python 列表函数及其描述如表 5-8 所示。

表 5-8　Python 列表函数及其描述

函　　数	描　　述
len(list)	返回列表元素个数
max(list)	返回列表元素最大值
min(list)	返回列表元素最小值
list(seq)	将元组转换为列表

Python 列表方法及其描述如表 5-9 所示。

表 5-9　Python 列表方法及其描述

方　　法	描　　述
list.append(obj)	在列表末尾添加新的对象
list.count(obj)	统计某个元素在列表中出现的次数
list.extend(seq)	在列表末尾一次性追加另一个序列中的多个值（用新列表扩展原来的列表）

续表

方法	描述
list.index(obj)	从列表中找出某个值第一个匹配项的索引位置
list.insert(index, obj)	将对象插入列表
list.pop([index=-1])	移除列表中的一个元素（默认最后一个元素），并且返回该元素的值
list.remove(obj)	移除列表中某个值的第一个匹配项
list.reverse()	反向列表中的元素
list.sort(cmp=None, key=None, reverse=False)	对原列表进行排序
list.clear()	清空列表
list.copy()	复制列表

5.3 元　　组

元组使用圆括号"()"来界定，元组中各元素之间用逗号隔开。元组不支持修改或删除其所包含的元素，要修改元组中的元素，可以使用 list()把元组转换成列表，列表使用方括号表示，支持序列的索引、切片、加、乘等操作。元组不可修改，即元组中每个元素的指向永远不变。例如，元组 a=('Tim',201607,['Python',71])，其中 a[1]=201607，是整型数据，元组 a 不能被修改为 a[1]；a[2]=['Python',71]是列表，元组 a 可以被修改为 a[2][1]；元组 a 的第 3 个元素为列表，列表中的内容允许被修改，修改后它的内存位置并没有变化。创建元组很简单，只要在圆括号中添加元素，并使用逗号隔开即可，示例代码如下：

```
>>>tup1 = ('Google', 'Runoob', 1997, 2000);
>>> tup2 = (1, 2, 3, 4, 5 );
>>> tup3 = "a", "b", "c", "d"; # 不需要圆括号也可以
>>> type(tup3)
<class 'tuple'>
```

创建空元组：

```
tup1 = ();
```

当元组中只包含一个元素时，需要在元素后面添加逗号，否则圆括号会被当作运算符使用，示例代码如下：

```
>>>tup1 = (50)
>>> type(tup1) # 不加逗号，类型为整型
<class 'int'>
>>> tup1 = (50,)
>>> type(tup1) # 加上逗号，类型为元组
<class 'tuple'>
```

元组与字符串类似，下标索引从 0 开始，可以进行截取、组合等。

5.3.1 访问元组

可以使用下标索引来访问元组中的值，示例代码如下：

```
#!/usr/bin/python3
tup1 = ('Google', 'Runoob', 1997, 2000)
```

```
tup2 = (1, 2, 3, 4, 5, 6, 7 )
print ("tup1[0]: ", tup1[0])
print ("tup2[1:5]: ", tup2[1:5])
```

以上示例的输出结果如下：

```
tup1[0]:   Google
tup2[1:5]:   (2, 3, 4, 5)
```

5.3.2 修改元组

元组中的元素值是不允许修改的，可以对元组进行连接，示例代码如下：

```
#!/usr/bin/python3
tup1 = (12, 34.56);
tup2 = ('abc', 'xyz')
# 以下修改元组中的元素操作是非法的。
# tup1[0] = 100
# 创建一个新的元组
tup3 = tup1 + tup2;
print (tup3)
```

以上示例的输出结果如下：

(12, 34.56, 'abc', 'xyz')

5.3.3 删除元组

元组中的元素值不允许删除，但可以使用 del 语句删除整个元组，示例代码如下：

```
#!/usr/bin/python3
tup = ('Google', 'Runoob', 1997, 2000)
print (tup)
 del tup;
print ("删除后的元组  tup : ")
print (tup)
```

以上示例中的元组被删除后，输出变量会有异常信息，代码如下：

```
删除后的元组  tup :
Traceback (most recent call last):
  File "test.py", line 8, in <module>
    print (tup)
NameError: name 'tup' is not defined
```

5.3.4 元组运算符

与字符串一样，元组之间可以进行运算。表 5-10 是元组运算符的应用。

表 5-10 元组运算符的应用

Python 表达式	结　　果	描　　述
len((1, 2, 3))	3	计算元素个数
(1, 2, 3) + (4, 5, 6)	(1, 2, 3, 4, 5, 6)	连接
('Hi!',) * 4	('Hi!', 'Hi!', 'Hi!', 'Hi!')	复制

Python 表达式	结果	描述
3 in (1, 2, 3)	True	元素是否存在
for x in (1, 2, 3): print (x,)	1 2 3	迭代

5.3.5 元组索引和截取

因为元组是一个序列，所以可以访问元组中指定位置的元素，也可以截取元组中的几个元素。

元组 L = ('Google', 'Taobao', 'Runoob')，元组 L 的索引与截取示例如表 5-11 所示。

表 5-11 元组 L 的索引与截取示例

Python 表达式	结果	描述
L[2]	'Runoob'	读取第 3 个元素
L[-2]	'Taobao'	反向读取，读取倒数第 2 个元素
L[1:]	('Taobao', 'Runoob')	截取第 2 个元素后的所有元素

以上示例的输出结果如下：

```
>>> L = ('Google', 'Taobao', 'Runoob')
>>> L[2]
'Runoob'
>>> L[-2]
'Taobao'
>>> L[1:]
('Taobao', 'Runoob')
```

5.3.6 元组内置函数

Python 中的元组内置函数、描述和示例如表 5-12 所示。

表 5-12 元组内置函数、描述和示例

函数	描述	示例

len(tuple)	计算元组的元素个数	>>> tuple1 = ('Google', 'Runoob', 'Taobao')
		>>> len(tuple1)
		3
		>>>

max(tuple)	返回元组中元素的最大值	>>> tuple2 = ('5', '4', '8')
		>>> max(tuple2)
		'8'
		>>>

min(tuple)	返回元组中元素的最小值	>>> tuple2 = ('5', '4', '8')
		>>> min(tuple2)
		'4'
		>>>

tuple(seq)	将列表转换为元组	>>> list1= ['Google', 'Taobao', 'Runoob', 'Baidu']
		>>> tuple1=tuple(list1)
		>>> tuple1
		('Google', 'Taobao', 'Runoob', 'Baidu')

第 6 章 映射与集合

6.1 映射类型

字典（Dictionary）使用键值对（Key-Value）存储，是一种可变容器模型，可存储任意类型的对象，是 Python 中唯一内建的映射类型。字典在指定值时并没有特殊顺序，都存储在一个特殊的键（Key）里，键可以是数字、字符串和元组。映射是一种通过名字引用值的数据结构，字典的每对键与值用冒号（:）分隔，每个键值对之间用逗号（,）分隔，整个字典被放在花括号({})中，格式如下：

d = {key1 : value1, key2 : value2 }

键必须是唯一的，值则不必。值可以取任何数据类型，而键不可变，可以是字符串、数字和元组。一个简单的字典示例如下：

dict = {'Alice': '2341', 'Beth': '9102', 'Cecil': '3258'}

也可如此创建字典：

dict1 = { 'abc': 456 };
dict2 = { 'abc': 123, 98.6: 37 };

6.1.1 访问字典里的值

可以把相应的键放到方括号中进行访问，示例代码如下：

```
#!/usr/bin/python3
dict = {'Name': 'Runoob', 'Age': 7, 'Class': 'First'}
print ("dict['Name']: ", dict['Name'])
print ("dict['Age']: ", dict['Age'])
```

以上示例的输出结果如下：

dict['Name']: Runoob
dict['Age']:   7

如果用字典里没有的键访问数据，就会输出错误，示例代码如下：

```
#!/usr/bin/python3
dict = {'Name': 'Runoob', 'Age': 7, 'Class': 'First'};
print ("dict['Alice']: ", dict['Alice'])
```

以上示例的输出结果如下：

```
Traceback (most recent call last):
  File "test.py", line 5, in <module>
    print ("dict['Alice']: ", dict['Alice'])
KeyError: 'Alice'
```

6.1.2 修改字典

向字典中添加新内容的方法是增加新的键值对。添加和修改键值对的示例代码如下：

```
#!/usr/bin/python3
dict = {'Name': 'Runoob', 'Age': 7, 'Class': 'First'}
dict['Age'] = 8;  # 更新 Age
dict['School'] = "菜鸟教程"  # 添加信息
print ("dict['Age']: ", dict['Age'])
print ("dict['School']: ", dict['School'])
```

以上示例的输出结果如下：

```
dict['Age']:  8
dict['School']:  菜鸟教程
```

6.1.3 删除字典元素

可以删除字典中的一个元素，也可以清空字典。使用 del 命令可以删除字典元素和字典，示例代码如下：

```
#!/usr/bin/python3
dict = {'Name': 'Runoob', 'Age': 7, 'Class': 'First'}

del dict['Name']       # 删除键 'Name'
dict.clear()           # 清空字典
del dict               # 删除字典
print ("dict['Age']: ", dict['Age'])
print ("dict['School']: ", dict['School'])
```

运行上面的代码会引发一个异常，因为执行 del 操作后字典已不存在，错误信息如下：

```
Traceback (most recent call last):
  File "test.py", line 9, in <module>
    print ("dict['Age']: ", dict['Age'])
TypeError: 'type' object is not subscriptable
```

6.1.4 字典键的特性

字典的值可以是任何 Python 对象，既可以是标准的对象，也可以是用户定义的对象，但键不能如此。每对键与值必须用冒号(:)分隔，键值对之间用逗号分隔，整体放在花括号（{}）中。以下两个重要的规则需要注意。

（1）不允许同一个键出现两次。在创建字典时，如果同一个键被赋值两次，则只有后一个值会被记住，示例代码如下：

```
#!/usr/bin/python3
dict = {'Name': 'Runoob', 'Age': 7, 'Name': '小菜鸟'}
print ("dict['Name']: ", dict['Name'])
```

以上示例的输出结果如下：

dict['Name']： 小菜鸟

（2）键不可变，可以用数字、字符串和元组，不能用列表，示例代码如下：

```
#!/usr/bin/python3
dict = {['Name']: 'Runoob', 'Age': 7}
print ("dict['Name']: ", dict['Name'])
```

以上示例的输出结果如下：

```
Traceback (most recent call last):
  File "test.py", line 3, in <module>
    dict = {['Name']: 'Runoob', 'Age': 7}
TypeError: unhashable type: 'list'
```

6.1.5 字典的内置函数和方法

Python 字典的内置函数、描述和示例如表 6-1 所示。

表 6-1　Python 字典的内置函数、描述和示例

函　　数	描　　述	示　　例

len(dict)	计算字典的元素个数，即键的总数	>>> dict = {'Name': 'Runoob', 'Age': 7, 'Class': 'First'}
		>>> len(dict)
		3

str(dict)	输出字典，以可打印的字符串表示	>>> dict = {'Name': 'Runoob', 'Age': 7, 'Class': 'First'}
		>>> str(dict)
		"{'Name': 'Runoob', 'Class': 'First', 'Age': 7}"

type(variable)	返回输入的变量类型，如果变量是字典，则返回字典类型	>>> dict = {'Name': 'Runoob', 'Age': 7, 'Class': 'First'}
		>>> type(dict)
		<class 'dict'>

Python 字典的内置方法及描述如表 6-2 所示。

表 6-2　Python 字典的内置方法及描述

方　　法	描　　述
radiansdict.clear()	删除字典内所有的元素
radiansdict.copy()	返回一个字典的浅复制
radiansdict.fromkeys()	创建一个新字典，以序列 seq 中的元素作为字典的键，val 为字典所有键对应的初始值
radiansdict.get(key, default=None)	返回指定键的值，如果值不在字典中，则返回 default
key in dict	如果键在字典 dict 里，则返回 True；否则，返回 False
radiansdict.items()	以列表形式返回可遍历的（键值对）元组数组
radiansdict.keys()	返回一个迭代器，可以使用 list() 转换为列表
radiansdict.setdefault(key, default=None)	和 get() 类似，如果键不存在于字典中，则添加键并将键的值设为 default

续表

方法	描述
radiansdict.update(dict2)	把字典 dict2 的键值对更新到 dict 里
radiansdict.values()	返回一个迭代器,可以使用 list() 转换为列表
pop(key[,default])	删除字典给定键（key）所对应的值,返回值为被删除的值。key 值必须给定,否则返回 default
popitem()	随机返回并删除字典中的一个键值对（一般删除末尾的键值对）

6.2 集　　合

集合是由不同元素组成的序列,使用集合的目的是将不同的值存放在一起,以方便对不同的集合实现逻辑关系的运算,无须纠结集合中的单个值。在 Python 中,集合的概念以数学中集合的概念为基础,可以通过矩阵与函数的变换求交集、子集及其他复杂的逻辑运算等。

6.2.1 集合概述

集合（Set）是一个无序的不重复元素组成的序列,可以使用花括号{}或 set() 进行创建。创建一个空集合必须用 set()。创建集合的格式如下：

parame = {value01,value02,...}

集合的示例代码如下：

```
set(value)
>>>basket = {'apple', 'orange', 'apple', 'pear', 'orange', 'banana'}
>>> print(basket) # 这里演示的是去重功能
{'orange', 'banana', 'pear', 'apple'}
>>> 'orange' in basket # 快速判断元素是否在集合内
True
>>> 'crabgrass' in basket
False

>>> # 下面演示两个集合的运算
...
>>> a = set('abracadabra')
>>> b = set('alacazam')
>>> a
{'a', 'r', 'b', 'c', 'd'}
>>> a - b      # 集合 a 中包含而集合 b 中不包含的元素
{'r', 'd', 'b'}
>>> a | b      # 集合 a 或 b 中包含的所有元素
{'a', 'c', 'r', 'd', 'b', 'm', 'z', 'l'}
>>> a & b      # 集合 a 和 b 中都包含的元素
{'a', 'c'}
>>> a ^ b      # 不同时包含在集合 a 和集合 b 中的元素
{'r', 'd', 'b', 'm', 'z', 'l'}
```

集合支持集合推导式（Set Comprehension）,代码如下：

```
>>>a = {x for x in 'abracadabra' if x not in 'abc'}
>>> a
{'r', 'd'}
```

6.2.2 集合的基本操作

1. 添加元素

在集合中添加元素的语法格式如下：

s.add(x)

将元素 x 添加到集合 s 中，如果元素已存在，则不进行任何操作。添加元素的示例代码如下：

```
>>>thisset = set(("Google", "Runoob", "Taobao"))
>>> thisset.add("Facebook")
>>> print(thisset)
{'Taobao', 'Facebook', 'Google', 'Runoob'}
```

下面是在集合中添加元素的另一个方法，参数可以是列表、元组、字典等，语法格式如下：

s.update(x)

x 可以是多个元素，用逗号分隔，示例代码如下：

```
>>>thisset = set(("Google", "Runoob", "Taobao"))
>>> thisset.update({1,3})
>>> print(thisset)
 {1, 3, 'Google', 'Taobao', 'Runoob'}
 >>> thisset.update([1,4],[5,6])
>>> print(thisset)
{1, 3, 4, 5, 6, 'Google', 'Taobao', 'Runoob'}
>>>
```

2. 移除元素

在集合中移除元素的语法格式如下：

s.remove(x)

将元素 x 从集合 s 中移除，如果元素不存在，则引发错误，示例代码如下：

```
>>>thisset = set(("Google", "Runoob", "Taobao"))
>>> thisset.remove("Taobao")
>>> print(thisset)
{'Google', 'Runoob'}
>>> thisset.remove("Facebook") # 元素不存在会引发错误
Traceback (most recent call last):
    File "<stdin>", line 1, in <module>
KeyError: 'Facebook'
>>>
```

下面是从集合中移除元素的另一个方法，当元素不存在时，不会引发错误，可以实现异常处理，示例代码如下：

```
s.discard( x )

# 示例如下
>>>thisset = set(("Google", "Runoob", "Taobao"))
>>> thisset.discard("Facebook") # 元素不存在不会引发错误
>>> print(thisset)
{'Taobao', 'Google', 'Runoob'}
```

可以设置随机删除集合中的一个元素，语法格式如下：

```
s.pop()
```

随机删除集合中的一个元素的示例代码如下：

```
thisset = set(("Google", "Runoob", "Taobao", "Facebook"))
x = thisset.pop()
print(x)
```

输出结果如下：

```
$ python3 test.py
Runoob
```

可以删除集合中的第一个元素，即排序后集合中的第一个元素，示例代码如下：

```
>>>thisset = set(("Google", "Runoob", "Taobao", "Facebook"))
>>> thisset.pop()
'Facebook'
>>> print(thisset)
{'Google', 'Taobao', 'Runoob'}
>>>
```

3．计算集合元素个数

计算集合元素个数的语法格式如下：

```
len(s)
```

示例代码如下：

```
>>>thisset = set(("Google", "Runoob", "Taobao"))
>>> len(thisset)
3
```

4．清空集合

清空集合的语法格式如下：

```
s.clear()
```

示例代码如下：

```
>>>thisset = set(("Google", "Runoob", "Taobao"))
>>> thisset.clear()
```

```
>>> print(thisset)
set()
```

5．判断元素是否在集合中存在

判断元素是否在集合中存在的语法格式如下：

x in s

判断元素 x 是否在集合 s 中，若存在，则返回 True；反之，返回 False。示例代码如下：

```
>>>thisset = set(("Google", "Runoob", "Taobao"))
>>> "Runoob" in thisset
True
>>> "Facebook" in thisset
False
>>>
```

6.2.3 集合内置方法

表 6-3 是集合内置方法及其描述。

表 6-3 集合内置方法及其描述

方法	描述
add()	为集合添加元素
clear()	移除集合中的所有元素
copy()	复制一个集合
difference()	返回多个集合的差集
difference_update()	移除集合中的元素，该元素在指定的集合中也存在
discard()	删除集合中指定的元素
intersection()	返回集合的交集
intersection_update()	删除集合中的元素，该元素在指定的集合中不存在
isdisjoint()	判断两个集合是否包含相同的元素，如果没有，则返回 True；否则，返回 False
issubset()	判断指定集合是否为该方法参数集合的子集
issuperset()	判断该方法的参数集合是否为指定集合的子集
pop()	随机移除元素
remove()	移除指定元素
symmetric_difference()	返回两个集合中不重复的元素集合
symmetric_difference_update()	移除当前集合中与另一个指定集合中相同的元素，并将另一个指定集合中不同的元素插入当前集合
union()	返回两个集合的并集
update()	为集合添加元素

第 7 章

控制语句

7.1 条件语句

Python 的条件语句通过一条或多条语句的执行结果（True 或 False）来决定执行的代码块。在 Python 中，任何非 0 和非空（Null）为 True，0 和空为 False。当"判断条件"成立时（非零），执行后面的语句。执行的内容可以有多行，以缩进来表示同一个范围。图 7-1 是条件语句的执行过程。

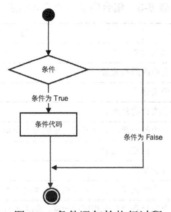

图 7-1 条件语句的执行过程

7.1.1 if 语句

在 Python 中，if 语句用于控制程序的执行。下面是其基本形式：

```
if 判断条件：
    执行语句
else:
    执行语句
```

也可写作如下形式：

```
if condition_1:
    statement_block_1
elif condition_2:
    statement_block_2
else:
    statement_block_3
```

以上代码的执行过程如下。

（1）如果 condition_1 为 True，则执行 statement_block_1 语句。
（2）如果 condition_1 为 False，则判断 condition_2。
（3）如果 condition_2 为 True，则执行 statement_block_2 语句。
（4）如果 condition_2 为 False，则执行 statement_block_3 语句。

在 Python 中用 elif 代替了 else if，因此 if 语句的关键字为 if-elif-else。另外，有三项规范需要注意：

（1）每个条件后面要使用冒号（:），表示接下来是满足条件后要执行的语句块；
（2）使用缩进来划分语句块，相同缩进数的语句在一起组成一个语句块；
（3）在 Python 中没有 switch-case 语句。

下面是一个简单的 if 语句示例：

```
#!/usr/bin/python3
var1 = 100
if var1:
    print ("1 - if 表达式条件为 true")
    print (var1)
var2 = 0
if var2:
    print ("2 - if 表达式条件为 true")
    print (var2)
print ("Good bye!")
```

执行以上代码，输出结果如下：

```
1 - if 表达式条件为 true
100
Good bye!
```

从结果中可以看出，因为变量 var2 为 0，条件判断为 False，所以对应的 if 语句没有被执行。下面的示例演示了一个计算判断：

```
#!/usr/bin/python3
age = int(input("请输入你家宠物的年龄: "))
print("")
if age < 0:
    print("你是在逗我吧!")
elif age == 1:
    print("相当于 14 岁的人。")
elif age == 2:
    print("相当于 22 岁的人。")
elif age > 2:
    human = 22 + (age -2)*5
    print("对应人类年龄: ", human)
### 退出提示
input("按 Enter 键退出")
```

将以上代码保存在 dog.py 文件中，之后运行该文件，输出结果如下：

```
$ python3 dog.py
请输入你家宠物的年龄: 1

相当于 14 岁的人。
按 Enter 键退出
```

表 7-1 是 if 语句中常用的操作运算符。

表 7-1 if 语句中常用的操作运算符

操 作 符	描 述
<	小于
<=	小于或等于
>	大于
>=	大于或等于
==	等于，比较对象是否相等
!=	不等于

下面的示例演示了==操作符：

```
#!/usr/bin/python3
# 程序演示了 == 操作符
# 使用数字
print(5 == 6)
# 使用变量
x = 5
y = 8
print(x == y)
```

以上示例的输出结果如下：

```
False
False
```

下面的示例演示了数字的比较运算：

```
#!/usr/bin/python3
# 该示例演示了数字猜谜游戏
number = 7
guess = -1
print("数字猜谜游戏!")
while guess != number:
    guess = int(input("请输入你猜的数字："))
    if guess == number:
        print("恭喜，你猜对了！")
    elif guess < number:
        print("猜的数字小了...")
    elif guess > number:
        print("猜的数字大了...")
```

运行以上代码，输出结果如下：

```
$ python3 high_low.py
数字猜谜游戏!
请输入你猜的数字：1
猜的数字小了...
请输入你猜的数字：9
猜的数字大了...
请输入你猜的数字：7
恭喜，你猜对了！
```

7.1.2 if 嵌套

在 Python 中，if、if-else 和 if-elif-else 之间可以相互嵌套。因此，在开发程序时，根据场景需要，选择合适的嵌套方案。在相互嵌套时，要严格遵守不同级别代码块的缩进规范。if 嵌套语法如下：

```
if 表达式 1：
    语句
    if 表达式 2：
        语句
    elif 表达式 3：
        语句
    else:
        语句
elif 表达式 4：
    语句
else:
    语句
```

if 嵌套示例代码如下：

```
# !/usr/bin/python3

num=int(input("输入一个数字："))
if num%2==0:
    if num%3==0:
        print ("你输入的数字可以整除 2 和 3")
    else:
        print ("你输入的数字可以整除 2，但不能整除 3")
else:
    if num%3==0:
        print ("你输入的数字可以整除 3，但不能整除 2")
    else:
        print ("你输入的数字不能整除 2 和 3")
```

将以上代码保存到 test_if.py 文件中，运行文件后输出的结果如下：

```
$ python3 test.py
输入一个数字：6
你输入的数字可以整除 2 和 3
```

7.2 循　环

循环是一种常用的程序控制结构，是实现让机器不断重复工作的关键概念。在循环语法方面，Python 抛弃了常见的 for (init; condition; incrment) 三段式结构，选择用 for 和 while 这两个经典的关键字来表达循环，大多数情况下循环需求可以用 for <item> in <iterable> 来满足，相比之下 while <condition> 用得少一些。Python 循环语句的控制结构如图 7-2 所示。

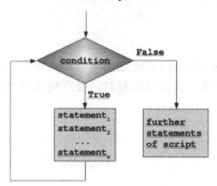

图 7-2　Python 循环语句的控制结构

7.2.1　while 循环

在 Python 中，while 循环语句用于循环执行程序，即在某个条件下，循环执行某段程序，以完成需要重复处理的相同任务。执行语句可以是单个语句，也可以是语句块。判断条件可以是任何表达式，任何非零或非空（Null）的值均为 True。当判断条件为 False 时，循环结束。while 循环语句的一般形式如下：

```
while 判断条件：
    语句
```

同样，需要注意冒号和缩进。另外，在 Python 中没有 do-while 循环。下面的示例使用 while 循环来计算 1～100 的和，示例代码如下：

```
#!/usr/bin/env python3
n = 100

sum = 0
counter = 1
while counter <= n:
    sum = sum + counter
    counter += 1

print("1 到 %d 之和为: %d" % (n,sum))
```

输出结果如下：

```
1 到 100 之和为: 5050
```

1．无限循环

通过设置条件表达式永远不为 False 来实现无限循环，示例如下：

```
#!/usr/bin/python3

var = 1
while var == 1 :  # 表达式永远为 True
    num = int(input("输入一个数字 :"))
    print ("你输入的数字是: ", num)
print ("Good bye!")
```

运行以上代码，输出的结果如下：

```
输入一个数字   :5
你输入的数字是:  5
输入一个数字   :
```

按 Ctrl+C 快捷键可以退出当前的无限循环。无限循环常被用于服务器客户端的实时请求。

2．while-else 语句

使用 while-else 语句，当条件语句为 False 时，执行 else 语句块：

```
#!/usr/bin/python3

count = 0
while count < 5:
    print (count, " 小于 5")
    count = count + 1
else:
    print (count, " 大于或等于 5")
```

运行以上代码，输出的结果如下：

```
0  小于 5
1  小于 5
2  小于 5
3  小于 5
4  小于 5
5  大于或等于 5
```

3．简单语句组

简单语句组的语法类似 if 语句的语法，如果 while 循环体中只有一条语句，则将该语句与 while 写在同一行中，示例代码如下：

```
#!/usr/bin/python
flag = 1
while (flag): print ('欢迎访问 Python 教程!')
print ("Good bye!")
```

注意：以上的无限循环可以按 Ctrl+C 快捷键来中断。

运行以上代码，输出的结果如下：

欢迎访问 Python 教程!
欢迎访问 Python 教程!
欢迎访问 Python 教程!
欢迎访问 Python 教程!
欢迎访问 Python 教程!
……

7.2.2　for 循环

Python 中的循环语句有两种，分别是 while 循环和 for 循环，前面已经对 while 循环做了详细的讲解，本节介绍 for 循环。for 循环常用于遍历字符串、列表、元组、字典、集合等序列类型，逐个获取序列中的各个元素。for 循环语句的一般形式如下：

```
for <variable> in <sequence>:
    <statements>
else:
    <statements>
```

for 循环示例代码如下：

```
>>>languages = ["C", "C++", "Perl", "Python"]
>>> for x in languages:
...     print (x)
...
C
C++
Perl
Python
>>>
```

下面的 for 循环示例中使用了 break 语句，break 语句用于跳出当前循环体：

```
#!/usr/bin/python3
sites = ["Baidu", "Google","Runoob","Taobao"]
for site in sites:
    if site == "Runoob":
        print("菜鸟教程!")
        break
    print("循环数据 " + site)
else:
    print("没有循环数据!")
print("完成循环!")
```

运行代码后，当条件循环到 Runoob 时，会跳出循环体，输出的结果如下：

```
循环数据  Baidu
循环数据  Google
菜鸟教程!
完成循环!
```

7.2.3 range()

遍历数字序列可以使用 Python 内置的 range()，生成数列，示例代码如下：

```
>>>for i in range(5):
...    print(i)
...
0
1
2
3
4
```

在 range() 中可以指定数字区间的值：

```
>>>for i in range(5,9) :
    print(i)

5
6
7
8
>>>
```

也可以指定数字的开始值，并指定增量（增量也可以是负数），增量被叫作步长。步长是正数的示例代码如下：

```
>>>for i in range(0, 10, 3) :
    print(i)

0
3
6
9
>>>
```

步长是负数的示例代码如下：

```
>>>for i in range(-10, -100, -30) :
print(i)

-10
-40
-70
>>>
```

使用 range() 和 len() 遍历一个序列的索引，示例代码如下：

```
>>>a = ['Google', 'Baidu', 'Runoob', 'Taobao', 'QQ']
>>> for i in range(len(a)):
...    print(i, a[i])
...
```

```
0 Google
1 Baidu
2 Runoob
3 Taobao
4 QQ
>>>
```

使用 range() 创建一个列表，示例代码如下：

```
>>>list(range(5))
[0, 1, 2, 3, 4]
>>>
```

7.2.4　break 语句、continue 语句及循环中的 else 子句

使用 break 语句可以跳出 for 循环和 while 循环的循环体。当 for 循环或 while 循环终止时，对应的 else 子句都不执行。break 语句示例代码如下：

```
#!/usr/bin/python3

for letter in 'Runoob':     # 第一个示例
    if letter == 'b':
        break
    print ('当前字母为 :', letter)

var = 10                    # 第二个示例
while var > 0:
    print ('当期变量值为 :', var)
    var = var -1
    if var == 5:
        break
print ("Good bye!")
```

运行以上代码，输出的结果如下：

```
当前字母为 : R
当前字母为 : u
当前字母为 : n
当前字母为 : o
当前字母为 : o
当期变量值为 : 10
当期变量值为 : 9
当期变量值为 : 8
当期变量值为 : 7
当期变量值为 : 6
Good bye!
```

使用 continue 语句可以跳过当前循环块中的剩余语句，然后继续进行下一轮循环，示例代码如下：

```
#!/usr/bin/python3
```

```
for letter in 'Runoob':          # 第一个示例
    if letter == 'o':            # 字母为 o 时跳过输出
        continue
    print ('当前字母 :', letter)

var = 10                         # 第二个示例
while var > 0:
    var = var -1
    if var == 5:                 # 变量为 5 时跳过输出语句
        continue
    print ('当前变量值 :', var)
print ("Good bye!")
```

运行以上代码，输出的结果如下：

```
当前字母 : R
当前字母 : u
当前字母 : n
当前字母 : b
当前变量值 : 9
当前变量值 : 8
当前变量值 : 7
当前变量值 : 6
当前变量值 : 4
当前变量值 : 3
当前变量值 : 2
当前变量值 : 1
当前变量值 : 0
Good bye!
```

循环语句中可以有 else 子句，它在穷尽列表（for 循环）或条件变为 False（while 循环）导致循环终止时被执行，但在循环被 break 语句终止时不执行。

下面是查询质数的循环示例，代码如下：

```
#!/usr/bin/python3
for n in range(2, 10):
    for x in range(2, n):
        if n % x == 0:
            print(n, '等于', x, '*', n//x)
            break
    else:
        # 循环中没有找到元素
        print(n, ' 是质数')
```

运行以上代码，输出的结果如下：

```
2  是质数
3  是质数
4  等于 2 * 2
5  是质数
```

```
6 等于 2 * 3
7   是质数
8 等于 2 * 4
9 等于 3 * 3
```

7.2.5 pass 语句

pass 是空语句，目的是保持程序结构的完整性，pass 语句不做任何事情，一般用作占位，示例代码如下：

```
>>>while True:
...    pass    # 等待键盘中断 (Ctrl+C)
```

最小的类示例代码如下：

```
>>>class MyEmptyClass:
...    pass
```

下面的示例在字母为 o 时执行 pass 语句块：

```
#!/usr/bin/python3
for letter in 'Runoob':
    if letter == 'o':
        pass
        print ('执行 pass 块')
    print ('当前字母 :', letter)

print ("Good bye!")
```

运行以上代码，输出的结果如下：

```
当前字母 : R
当前字母 : u
当前字母 : n
执行 pass 块
当前字母 : o
执行 pass 块
当前字母 : o
当前字母 : b
Good bye!
```

第 8 章 文件和内建函数

8.1 文件对象

在面向对象的程序设计中，信息总是蕴含在对象的数据成员里，这些信息通常被保存在文件内，当程序开始运行时，由打开的文件重新创建对象，并在运行过程中对存储在对象的数据成员里的信息进行利用和修改，运行结束时再把这些信息重新保存到文件内，最后关闭文件。Python 文件对象与之类似，不仅可以访问普通的磁盘文件，还可以访问其他类型抽象层面上的"文件"。因此，可以在模型中嵌入任意应用程序文件，或者提供指向文件的链接。

8.2 内建函数

内建函数通常指 Python 自带的函数，常用的函数有 open()和 file()对象函数。

1．open()

```
file_object = open(file_name,access_mode='r', buffering=-1)
```

open()的参数如下。
r：以读方式打开。
rU 或 Ua：以读方式打开，同时支持通用换行符。
w：以写方式打开（必要时清空）。
a：以追加模式打开（从 EOF 开始，必要时创建新文件）。
r+：以读写模式打开。
w+：以读写模式打开。
a+：以读写模式打开。
rb：以二进制读模式打开。
wb：以二进制写模式打开。
ab：以二进制追加模式打开。
rb+：以二进制读写模式打开。
wb+：以二进制读写模式打开。
ab+：以二进制读写模式打开。
open()的示例如下。
fp = open('/etc/motd')：以读方式打开。
fp = open('test', 'w')：以写方式打开。

fp = open('data', 'r+')：以读写方式打开。

fp = open(r'c:\io.sys', 'rb')：以二进制读模式打开。

2．file 对象函数

file 对象使用 open()来创建，表 8-1 列出了 file 对象常用的函数及其描述。

表 8-1　file 对象常用的函数及其描述

函　　数	描　　述
file.close()	关闭文件，关闭后文件不能再进行读写操作
file.flush()	刷新文件内部缓冲，直接把内部缓冲区的数据写入文件，而不是被动地等待
file.fileno()	返回一个整型的文件描述符（File Descriptor），可以用在如 os 模块的 read 方法等一些底层操作上
file.isatty()	如果文件连接一个终端设备，则返回 True；否则，返回 False
file.next()	返回文件下一行
file.read([size])	从文件中读取指定的字节数。如果未给定或值为负，则读取所有字节数
file.readline([size])	读取整行，包括"\n"字符
file.readlines([sizeint])	读取所有行并返回列表。若给定 sizeint>0，则返回总和大约为 sizeint 字节的行，实际读取值可能比 sizeint 大，因为需要填充缓冲区
file.seek(offset[, whence])	设置文件当前位置
file.tell()	返回文件当前位置
file.truncate([size])	从文件的首行首字符开始，截断 size 个字符，无 size 表示从当前位置截断。截断之后，后面的所有字符都被删除。其中，Widnows 系统下的换行代表两个字符
file.write(str)	将字符串写入文件，返回的是写入的字符长度
file.writelines(sequence)	向文件写入一个序列字符串列表，如果需要换行，则要自己加入换行符

8.3　文　件　方　法

文件方法可以分为 5 类：输入、输出、文件内移动、文件迭代和其他。

1．输入

read()方法直接读取字节到字符串中，最多读取给定数目的字节数。

readline()方法读取打开文件的一行。

readlines()方法读取所有（剩余的）行，并把它们作为一个字符串列表返回。

2．输出

write()方法把含有文本数据或二进制数据块的字符串写入文件。

writelines()方法把一个字符串列表写入文件，行结束符并不会被自动加入。

3．文件内移动

seek()方法在文件中移动文件指针到不同的位置。

4. 文件迭代

对一组数据进行遍历访问被称为迭代。文件的迭代是对文件内容进行访问并重复执行一些操作，常见的文件操作是迭代其内容，并在迭代过程中反复采取某种措施。例如，下面的语句使用一个名为 process 的函数对每个字符或行进行处理：

```
def process(string):
    print('Processing:', string)
```

5. 其他

close()：通过关闭文件来结束对它的访问。Python 垃圾收集机制也会在文件对象的引用计数降至零的时候自动关闭文件。

fileno()：返回打开文件的描述符。

flush()：会把内部缓冲区中的数据立刻写入文件。

truncate()：将文件截取到当前文件指针位置或给定的 size 位置，以字节为单位。

file.close()：关闭文件。

file.fileno()：返回文件的描述符（整数值）。

file.flush()：刷新文件的内部缓冲区。

file.isatty()：判断 file 是否是一个终端设备，如果是，则返回 True；否则，返回 False。

file.next()：返回文件的下一行，与 file.readline()功能类似，或者在没有其他行时引发 StopIteration 异常。

file.read(size=-1)：从文件中读取 size 字节，当未给定字节数或给定负值的时候，读取剩余的所有字节，并作为字符串返回。

file.readline(size=-1)：从文件中读取并返回一行（包括行结束符），或者返回最大字节数的字符。

file.readlines(sizhint=0)：读取文件中的所有行并作为一个列表返回（包含所有的行结束符）；如果给定 sizhint 且大于 0，那么将返回总和大于 sizhint 字节的行，大小由缓冲器容量的下一个值决定，例如缓冲器的大小只能为 4KB 的倍数，如果 sizhint 为 15KB，则最后返回的可能是 16KB）。

file.seek(off, whence=0)：在文件中移动文件指针，从 whence（值为 0 代表文件起始位置，值为 1 代表当前位置，值为 2 代表文件末尾）偏移 off 字节。

file.tell()：返回文件中的当前位置。

file.truncate(size=file.tell())：截取文件到最大 size 字节，默认为当前文件位置。

file.write(str)：向文件写入字符串。

file.writelines(seq)：向文件写入字符串序列 seq，seq 是一个返回字符串的可迭代对象。

示例代码如下：

```
filename = raw_input('Enter file name: ')
fobj = open(filename, 'w')
while True:
    aLine = raw_input("Enter a line ('.'
to quit): ")
    if aLine != ".":
        fobj.write('%s%s' % (aLine,
```

```
        os.linesep)
else: break
fobj.close()
>>> f = open('/tmp/x', 'w+')
>>> f.tell()
0
>>> f.write('test line 1\n') # 加入一个长为 12 的字符串[0-11]
>>> f.tell()
12
>>> f.write('test line 2\n') # 加入一个长为 12 的字符串[12-23]
>>> f.tell() # 告诉我们当前的位置
24
>>> f.seek(-12, 1) # 向后移 12 字节
>>> f.tell() # 到了第二行的开头 12
>>> f.readline()
'test line 2'
>>> f.seek(0, 0) # 回到开始
>>> f.readline()
'test line 1'
>>> f.tell() # 又回到了第二行
12
>>> f.readline()
'test line 2'
>>> f.tell() # 又到了结尾
24
>>> f.close() # 关闭文件
```

第 9 章

异常处理

9.1 错误和异常

1．错误

错误分为语法错误和逻辑错误。语法错误指软件结构上有错误，导致不能被解释器解释或编译器无法编译。逻辑错误指逻辑无法生成、无法计算，或者输出结果需要的过程无法执行。

2．异常

异常通常指程序出现的错误在正常的控制流以外采取的行为，很多时候用户会遇到这样的问题。Python 程序的语法是正确的，但是在运行的时候发生了错误，运行期间检测到的错误被称为异常。异常通常以不同的类型出现，这些异常都不会被程序处理，会以错误信息的形式显示出来。错误信息的前半部分显示了异常发生的上下文，并以调用栈的形式显示具体信息，Python 的跟踪功能返回相关信息，解释器向用户提供这些异常信息的错误名称、原因及发生错误的行号等。

NameError：尝试访问一个未声明的变量，示例代码如下：

```
>>> foo
Traceback (innermost last): File "<stdin>", line 1, in ?
NameError: name 'foo' is not defined
ZeroDivisionError：除数为零  >>> 1/0
Traceback (innermost last): File "<stdin>", line 1, in ?
ZeroDivisionError: integer division or modulo by zero
```

SyntaxError：Python 解释器语法错误，不是在运行时发生的异常，示例代码如下：

```
>>> for File "<string>", line 1  for  ^ SyntaxError: invalid syntax
```

IndexError：请求的索引超出序列范围，示例代码如下：

```
>>> aList = []
>>> aList[0]
Traceback (innermost last): File "<stdin>", line 1, in ?
IndexError: list index out of range
```

KeyError：请求一个不存在的字典关键字，示例代码如下：

```
>>> aDict = {'host': 'earth', 'port': 80}
>>> print aDict['server'] Traceback (innermost last):
```

File "<stdin>", line 1, in ? KeyError: server
IOError: 输入/输出错误
>>> f = open("blah") Traceback (innermost last): File "<stdin>", line 1, in ?
IOError: [Errno 2] No such file or directory: 'blah'

AttributeError：尝试访问未知的对象属性，示例代码如下：

```
>>> class myClass(object): ... Pass
>>> myInst = myClass()
>>> myInst.bar = 'spam'
>>> myInst.bar
'spam'
>>> myInst.foo
Traceback (innermost last): File "<stdin>", line 1, in ?
AttributeError: foo
```

9.2 异常处理方法

Python 的异常是一个事件，该事件会在程序运行过程中出现，影响程序的正常运行。一般情况下，在 Python 无法正常处理程序时就会发生异常。课件异常是 Python 的对象，表示一个错误，当 Python 脚本发生异常时，用户需要捕获并处理它，否则程序会终止运行。在 Python 中用 try 语句来处理异常，try 语句有两种主要形式：第一种是 try-except 语句，一个 try 语句可以对应一个或多个 except 子句；第二种是 try-finally 语句，一个 try 语句只能对应一个 finally 子句。

9.2.1 try-except 语句

示例代码如下：

```
>>> try:
... f = open('blah', 'r')
... except IOError, e:
... print 'could not open file:', e

could not open file: [Errno 2] No such file or directory
```

在 try 语句块中，异常点之后的剩余语句不会再被执行。一旦一个异常被引发，就必须决定控制流下一步到达的位置，剩余代码则被忽略，解释器将搜索处理器，一旦找到，就开始执行处理器中的代码。如果没有找到合适的处理器，那么异常就被移交给上层调用者去处理，这意味着堆栈框架立即回到之前的异常点。如果上层调用者也没找到对应的处理器，则该异常继续被向上移交，直到找到合适的处理器。如果到达顶层仍然没有找到对应的处理器，那么就认为这个异常是未被处理的，Python 解释器会显示跟踪返回的消息，然后退出。示例代码如下：

```
>>> float('foo')
Traceback (innermost last): File "<stdin>", line 1, in ?
```

```
float('foo')
ValueError: invalid literal for float(): foo
>>> float(['this is', 1, 'list']) Traceback
(innermost last):
File "<stdin>", line 1, in ?
float(['this is', 1, 'list'])
TypeError: float() argument must be a string or a
number
```

一个 try 语句可能对应多个 except 子句，分别处理不同的特定的异常，但只有一个分支会被执行。处理程序只针对对应的 try 语句中的异常进行处理，而不是用其他的 try 语句处理程序中的异常。一个 except 子句可以同时处理多个异常，这些异常被放在一个圆括号里成为一个元组，例如：

```
except (RuntimeError, TypeError, NameError): pass
```

try-except 语句还有一个可选的 else 子句，如果使用这个子句，那么它必须被放在所有的 except 子句之后。else 子句将在 try 语句没有发生任何异常的时候执行，例如：

```
for arg in sys.argv[1:]:
    try:
        f = open(arg, 'r')
    except IOError:
        print('cannot open', arg)
    else:
        print(arg, 'has', len(f.readlines()), 'lines')
        f.close()
```

1. 抛出异常

Python 使用 raise 语句抛出一个指定的异常，例如：

```
>>>raise NameError('HiThere')
Traceback (most recent call last):
  File "<stdin>", line 1, in ?
NameError: HiThere
```

raise 是唯一一个通过参数指定而抛出异常的语句，它必须是一个异常的实例或异常的类（也就是 Exception 的子类）。如果只想知道是否抛出了一个异常，并不想去处理它，那么使用一个简单的 raise 语句就可以再次把它抛出。

2. 用户自定义异常

可以通过创建一个新的异常类来拥有自己的异常，异常类继承自 Exception 类，可以直接继承，也可以间接继承，例如：

```
>>>class MyError(Exception):
def __init__(self, value):
 self.value = value
def __str__(self):
 return repr(self.value)
```

```
>>> try:
    raise MyError(2*2)
except MyError as e:
    print('My exception occurred, value:', e.value)

My exception occurred, value: 4
>>> raise MyError('oops!')
Traceback (most recent call last):
File "<stdin>", line 1, in ?
__main__.MyError: 'oops!'
```

在上面这个示例中,类 Exception 默认的 __init__()被覆盖。当创建一个模块有可能抛出多种不同的异常时,一种通常的做法是为这个包建立一个基础异常类,之后基于这个基础异常类为不同的错误情况创建不同的子类。

9.2.2　try-finally 语句

try-finally 语句的示例代码如下:

```
try:
        try_suite
finally:
finally_suite
```

当在 try 范围内产生一个异常时,会立即跳转到 finally 语句段。当 finally 语句段中的所有代码都执行完毕后,会继续向上引发异常。

```
ccfile = None
try:
    try:
        ccfile = open('carddata.txt', 'r')
        txns = ccfile.readlines()
    except IOError:
        log.write('no txns this month\n')
finally:
    if ccfile:
        ccfile.close()
```

try-except-else-finally 语句的示例代码如下:

```
try:
        try_suite
except (Exception2, Exception3, Exception4):
        suite_for_Exceptions_2_3_and_4
except:
        suite_for_all_other_exceptions
else:
        no_exceptions_detected_suite
finally:
        always_execute_suite
```

第 10 章 函数编程

10.1 函　　数

函数（Function）一词来源于数学，函数的定义通常分为传统定义和近代定义，两个定义的本质是相同的，只是叙述概念的出发点不同，传统定义是从运动变化的观点出发的，而近代定义是从集合、映射的观点出发的。函数的近代定义是，给定一个数集 A，假设其中的元素为 x，对 A 中的元素 x 施加对应法则 f，记作 $f(x)$，得到另一个数集 B，假设 B 中的元素为 y，则 y 与 x 之间的等量关系可以用 $y=f(x)$ 表示。函数的概念有三个要素：定义域 A、值域 B 和对应法则 f。其中，核心是对应法则 f，它是函数关系的本质特征。Python 中所用的函数就是基于近代定义而言的。

编程中的函数的概念与数学中的函数的概念有些不同，编程中的函数在 BASIC 中叫作 Subroutine（子过程或子程序），在 Pascal 中叫作 Procedure（过程）和 Function，在 C 中叫作 Function，在 Java 中叫作 Method。在编程中，函数是指将一组语句的集合通过一个名字（函数名）封装起来，要想执行这个函数，调用其函数名即可。

Python 的函数编程具有许多核心特征，可以借鉴其他函数式语言的设计模式和编程技术，编写出简洁的代码。Python 定义函数使用 def 关键字，一般格式如下：

```
def 函数名（参数列表）：
    函数体
```

函数代码块以 def 关键字开头，后接函数标识符名称和圆括号。任何传入参数和自变量必须放在圆括号中，用于定义参数。函数的第一行语句可以选择性地使用文档字符串存放函数说明，函数内容以冒号起始，并且缩进。例如：

```
>>>def hello() :
    print("Hello World!")

>>> hello()
Hello World!
```

return[表达式]为结束函数，选择性地返回一个值给调用方，不带表达式的 return 函数相当于返回 None。默认情况下，参数值和参数名称是按函数声明中定义的顺序匹配的。

10.2 函 数 调 用

在定义函数时，先给函数定义一个名称，然后指定函数中的参数和代码块结构。函数的基本结构定义完成以后，可以通过另一个函数调用执行，也可以直接用 Python 命令提示符执行。

下面的示例调用了 printm()函数：

```
#!/usr/bin/python3
# 定义函数
def printm( str ):
# 打印任何传入的字符串
print (str)
return

# 调用函数
 printm("我要调用用户自定义函数!")
 printm("再次调用同一个函数")
```

10.3 参数传递

在 Python 中，类型属于对象，变量是没有类型的：

```
a=[1,2,3]
a="BUPT"
```

在以上代码中，[1,2,3]是 List 类型，"BUPT"是 String 类型，而变量 a 是没有类型的，仅仅是一个对象的引用（一个指针），可以指向 List 类型的对象，也可以指向 String 类型的对象。在 Python 中，对象可分为可变（Mutable）类型与不可变（Immutable）类型两种，String、Tuple 和 Number 是不可变类型，而 List、Dict 是可变类型。

不可变类型：为变量赋值 a=5，再赋值 a=10，这里实际上是新生成一个 Int 值对象 10，再让 a 指向它，而 5 被丢弃，并不是改变 a 的值，相当于新生成了 a。

可变类型：为变量赋值 la=[1,2,3,4]，再赋值 la[2]=5，这里是将 List la 的第 3 个元素值进行更改，la 本身没有变化，只是其内部的一部分值被修改了。

Python 函数的参数传递也分为两种类型。

不可变类型：类似 C++的值传递，如整数、字符串、元组。例如 fun(a)，传递的只是 a 的值，不影响 a 对象本身；在 fun(a)内部修改 a 的值，只是修改另一个复制的对象，不会影响 a 本身。

可变类型：类似 C++的引用传递，如列表、字典。例如 fun(la)，是将 la 真正地传过去，修改后 fun 外部的 la 也会受影响。

Python 中的一切都是对象，严格意义上我们不能说值传递或引用传递，应该说传不可变对象和传可变对象。

1．传不可变对象示例

示例代码如下：

```
def ChangeInt( a ):
a = 10
b = 2
```

```
ChangeInt(b)
print( b ) # 结果是 2
```

对于 Int 值对象 2，指向它的变量是 b，在传递给 ChangeInt 函数时，按传值的方式复制了变量 b，a 和 b 都指向了同一个 Int 值对象，在 a=10 时，新生成一个 Int 值对象 10，并让 a 指向它。

2．传可变对象示例

可变对象在函数里修改了参数，在调用这个函数的过程中，原始的参数也被改变了。例如：

```
# 可写函数说明
def changeme( mylist ):
"修改传入的列表"
mylist.append([1,2,3,4])
print ("函数内取值: ", mylist)
return

# 调用 changeme 函数
mylist = [10,20,30]
changeme( mylist )
print ("函数外取值: ", mylist)
```

传入函数和在末尾添加新内容的对象用的是同一个引用，故输出结果如下：

```
函数内取值:  [10, 20, 30, [1, 2, 3, 4]]
函数外取值:  [10, 20, 30, [1, 2, 3, 4]]
```

10.4 参　　数

在调用函数时，可以传入参数，可使用的正式参数类型有必需参数、关键字参数、默认参数、不定长参数。参数分为形参和实参，简单地说，形参就是函数接收的参数，而实参就是实际传入的参数。形参变量只有在被调用时才分配内存单元，在调用结束后即刻释放所分配的内存单元。因此，形参只在函数内部有效。实参可以是常量、变量、表达式、函数等，无论实参是何种类型的，在进行函数调用时，它们都必须有确定的值，以便把这些值传送给形参。函数调用结束返回主调用函数后，不能再使用该形参变量。必需参数要以正确的顺序传入函数，调用时的数量必须和声明时的数量一样。

调用 printme()，必须传入一个参数，否则会出现语法错误，示例代码如下：

```
#可写函数说明
def printme( str ):
"打印任何传入的字符串"
 print (str)
return

#调用 printme 函数
printme()
```

以上示例的输出结果如下：

```
Traceback (most recent call last):
  File "test.py", line 10, in <module>
    printme()
TypeError: printme() missing 1 required positional argument: 'str'
```

1．必需参数

必需参数必须以正确的顺序传入函数，调用时的数量必须和声明时的数量一样。

调用 printme()，必须传入一个参数，否则会导致语法错误：

```
#!/usr/bin/python3

#可写函数说明
def printme( str ):
    "打印任何传入的字符串"
    print (str)
    return
#调用 printme 函数
 printme()
```

以上示例的输出结果如下：

```
Traceback (most recent call last):
  File "test.py", line 10, in <module>
    printme()
TypeError: printme() missing 1 required positional argument: 'str'
```

2．关键字参数

关键字参数和函数调用关系紧密，函数调用使用关键字参数来确定传入的参数值。

使用关键字参数允许函数调用时参数的顺序与声明时参数的顺序不一致，因为 Python 解释器能够用参数名匹配参数值。

下面的示例在函数 printme() 被调用时使用参数名：

```
#可写函数说明
def printme( str ):
"打印任何传入的字符串"
print (str)
return

#调用 printme 函数
printme( str = "你好 python")
```

以上示例的输出结果如下：

```
你好 python
```

下面的示例演示了函数参数的使用不需要指定顺序：

```
#可写函数说明
```

```
def printinfo( name, age ):
   "打印任何传入的字符串"
   print ("名字: ", name)
   print ("年龄: ", age)
   return

#调用 printinfo 函数
printinfo( age=10, name="python" )
```

以上示例的输出结果如下：

```
名字: python
年龄: 10
```

3．默认参数

在调用函数时，如果没有传递参数，则使用默认参数。下面的示例中如果没有传入 age 参数，则使用默认值：

```
#可写函数说明
def printinfo( name, age = 35 ):
   "打印任何传入的字符串"
   print ("名字: ", name)
   print ("年龄: ", age)
   return

#调用 printinfo 函数
printinfo( age=50, name="python" )
  print ("------------------------")
  printinfo( name="python" )
```

以上示例的输出结果如下：

```
名字: python
年龄: 50
------------------------
名字: python
年龄: 35
```

4．不定长参数

用户可能需要一个函数能处理比当初声明时更多的参数。这些参数叫作不定长参数，与关键字参数和默认参数不同，不定长参数在声明时不会被命名。基本语法如下：

```
def functionname([formal_args,] *var_args_tuple ):
   "函数_文档字符串"
   function_suite
   return [expression]
```

加了星号（*）的参数会以元组的形式导入，存放所有未命名的变量参数：

```
# 可写函数说明
```

```
def printinfo( arg1, *vartuple ):
"打印任何传入的参数"
print ("输出: ")
print (arg1) print (vartuple)

# 调用 printinfo 函数
printinfo( 70, 60, 50 )
```

以上示例的输出结果如下：

```
输出:
70
(60, 50)
```

如果在函数调用时没有指定参数，那么它就是一个空元组。用户也可以不向函数传递未命名的变量，示例代码如下：

```
# 可写函数说明
def printinfo( arg1, *vartuple ):
"打印任何传入的参数"
  print ("输出: ")
  print (arg1)
  for var in vartuple:
     print (var)
return

# 调用 printinfo 函数
printinfo( 10 )
printinfo( 70, 60, 500 )
```

以上示例的输出结果如下：

```
输出:
10
输出:
70
60
500
```

还有一种情况是参数带两个星号（**），基本语法如下：

```
def functionname([formal_args,] **var_args_dict ):
   "函数_文档字符串"
   function_suite
   return [expression]
```

带两个星号的参数会以字典的形式导入，示例代码如下：

```
# 可写函数说明
def printinfo( arg1, **vardict ):
"打印任何传入的参数"
print ("输出: ")
```

```
print (arg1)
print (vardict)

# 调用 printinfo 函数
 printinfo(1, a=2,c=3)
```

以上示例的输出结果如下:

```
输出:
1
{'a': 2, 'c': 3}
```

在声明函数时,参数中的星号可以单独出现,例如:

```
def f(a,b,*,c):
    return a+b+c
```

单独出现星号后的参数必须用关键字传入:

```
>>> def f(a,b,*,c):
...     return a+b+c
...
>>> f(1,2,3)    # 报错
Traceback (most recent call last):
  File "<stdin>", line 1, in <module>
TypeError: f() takes 2 positional arguments but 3 were given
>>> f(1,2,c=3) #  正常
6
```

10.5 匿 名 函 数

在 Python 中使用 lambda 创建匿名函数。匿名是指不使用 def 语句这样标准的形式定义一个函数。lambda 是一个表达式,其函数体结构比 def 函数体结构简单。

lambda 的主体是一个表达式,而不是一个代码块,因此只能在 lambda 表达式中封装有限的逻辑。lambda 函数拥有自己的命名空间,且不能访问自己参数列表之外或全局命名空间里的参数。

虽然 lambda 函数看起来只能写一行,却不等同于 C/C++的内联函数,后者的目的是在调用小函数时不占用栈内存而提高运行效率。

lambda 函数的语法只包含一条语句,代码如下:

```
lambda [arg1 [,arg2,...,argn]]:expression
```

示例代码如下:

```
#!/usr/bin/python3
# 可写函数说明
sum = lambda arg1, arg2: arg1 + arg2
# 调用 sum 函数
 print ("相加后的值为 : ", sum( 10, 20 ))
print ("相加后的值为 : ", sum( 20, 20 ))
```

以上示例的输出结果如下：

```
相加后的值为： 30
相加后的值为： 40
```

10.6 变量作用域

在 Python 中，程序的变量并不是在哪个位置都可以访问的，访问权限决定了这个变量是在哪里被赋值的；变量的作用域决定了在程序中的访问规则，明确了程序中某个部分可以访问某个特定的变量。Python 的作用域分为 4 类，分别如下。

- L（Local）：局部作用域。
- E（Enclosing）：闭包函数外的函数中。
- G（Global）：全局作用域。
- B（Built-in）：内建作用域。

以 L→E→G→B 的规则查找，即在局部找不到，便去局部外的部分找（如闭包），再找不到就去全局找，最后还可以到内建中找。示例代码如下：

```
x = int(2.9)            #内建作用域

g_count = 0             #全局作用域
def outer():
    o_count = 1         #闭包函数外的函数中
    def inner():
        i_count = 2     #局部作用域
```

在 Python 中，只有模块（Module）、类（Class）及函数（def、lambda）能引入新的作用域，其他的代码块如 if-elif-else、try-except、for、while 等是不允许引入新的作用域的，说明外部可以访问这些语句内定义的变量。示例代码如下：

```
>>> if True:
...     msg = 'I am from Runoob'
...
>>> msg
'I am from Runoob'
>>>
```

在上面的示例中，msg 变量在 if 语句块中被定义，但外部还是可以访问的。

如果将 msg 定义在函数中，则它就是局部变量，外部不能访问：

```
>>> def test():
...     msg_inner = 'I am from Runoob'
...
>>> msg_inner
Traceback (most recent call last):
    File "<stdin>", line 1, in <module>
NameError: name 'msg_inner' is not defined
>>>
```

从报错的信息上看，说明 msg_inner 未被定义，无法使用，因为它是局部变量，只能在函数内使用。

1. 全局变量和局部变量

在函数内部定义的变量拥有局部作用域，在函数外部定义的变量拥有全局作用域。

局部变量只能在其被声明的函数内部访问，而全局变量可以在整个程序范围内访问。在调用函数时，所有在函数内部声明的变量名称都将被加入到作用域中。示例代码如下：

```python
#!/usr/bin/python3

total = 0                #这是一个全局变量
# 可写函数说明
def sum( arg1, arg2 ):
    #返回两个参数的和
    total = arg1 + arg2
    # total 在这里是局部变量.
    print ("函数内是局部变量 : ", total)
    return total

#调用 sum 函数
sum( 10, 20 )
print ("函数外是全局变量 : ", total)
```

以上示例的输出结果如下：

```
函数内是局部变量 : 30
函数外是全局变量 : 0
```

2. global 和 nonlocal 关键字

当内部作用域想修改外部作用域的变量时，需要使用 global 或 nonlocal 关键字声明。下面的示例修改了全局变量 num，代码如下：

```python
#!/usr/bin/python3

num = 1
def fun1():
    global num               #使用 global 关键字声明
    print(num)
    num = 123
    print(num)
fun1()
print(num)
```

以上示例的输出结果如下：

```
1
123
123
```

要修改嵌套作用域，如 enclosing 作用域，它是外层非全局作用域中的变量，需要使用

nonlocal 关键字声明，示例代码如下：

```
#!/usr/bin/python3

    def outer():
    num = 10
    def inner():
        nonlocal num #  使用 nonlocal 关键字声明
        num = 100
        print(num)
    inner()
    print(num)
outer()
```

以上示例的输出结果如下：

```
100
100
```

另外，有一种特殊情况，假设下面这段代码被运行：

```
#!/usr/bin/python3

a = 10
def test():
    a = a + 1
    print(a)
test()
```

以上代码被运行后，报错信息如下：

```
Traceback (most recent call last):
  File "test.py", line 7, in <module>
    test()
  File "test.py", line 5, in test
    a = a + 1
UnboundLocalError: local variable 'a' referenced before assignment
```

报错信息为局部作用域引用错误，因为 test 函数中的 a 是局部变量，未被定义，所以无法修改其值。修改 a 为全局变量，通过函数参数传递，就可以正常执行代码了，示例代码如下：

```
#!/usr/bin/python3
a = 10
def test(a):
    a = a + 1
    print(a)
test(a)
```

输出结果如下：

```
11
```

10.7　return 语句

return[表达式]语句的作用是退出函数,并选择性地向调用方返回一个表达式,不带参数值的 return 语句默认返回 None。下面是 return 语句的示例:

```python
#!/usr/bin/python3
# 可写函数说明
def sum( arg1, arg2 ):
    # 返回两个参数的和
    total = arg1 + arg2
    print ("函数内 : ", total)
    return total

# 调用 sum 函数
total = sum( 10, 20 )
print ("函数外 : ", total)
```

以上示例的输出结果如下:

```
函数内 : 30
函数外 : 30
```

10.8　迭 代 器

迭代是 Python 最强大的功能之一,是访问集合元素的一种方式,可以记住遍历的位置的对象。迭代器对象从集合的第一个元素开始访问,直到所有的元素被访问完。迭代器只能往前,不会后退。迭代器有两个基本的方法:iter()和 next()。字符串、列表和元组对象都可以用于创建迭代器,示例代码如下:

```
>>>list=[1,2,3,4]
>>> it = iter(list)        #创建迭代器对象
>>> print (next(it))       #输出迭代器的下一个元素
1
>>> print (next(it))
2
>>>
```

迭代器对象可以使用常规 for 语句进行遍历:

```
list=[1,2,3,4]
it = iter(list)            #创建迭代器对象
for x in it:
   print (x, end=" ")
```

运行以上程序,输出结果如下:

```
1 2 3 4
```

也可以使用 next():

```
import sys                    #引入 sys 模块
list=[1,2,3,4]
it = iter(list)               #创建迭代器对象
while True:
    try:
        print (next(it))
    except StopIteration:
        sys.exit()
```

运行以上程序，输出结果如下：

```
1
2
3
4
```

把一个类作为一个迭代器使用，需要在类中实现两个方法__iter__()与__next__()。

在面向对象编程中，类都有一个构造函数，Python 的构造函数为__init__()，它会在对象初始化的时候运行。__iter__()方法返回一个特殊的迭代器对象，这个迭代器对象实现了__next__()方法并通过 StopIteration 异常表示迭代的完成。__next__()方法（Python 2 中是 next()）会返回下一个迭代器对象。

创建一个返回数字的迭代器，初始值为 1，逐步递增 1，代码如下：

```
class MyNumbers:
    def __iter__(self):
        self.a = 1
        return self

    def __next__(self):
        self.a += 1
        x = self.a
        return x

myclass = MyNumbers()
myiter = iter(myclass)

print(next(myiter))
print(next(myiter))
print(next(myiter))
print(next(myiter))
print(next(myiter))
```

输出结果如下：

```
1
2
3
4
5
```

StopIteration 异常用于表示迭代的完成，防止出现无限循环的情况。在__next__()方法中，可以设置在完成指定循环次数后触发 StopIteration 异常来结束迭代。

下面的程序在迭代 20 次后停止运行：

```
class MyNumbers:
  def __iter__(self):
    self.a = 1
    return self
  def __next__(self):
    if self.a <= 20:
      x = self.a
      self.a += 1
      return x
    else:
      raise StopIteration

myclass = MyNumbers()
myiter = iter(myclass)

for x in myiter:
  print(x)
```

输出结果如下：

```
1
2
3
4
5
6
7
8
9
10
11
12
13
14
15
16
17
18
19
20
```

10.9　生 成 器

在 Python 中，使用了 yield 的函数被称为生成器（Generator）。跟普通函数不同的是，生成器是一个返回迭代器的函数，只能用于迭代操作。进一步抽象理解，可以把生成器看作一个迭代器，在调用生成器运行的过程中，每次遇到 yield 时函数会暂停并保存当前所有的运行信息，返回 yield 的值，并在下一次执行 next()方法时从当前位置继续运行，调用一个生成器函数，返回的是一个迭代器对象。

以下示例使用 yield 实现斐波那契数列：

```
import sys

def fibonacci(n):  # 生成器函数-斐波那契
    a, b, counter = 0, 1, 0
    while True:
        if (counter > n):
            return
        yield a
        a, b = b, a + b
        counter += 1
f = fibonacci(10) # f 是一个迭代器，由生成器返回生成

while True:
    try:
        print (next(f), end=" ")
    except StopIteration:
        sys.exit()
```

运行以上程序，输出结果如下：

0 1 1 2 3 5 8 13 21 34 55

第 11 章 模块化编程

11.1 模块的定义

当代码量巨大时，可以把代码分成一些有组织、有结构的代码段，这些代码段之间有一定的联系，可能是一个包含数据成员和方法的类，也可能是一组相关但彼此独立的操作函数，这些自我包含并且有组织的代码段就是模块（Module）。这些代码段是可以共享和"调入"一个模块的，以实现代码重用，把其他模块中的属性附加到当前模块中的操作叫作导入（Import）。与文件不同，模块是按照项目的业务逻辑来组织 Python 代码方法的，而文件是在物理层上组织模块的，模块的文件名就是模块的名字加上扩展名（.py）。

一个名称空间就是一个从名称到对象关系映射的集合。例如，string 模块中的 atoi() 就是 string.atoi()，通过"."属性标识指定了各自的名称空间，防止名称相同而发生冲突。

1．路径搜索

路径搜索指查找某个文件的操作。

模块的导入需要一个叫作"路径搜索"的过程，即在文件系统的"预定义区域"中查找文件，示例代码如下：

```
>>> import xxx
Traceback (innermost last):
File "<interactive input>", line 1, in ?
ImportError: No module named xxx
```

2．搜索路径

搜索路径指查找一组目录，示例代码如下：

```
>>> import sys
>>> sys.path
['', '/usr/lib/python3.4', '/usr/lib/python3.4/plat-x86_64-linux-gnu', '/usr/lib/python3.4/lib-dynload', '/usr/local/lib/python3.4/dist-packages', '/usr/lib/python3/dist-packages']
>>>
```

在上面的示例中，sys.path 输出的是一个列表，其中第一项是空串（''），代表当前目录。如果是从一个脚本中打印出来的，就可以很清楚地看出是哪个目录，即执行 Python 解释器的目录。对于脚本而言，就是运行的脚本所在的目录。因此，如果当前目录下存在与要引入模块同名的文件，就会出现把要引入的模块屏蔽的现象。

名称空间是名称（标识符）到对象的映射，向名称空间添加名称的操作过程涉及绑定标识符到指定对象的操作（给该对象的引用计数加 1）。

在访问一个属性时，解释器必须在 3 个名称空间的一个中找到它。首先在局部名称空间中查找，如果没有找到，就查找全局名称空间，全局名称空间也查找失败，就在内建名称空间里查找。示例代码如下：

```
>>> foo
Traceback (innermost last): File
"<stdin>", line 1, in ?
NameError: foo
```

还有一个比较重要的知识点是遮蔽效应。在局部名称空间中找到的名字会隐藏全局名称空间或内建名称空间的对应对象，这就相当于"覆盖"了那个全局变量，这一点在开发的时候需要注意。

11.2　from-import 语句

Python 的 from-import 语句的作用是从模块中导入一个指定的部分到当前命名空间，语法如下：

```
from modname import name1[, name2[, ... nameN]]
```

例如，要导入 fibo 模块的 fib 函数，使用如下语句：

```
>>> from fibo import fib, fib2
>>> fib(500)
1 1 2 3 5 8 13 21 34 55 89 144 233 377
```

这个声明不会把整个 fibo 模块导入到当前的命名空间，只会将 fibo 模块里的 fib 函数引入。

还有一个 from-import * 语句，该语句把一个模块的所有内容全都导入当前的命名空间，目的是使用一个简单的方法导入一个模块的所有项目，不建议过多地使用，需要使用时要做如下声明：

```
from modname import *
```

11.3　其　　他

模块除有方法定义外，还有可执行的代码，主要用来初始化该模块。这些代码只有在第一次被导入时才会被执行，每个模块有各自独立的符号表，在模块内部被所有函数当作全局符号表来使用。所以，模块的作者可以放心大胆地在模块内部使用这些全局变量，而不用担心把其他用户的全局变量覆盖。在开发逻辑相当清楚的情况下，可以使用 modname.itemname 表示法来访问模块内的函数。另外，当需要使用 import 导入一个模块时，被导入的模块的名称将被放入当前操作模块的符号表中。

1. __name__ 属性

一个模块被一个程序第一次引入时，其主程序将运行。如果在被引入时，模块中的某个

程序块不需要运行,则可以用__name__属性来使该程序块仅在该模块自身运行时运行。示例代码如下:

```
# Filename: using_name.py

if __name__ == '__main__':
    print('程序自身在运行')
else:
    print('我来自另一个模块')
```

示例的输出结果如下:

```
$ python using_name.py
程序自身在运行
$ python
>>> import using_name
我来自另一个模块
>>>
```

每个模块都有一个__name__属性,当其值是__main__时,表示该模块自身在运行,否则是被引入运行的。

2. dir()

使用内置函数dir()可以查找模块内定义的所有名称,并以一个字符串列表的形式返回,示例代码如下:

```
>>> import fibo, sys
>>> dir(fibo)
['__name__', 'fib', 'fib2']
>>> dir(sys)
['__displayhook__', '__doc__', '__excepthook__', '__loader__', '__name__',
 '__package__', '__stderr__', '__stdin__', '__stdout__',
 '_clear_type_cache', '_current_frames', '_debugmallocstats', '_getframe',
 '_home', '_mercurial', '_xoptions', 'abiflags', 'api_version', 'argv',
 'base_exec_prefix', 'base_prefix', 'builtin_module_names', 'byteorder',
 'call_tracing', 'callstats', 'copyright', 'displayhook',
 'dont_write_bytecode', 'exc_info', 'excepthook', 'exec_prefix',
 'executable', 'exit', 'flags', 'float_info', 'float_repr_style',
 'getcheckinterval', 'getdefaultencoding', 'getdlopenflags',
 'getfilesystemencoding', 'getobjects', 'getprofile', 'getrecursionlimit',
 'getrefcount', 'getsizeof', 'getswitchinterval', 'gettotalrefcount',
 'gettrace', 'hash_info', 'hexversion', 'implementation', 'int_info',
 'intern', 'maxsize', 'maxunicode', 'meta_path', 'modules', 'path',
 'path_hooks', 'path_importer_cache', 'platform', 'prefix', 'ps1',
 'setcheckinterval', 'setdlopenflags', 'setprofile', 'setrecursionlimit',
 'setswitchinterval', 'settrace', 'stderr', 'stdin', 'stdout',
 'thread_info', 'version', 'version_info', 'warnoptions']
```

如果没有给定参数,那么dir()会罗列当前定义的所有名称,示例代码如下:

```
>>> a = [1, 2, 3, 4, 5]
>>> import fibo
>>> fib = fibo.fib
>>> dir() # 得到一个当前模块中定义的属性列表
['__builtins__', '__name__', 'a', 'fib', 'fibo', 'sys']
>>> a = 5 # 建立一个新的变量 'a'
>>> dir()
['__builtins__', '__doc__', '__name__', 'a', 'sys']
>>>
>>> del a # 删除变量名 a
>>>
>>> dir()
['__builtins__', '__doc__', '__name__', 'sys']
>>>
```

3．标准模块

Python 本身附带一些标准的模块库，通常都在 Python 库参考文档中。有些模块直接被构建在解析器里，它们虽然不是一些编程语言内置的功能，却能很高效地被使用，甚至被系统级调用。这些模块会根据不同的操作系统进行不同形式的配置，例如 winreg 模块只提供给 Windows 系统。有一个特别的模块 sys，它内置在每个 Python 解析器中，其中变量 sys.ps1 和 sys.ps2 定义了主提示符和副提示符所对应的字符串：

```
>>> import sys
>>> sys.ps1
'>>> '
>>> sys.ps2
'... '
>>> sys.ps1 = 'C> '
C> print('Yuck!')
Yuck!
C>
```

11.4 包

包是一种管理 Python 模块命名空间的形式，采用"点模块名称"。例如，一个模块的名称是 A.B，表示一个包 A 中的子模块 B，这样表示的目的是在使用模块的时候，解决不同模块之间的全局变量会相互影响的问题。采用"点模块名称"这种形式，也可以解决不同库之间模块重名的情况。所以，每个用户都可以提供 NumPy 模块或 Python 图形库，以此不断扩大 Python 的技术生态圈。

如果存在一套统一处理声音文件和数据的模块（称为一个"包"），就需要存储很多种不同音频格式的文件，例如.wav、.aiff、.au。因此，需要引入一组不断增加的模块，用来在不同的格式之间转换。同时，针对这些音频数据，还需要增加很多不同的操作，例如混音、添加回声、增加均衡器功能、创建人造立体声效果等，需要模块来处理这些操作。因此，"包"的定义就出现了，主要体现在分层的文件系统中，包结构语法如下：

```
sound/                              顶层包
        __init__.py                 初始化 sound 包
        formats/                    文件格式转换子包
                __init__.py
                wavread.py
                wavwrite.py
                aiffread.py
                aiffwrite.py
                auread.py
                auwrite.py
                ...
        effects/                    声音效果子包
                __init__.py
                echo.py
                surround.py
                reverse.py
                ...
        filters/                    filters 子包
                __init__.py
                equalizer.py
                vocoder.py
                karaoke.py
                ...
```

当需要导入一个包时，Python 会根据 sys.path 中的目录来寻找该包中所包含的子目录，只有包含 __init__.py 文件才会被系统认为是一个包。__init__.py 是该包的目录，主要是解决一些使用率较高的命名（如叫作 string）造成的冲突，避免影响搜索路径中的有效模块。最简单的做法是放置一个空的 __init__.py 文件，文件中也可以包含一些初始化代码或为 __all__ 变量赋值。

用户可以每次只导入一个包中的特定模块，例如：

```
import sound.effects.echo
```

上面的代码将导入子模块 sound.effects.echo。在编写程序时，必须使用全名去访问：

```
sound.effects.echo.echofilter(input, output, delay=0.7, atten=4)
```

另外一种导入子模块的方法如下：

```
from sound.effects import echo
```

以上代码同样会导入子模块 echo，并且不需要冗长的前缀，示例代码如下：

```
echo.echofilter(input, output, delay=0.7, atten=4)
```

下面直接导入一个函数或变量：

```
from sound.effects.echo import echofilter
```

此方法会导入子模块 echo，并且可以直接使用其 echofilter()：

```
echofilter(input, output, delay=0.7, atten=4)
```

当使用 from package import item 这种形式的时候,对应的 item 既可以是包中的子模块(子包),也可以是包中定义的其他名称,如函数、类或变量等。import 语法会把 item 当作一个定义包的名称,如果没找到,则会按照一个模块去导入,如果还没找到,则会出现 ImportError 异常。如果使用 import item.subitem.subsubitem 这种导入形式,则除最后一项外,都必须是包的形式,而最后一项可以是模块或包,不可以是类、函数或变量的名字。

在使用 from sound.effects import *命令从一个包中导入时,Python 会进入文件系统,找到这个包中所有的子模块并逐个导入,但是该方法在 Windows 系统上经常出现问题,因为 Windows 文件系统不区分大小写。为了解决这个问题,需要包的开发人员提供一个精确的包的索引。为了减少错误开发,建议导入的语句遵循如下规则:如果包定义文件__init__.py 存在一个叫作__all__的列表变量,那么在使用 from package import * 的时候就把这个列表中的所有名字作为包内容导入,更新包之后需要对目录中的__all__进行更新。

下面的示例在 sounds/effects/__init__.py 中包含如下代码:

```
__all__ = ["echo", "surround", "reverse"]
```

以上代码表示在使用 from sound.effects import *命令时,只需要导入包中的 3 个子模块,如果__all__没有被定义,那么在使用 from sound.effects import *语法时,不会导入包 sound.effects 里的任何子模块,只是把包 sound.effects 和它里面定义的所有内容导入,同时可能会运行__init__.py 里定义的初始化代码,把__init__.py 里面定义的所有名字导入,并且不会破坏之前导入的所有明确指定的模块。部分代码如下:

```
import sound.effects.echo
import sound.effects.surround
from sound.effects import *
```

在运行 from...import 语句前,包 sound.effects 中的 echo 模块和 surround 模块都被导入当前的命名空间了,虽然减少了部分工作,但是会降低代码的可读性,因此一些模块都被设计成只能通过特定的方法导入,例如使用 from Package import specific_submodule 方法,在开发中也推荐使用这种方法,除非要导入的子模块有可能和其他包的子模块重名。

还有一种情况,如果在结构中包是一个子包,就需要使用绝对路径来导入。例如,模块 sound.filters.vocoder 要使用包 sound.effects 中的模块 echo,就需要编写 from sound.effects import echo 代码:

```
from . import echo
from .. import formats
from ..filters import equalizer
```

由此可见,无论是隐式的,还是显式的,相对导入都是从当前模块开始的,主模块的名字是__main__。一个 Python 应用程序的主模块使用绝对路径引用,在使用时包还提供一个额外的属性__path__,这是一个目录列表,里面每个目录都有为这个包服务的__init__.py 文件。

第 12 章 面向对象

12.1 面向对象的相关知识

面向对象编程（Object Oriented Programming，OOP）是一种程序设计思想，它把对象作为程序的基本单元，一个对象包含数据和操作数据的函数。

面向过程的程序设计把计算机程序视为一系列的命令集合，即一组函数的顺序执行。为了简化程序设计，面向过程的程序设计把函数分为若干子函数，即通过划分把大块函数转换成小块函数来降低系统的复杂度。

而面向对象的程序设计把计算机程序视为一组对象的集合，每个对象都可以接收其他对象发过来的消息，并处理这些消息，计算机程序的执行就是一系列消息在各个对象之间传递。

在 Python 中，所有数据类型都可以被视为对象，当然也可以自定义对象。自定义对象的数据类型就是面向对象中的类（Class）的概念。

下面以一个例子来说明面向过程和面向对象在程序流程上的不同之处。

假设要处理学生的成绩表，一名学生的成绩在面向过程的程序中可以用一个字典表示：

```
std1 = { 'name': 'Michael', 'score': 98 }
std2 = { 'name': 'Bob', 'score': 81 }
```

而处理学生成绩可以通过函数实现，如打印学生的成绩：

```
def print_score(std):
    print('%s: %s' % (std['name'], std['score']))
```

接下来采用面向对象的程序设计思想，我们首先要思考的不是程序的执行流程，而是 Student 这种数据类型应该被视为一个对象，这个对象拥有 name 和 score 两个属性（Property）。如果要打印一个学生的成绩，就必须创建这个学生对应的对象，然后给对象发送一个 print_score 消息，让对象把自己的数据打印出来：

```
class Student(object):

    def __init__(self, name, score):
        self.name = name
        self.score = score

    def print_score(self):
        print('%s: %s' % (self.name, self.score))
```

给对象发送消息实际上就是调用对象对应的关联函数,可以将其称为对象的方法(Method)。使用面向对象的设计思想写出来的代码如下:

```
bart = Student('Bart Simpson', 59)
lisa = Student('Lisa Simpson', 87)
bart.print_score()
lisa.print_score()
```

面向对象的设计思想是从自然界中得出的,在自然界中,类(Class)和实例(Instance)的概念是很自然的。类是一种抽象概念,如上面定义的 Student 类,是指学生这个概念,而实例则是一个个具体的学生,如 Bart Simpson 和 Lisa Simpson。

因此,面向对象的设计思想是抽象出类,然后根据类创建实例的。

面向对象的抽象程度比函数的抽象程度要高,因为一个类既包含数据,又包含操作数据的方法。

12.2 类 和 实 例

面向对象最重要的概念就是类和实例,必须牢记类是抽象的模板,如 Student 类,而实例是根据类创建出来的一个个具体的"对象",每个对象都拥有相同的方法,但各自的数据可能不同。

仍以 Student 类为例,在 Python 中,通过 class 关键字定义类:

```
class Student(object):
    pass
```

class 关键字后面紧跟着类名,即 Student,类名通常是以大写字母开头的单词,然后跟着"(object)",表示该类是从哪个类继承来的。通常,如果没有合适的继承类,就使用 object 类,这是所有类最终都会继承的类。

定义好 Student 类后,就可以根据 Student 类创建实例了,创建实例是通过"类名+()"实现的:

```
>>> bart = Student()
>>> bart
<__main__.Student object at 0x10a67a590>
>>> Student
<class '__main__.Student'>
```

可以看到,变量 bart 指向的就是一个 Student 类的实例,代码中的"0x10a67a590"是内存地址,每个对象的地址都不一样。

可以自由地给一个实例变量绑定属性,如给实例 bart 绑定一个 name 属性:

```
>>> bart.name = 'Bart Simpson'
>>> bart.name
'Bart Simpson'
```

由于类可以起到模板的作用,因此可以在创建实例时把一些我们认为必须绑定的属性强制输入进去。通过定义一个特殊的__init__方法,在创建实例的时候,就把 name、score 等属性绑定了：

```python
class Student(object):

    def __init__(self, name, score):
        self.name = name
        self.score = score
```

注意，__init__方法的第一个参数永远是 self，表示创建的实例本身。因此，在__init__方法内部，可以把各种属性绑定到 self，因为 self 就指向创建的实例本身。

有了__init__方法，在创建实例的时候，就不能传入空的参数了，必须传入与__init__方法匹配的参数，但是 self 不需要传，Python 解释器自己会把实例变量传进去：

```
>>> bart = Student('Bart Simpson', 59)
>>> bart.name
'Bart Simpson'
>>> bart.score
59
```

和普通的函数相比，在类中定义的函数只有一点不同，就是第一个参数永远是实例变量self，并且在调用时，不用传递该参数。除此之外，类的方法和普通函数的方法没有区别，用户仍然可以使用默认参数、可变参数、关键字参数和命名关键字参数。

面向对象编程的一个重要特点就是数据封装。在上面的 Student 类中，每个实例拥有各自的 name 和 score 属性。可以通过函数来访问这些属性，如打印一名学生的成绩：

```
>>> def print_score(std):
...     print('%s: %s' % (std.name, std.score))
...
>>> print_score(bart)
Bart Simpson: 59
```

在访问这些数据时，既然 Student 实例本身就拥有这些数据，就没有必要用外面的函数去访问了，可以直接在 Student 类的内部定义访问数据的函数，这样就把"数据"给封装起来了。这些封装数据的函数是和 Student 类本身关联的，我们将其称为类的方法，示例如下：

```python
class Student(object):

    def __init__(self, name, score):
        self.name = name
        self.score = score

    def print_score(self):
        print('%s: %s' % (self.name, self.score))
```

要定义一个方法，除第一个参数是 self 外，其他参数和普通函数的参数一样。要调用一个方法，只需要在实例变量上直接调用，除 self 不用传递外，其他参数正常传入：

```
>>> bart.print_score()
Bart Simpson: 59
```

这样一来，从外部看 Student 类，只需要知道创建实例要给出 name 和 score，而如何输出都是在 Student 类的内部定义的，这些数据和逻辑被"封装"起来了，调用很容易，不需要知道内部实现的细节，这是使用封装的一个好处。

使用封装的另一个好处是可以给 Student 类增加新的方法，如增加 get_grade 方法：

```python
class Student(object):
    ...

    def get_grade(self):
        if self.score >= 90:
            return 'A'
        elif self.score >= 60:
            return 'B'
        else:
            return 'C'
```

同样的，get_grade 方法可以直接在实例变量上调用，用户不需要知道内部实现的细节：

```
>>> bart.get_grade()
'C'
```

类是创建实例的模板，而实例则是一个个具体的对象，各个实例拥有的数据互相独立、互不影响。

方法就是与实例绑定的函数，和普通函数不同，方法可以直接访问实例的数据。

通过在实例上调用方法，用户可以直接操作对象内部的数据，而无须知道方法内部的实现细节。

和静态语言不同，Python 允许对实例变量绑定任何数据，也就是说，对于两个实例变量，虽然它们都是同一个类的不同实例，但拥有的变量名称也可能不同：

```
>>> bart = Student('Bart Simpson', 59)
>>> lisa = Student('Lisa Simpson', 87)
>>> bart.age = 8
>>> bart.age
8
>>> lisa.age
Traceback (most recent call last):
  File "<stdin>", line 1, in <module>
AttributeError: 'Student' object has no attribute 'age'
```

12.3 访问限制

类的内部有属性和方法，外部代码可以通过直接调用实例变量的方法来操作数据，这样就隐藏了内部的复杂逻辑。

但是，从前面 Student 类的定义来看，外部代码还是可以自由地修改一个实例的 name 和 score 属性的：

```
>>> bart = Student('Bart Simpson', 98)
```

```
>>> bart.score
98
>>> bart.score = 59
>>> bart.score
59
```

如果不想让外部访问内部属性,那么可以在属性的名称前添加双下画线__。在 Python 中,实例的变量名如果以"__"开头,就变成了一个私有变量(Private),只有内部可以访问,外部不能访问。下面把 Student 类改一改:

```
class Student(object):

    def __init__(self, name, score):
        self.__name = name
        self.__score = score

    def print_score(self):
        print('%s: %s' % (self.__name, self.__score))
```

改完后,对于外部代码来说没什么变动,但是已经无法从外部访问实例变量.__name 和.__score 了:

```
>>> bart = Student('Bart Simpson', 98)
>>> bart.__name
Traceback (most recent call last):
  File "<stdin>", line 1, in <module>
AttributeError: 'Student' object has no attribute '__name'
```

这样就确保了外部代码不能随意修改对象内部的状态,通过访问限制的保护,代码更加健壮。

当外部代码需要获取 name 和 score 时,怎么办?可以给 Student 类增加 get_name 和 get_score 这样的方法:

```
class Student(object):
    ...

    def get_name(self):
        return self.__name

    def get_score(self):
        return self.__score
```

需要外部代码修改 score,怎么办?可以再给 Student 类增加 set_score 方法:

```
class Student(object):
    ...

    def set_score(self, score):
        self.__score = score
```

读者也许会问,原先通过 bart.score = 59 语句也可以修改参数,为什么要定义一个方法大费周折呢?因为在方法中可以对参数进行检查,避免传入无效的参数:

```python
class Student(object):
    ...

    def set_score(self, score):
        if 0 <= score <= 100:
            self.__score = score
        else:
            raise ValueError('bad score')
```

需要注意的是,在 Python 中,变量名类似__xxx__的,也就是以双下画线开头,并且以双下画线结尾的是特殊变量,特殊变量不是私有变量,可以直接访问,所以不能命名__name__、__score__这样的变量名。

有时,用户会看到以一个下画线开头的实例变量名,如_name,这样的实例变量外部是可以访问的,但是按照约定俗成的规定,当看到这样的变量时,意思就是,"虽然我可以被访问,但是请把我视为私有变量,不要随意访问"。

以双下画线开头的实例变量是不是一定不能从外部访问呢?其实也不是。不能直接访问__name 变量是因为 Python 解释器对外把__name 变量转换成了_Student__name,所以仍然可以通过_Student__name 来访问__name 变量:

```
>>> bart._Student__name
'Bart Simpson'
```

但是强烈建议不要这么做,因为不同版本的 Python 解释器可能会把__name 转换成不同的变量名。

12.4 继承和多态

1. 继承

在面向对象程序设计中,当定义一个类时,可以从某个现有的类继承,新的类被称为子类(Subclass),而被继承的类被称为基类、父类(Base class)或超类(Super class)。

例如,已经编写了一个名为 Animal 的类,有一个 run()方法可以直接输出:

```python
class Animal(object):
    def run(self):
        print('Animal is running...')
```

当需要编写 Dog 类和 Cat 类时,就可以直接从 Animal 类继承:

```python
class Dog(Animal):
    pass


class Cat(Animal):
    pass
```

对于 Dog 类来说，Animal 类就是它的父类；而对于 Animal 类来说，Dog 类就是它的子类。Cat 类和 Dog 类类似。

继承有什么好处？最大的好处是子类获得了父类的全部功能。由于 Animal 类实现了 run() 方法，因此 Dog 类和 Cat 类作为它的子类，什么事也没做，就自动拥有了 run() 方法：

```
dog = Dog()
dog.run()

cat = Cat()
cat.run()
```

运行结果如下：

```
Animal is running...
Animal is running...
```

当然，也可以向子类添加一些方法，如向 Dog 类添加方法：

```
class Dog(Animal):

    def run(self):
        print('Dog is running...')

    def eat(self):
        print('Eating meat...')
```

继承的第 2 个好处是需要用户对代码做一些改进。可以看到，无论是 Dog 类还是 Cat 类，它们实现 run() 方法的时候，显示的都是"Animal is running..."，符合逻辑的输出是分别显示"Dog is running..."和"Cat is running..."，因此对 Dog 类和 Cat 类的改进如下：

```
class Dog(Animal):

    def run(self):
        print('Dog is running...')


class Cat(Animal):

    def run(self):
        print('Cat is running...')
```

再次运行，结果如下：

```
Dog is running...
Cat is running...
```

2. 多态

当子类和父类存在相同的 run() 方法时，子类的 run() 方法覆盖了父类的 run() 方法，在代码运行的时候，总是会调用子类的 run() 方法。这样，我们就获得了继承的第 3 个好处：多态。

要理解什么是多态，就要对数据类型再做一些说明。在定义一个类的时候，实际上定义了一种数据类型，该数据类型和 Python 自带的数据类型没什么两样：

```
a = list() # a 是 list 类型
b = Animal() # b 是 Animal 类型
c = Dog() # c 是 Dog 类型
```

判断一个变量是否是某个类型可以用 isinstance()方法进行判断：

```
>>> isinstance(a, list)
True
>>> isinstance(b, Animal)
True
>>> isinstance(c, Dog)
True
```

可以看到，a、b、c 确实对应着 list、Animal、Dog 这 3 种类型。
再试试下面的代码：

```
>>> isinstance(c, Animal)
True
```

看来 c 不仅是 Dog 类型，还是 Animal 类型。

不过仔细想想，这是有道理的。因为 Dog 类是从 Animal 类继承的，当创建了一个 Dog 类的实例 c 时，认为 c 的数据类型是 Dog 类型没错，而 c 同时是 Animal 类型也没错，Dog 类型本来就是 Animal 类型的一种。

所以，在继承关系中，如果一个实例的数据类型是某个子类，那么它的数据类型也可以被看作是父类的类型。但是，反过来就不行：

```
>>> b = Animal()
>>> isinstance(b, Dog)
False
```

Dog 类型可以被看作 Animal 类型，但 Animal 类型不可以被看作 Dog 类型。
要理解多态的好处，我们还需要编写一个函数，这个函数接收一个 Animal 类型的变量：

```
def run_twice(animal):
    animal.run()
    animal.run()
```

当传入 Animal 类的实例时，run_twice()就输出如下代码：

```
>>> run_twice(Animal())
Animal is running...
Animal is running...
```

当传入 Dog 类的实例时，run_twice()就输出如下代码：

```
>>> run_twice(Dog())
Dog is running...
Dog is running...
```

当传入 Cat 类的实例时，run_twice()就输出如下代码：

```
>>> run_twice(Cat())
Cat is running...
Cat is running...
```

看上去没什么特别，现在仔细想想，如果再定义一个 Tortoise 类，也从 Animal 类继承：

```
class Tortoise(Animal):
    def run(self):
        print('Tortoise is running slowly...')
```

当调用 run_twice()时，传入 Tortoise 类的实例，输出如下代码：

```
>>> run_twice(Tortoise())
Tortoise is running slowly...
Tortoise is running slowly...
```

可以发现，添加一个 Animal 类的子类，不必对 run_twice()方法做任何修改。实际上，任何依赖 Animal 类作为参数的函数或方法都可以不加修改地正常运行，原因就在于多态。

多态的好处就是，当需要传入 Dog、Cat、Tortoise 等类型时，只需要接收 Animal 类型就可以了，因为 Dog、Cat、Tortoise 等都是 Animal 类型，然后按照 Animal 类型进行操作即可。由于 Animal 类型有 run()方法，因此传入的任意类型，只要是 Animal 类或 Animal 子类，就会自动调用实际类型的 run()方法，这就是多态的意思。

对于一个变量，我们只需要知道它是 Animal 类型，无须确切地知道它的子类型，就可以放心地调用 run()方法，而具体调用的 run()方法是作用在 Animal、Dog、Cat 对象上，还是作用在 Tortoise 对象上，由运行时该对象的确切类型决定，这就是多态真正的威力。调用方只管调用，不管细节，而当新增一种 Animal 子类时，只要确保 run()方法编写正确即可，不用管原来的代码是如何调用的，这就是著名的"开闭"原则。

● 对扩展开放：允许新增 Animal 子类。
● 对修改封闭：不需要修改依赖 Animal 类型的 run_twice()等函数。

继承还可以一级一级地继承下来，就好比从爷爷到爸爸，再到儿子这样的关系。而任何类，最终都可以追溯到根类 object，这些继承关系看上去就像一颗倒着的树，如如图 12-1 所示的继承树。

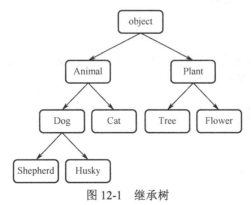

图 12-1　继承树

3．静态语言和动态语言

对于静态语言（例如 Java）来说，如果需要传入 Animal 类型，则传入的对象必须是 Animal

类或 Animal 子类，否则将无法调用 run()方法。

对于 Python 这样的动态语言来说，不一定需要传入 Animal 类型，只要保证传入的对象有一个 run()方法就可以了：

```
class Timer(object):
    def run(self):
        print('Start...')
```

这就是动态语言的"鸭子"类型，它并不要求严格的继承体系，一个对象只要"看起来像鸭子，走起路来也像鸭子"，就可以被看作鸭子。

Python 的"file-like object"就是一种"鸭子"类型。真正的文件对象有一个 read()方法，返回其内容，而许多对象，只要有 read()方法，就都被视为"file-like object"。许多函数接收的参数就是"file-like object"，不一定要传入真正的文件对象，完全可以传入任何实现了 read()方法的对象。

12.5　获取对象信息

当拿到一个对象的引用时，如何知道这个对象是什么类型的？有哪些方法呢？

1．使用 type()

判断对象类型，基本类型都可以使用 type()进行判断：

```
>>> type(123)
<class 'int'>
>>> type('str')
<class 'str'>
>>> type(None)
<type(None) 'NoneType'>
```

当一个变量指向函数或类时，也可以使用 type()进行判断：

```
>>> type(abs)
<class 'builtin_function_or_method'>
>>> type(a)
<class '__main__.Animal'>
```

type()返回的是什么类型呢？它返回对应的 Class 类型。如果要在 if 语句中进行判断，就需要比较两个变量的 type 类型是否相同：

```
>>> type(123)==type(456)
True
>>> type(123)==int
True
>>> type('abc')==type('123')
True
>>> type('abc')==str
True
>>> type('abc')==type(123)
False
```

判断基本数据类型可以直接写 int、str 等，但要判断一个对象是否是函数，怎么办呢？可以使用 types 模块中定义的常量：

```
>>> import types
>>> def fn():
...     pass
...
>>> type(fn)==types.FunctionType
True
>>> type(abs)==types.BuiltinFunctionType
True
>>> type(lambda x: x)==types.LambdaType
True
>>> type((x for x in range(10)))==types.GeneratorType
True
```

2. 使用 isinstance()

对于类的继承关系来说，使用 type() 很不方便。要判断类的类型，可以使用 isinstance()。

如果继承关系是 object→Animal→Dog→Husky，那么使用 isinstance() 就可以判断一个对象是否是某种类型。先创建 3 种类型的对象：

```
>>> a = Animal()
>>> d = Dog()
>>> h = Husky()
```

然后进行判断：

```
>>> isinstance(h, Husky)
True
```

没有问题，因为 h 变量指向的就是 Husky 对象。
再判断：

```
>>> isinstance(h, Dog)
True
```

h 虽然是 Husky 类型，但由于 Husky 类是从 Dog 类继承的，所以 h 也是 Dog 类。换句话说，isinstance() 判断的是一个对象是否是该类型本身，或者位于该类型的父继承链上。

因此，可以确信，h 还是 Animal 类型：

```
>>> isinstance(h, Animal)
True
```

同理，实际类型是 Dog 类型的 d 也是 Animal 类型：

```
>>> isinstance(d, Dog) and isinstance(d, Animal)
True
```

但是，d 不是 Husky 类型：

```
>>> isinstance(d, Husky)
False
```

能用 type()判断的基本类型也可以用 isinstance()进行判断：

```
>>> isinstance('a', str)
True
>>> isinstance(123, int)
True
>>> isinstance(b'a', bytes)
True
```

还可以判断一个变量是否是某些类型中的一种，例如，下面的代码就可以判断变量是否是 list 类型或 tuple 类型：

```
>>> isinstance([1, 2, 3], (list, tuple))
True
>>> isinstance((1, 2, 3), (list, tuple))
True
```

3. 使用 dir()

要获得一个对象的所有属性和方法，可以使用 dir()，它返回一个包含字符串的列表。例如，获得一个 str 对象的所有属性和方法：

```
>>> dir('ABC')
['__add__', '__class__', '__contains__', '__delattr__', '__dir__', '__doc__', '__eq__', '__format__', '__ge__', '__getattribute__', '__getitem__', '__getnewargs__', '__gt__', '__hash__', '__init__', '__iter__', '__le__', '__len__', '__lt__', '__mod__', '__mul__', '__ne__', '__new__', '__reduce__', '__reduce_ex__', '__repr__', '__rmod__', '__rmul__', '__setattr__', '__sizeof__', '__str__', '__subclasshook__', 'capitalize', 'casefold', 'center', 'count', 'encode', 'endswith', 'expandtabs', 'find', 'format', 'format_map', 'index', 'isalnum', 'isalpha', 'isdecimal', 'isdigit', 'isidentifier', 'islower', 'isnumeric', 'isprintable', 'isspace', 'istitle', 'isupper', 'join', 'ljust', 'lower', 'lstrip', 'maketrans', 'partition', 'replace', 'rfind', 'rindex', 'rjust', 'rpartition', 'rsplit', 'rstrip', 'split', 'splitlines', 'startswith', 'strip', 'swapcase', 'title', 'translate', 'upper', 'zfill']
```

类似__xxx__的属性和方法在 Python 中都是有特殊用途的，如__len__方法返回长度。在 Python 中，调用 len()试图获取一个对象的长度，实际上在 len()内部，它自动去调用该对象的__len__()方法，所以下面的代码是等价的：

```
>>> len('ABC')
3
>>> 'ABC'.__len__()
3
```

用户自己写的类，如果也想用 len(myObj)，就自己写一个__len__()方法：

```
>>> class MyDog(object):
...     def __len__(self):
...         return 100
...
>>> dog = MyDog()
```

```
>>> len(dog)
100
```

剩下的都是普通属性或方法，如 lower()方法返回小写的字符串：

```
>>> 'ABC'.lower()
'abc'
```

仅仅把属性和方法列出来是不够的，配合 getattr()、setattr()和 hasattr()，用户可以直接操作一个对象的状态：

```
>>> class MyObject(object):
...     def __init__(self):
...         self.x = 9
...     def power(self):
...         return self.x * self.x
...
>>> obj = MyObject()
```

紧接着，可以测试该对象的属性：

```
>>> hasattr(obj, 'x') # 有属性'x'吗?
True
>>> obj.x
9
>>> hasattr(obj, 'y') # 有属性'y'吗?
False
>>> setattr(obj, 'y', 19) # 设置一个属性'y'
>>> hasattr(obj, 'y') # 有属性'y'吗?
True
>>> getattr(obj, 'y') # 获取属性'y'
19
>>> obj.y # 获取属性'y'
19
```

如果试图获取不存在的属性，就会抛出 AttributeError 错误：

```
>>> getattr(obj, 'z') # 获取属性'z'
Traceback (most recent call last):
  File "<stdin>", line 1, in <module>
AttributeError: 'MyObject' object has no attribute 'z'
```

可以传入一个 default 参数，如果属性不存在，就返回默认值：

```
>>> getattr(obj, 'z', 404) # 获取属性'z'，如果不存在，就返回默认值 404
404
```

也可以获得对象的方法：

```
>>> hasattr(obj, 'power') # 有属性'power'吗?
True
>>> getattr(obj, 'power') # 获取属性'power'
<bound method MyObject.power of <__main__.MyObject object at 0x10077a6a0>>
```

```
>>> fn = getattr(obj, 'power') # 获取属性'power'并赋值到变量 fn
>>> fn # fn 指向 obj.power
<bound method MyObject.power of <__main__.MyObject object at 0x10077a6a0>>
>>> fn() # 调用 fn()与调用 obj.power()是一样的
81
```

通过内置的一系列函数，可以对任意一个 Python 对象进行剖析，得到其内部的数据。需要注意的是，只有在不知道对象信息的时候，才会获取对象信息。如果可以直接写：

```
sum = obj.x + obj.y
```

就不要写：

```
sum = getattr(obj, 'x') + getattr(obj, 'y')
```

一个正确的用法的示例如下：

```
def readImage(fp):
    if hasattr(fp, 'read'):
        return readData(fp)
    return None
```

假设用户希望从文件流 fp 中读取图像，首先要判断该 fp 对象是否存在 read()方法，如果存在，则该对象是一个流；如果不存在，则无法读取。这时 hasattr()就派上用场了。

请注意，在 Python 这类动态语言中，根据"鸭子"类型，有 read()方法不代表该 fp 对象就是一个文件流，也可能是网络流，还可能是内存中的一个字节流，但只要 read()方法返回的是有效的图像数据，就不影响读取图像的功能。

12.6 实例属性和类属性

由于 Python 是动态语言，因此根据类创建的实例可以任意绑定属性。
给实例绑定属性的方法是通过实例变量或 self 变量实现的：

```
class Student(object):
    def __init__(self, name):
        self.name = name

s = Student('Bob')
s.score = 90
```

如果 Student 类本身需要绑定一个属性，怎么办呢？可以直接在类中定义属性，这种属性是类属性，归 Student 类所有：

```
class Student(object):
    name = 'Student'
```

当定义了一个类属性后，这个属性虽然归类所有，但类的所有实例都可以访问，来测试一下：

```
>>> class Student(object):
...     name = 'Student'
```

```
...
>>> s = Student()  # 创建实例 s
>>> print(s.name)  # 打印 name 属性,因为实例并没有 name 属性,所以会继续查找 class 的 name 属性
Student
>>> print(Student.name)  # 打印类的 name 属性
Student
>>> s.name = 'Michael'  # 给实例绑定 name 属性
>>> print(s.name)  # 由于实例属性优先级比类属性优先级高,因此它会屏蔽类的 name 属性
Michael
>>> print(Student.name)  # 但是类属性并未消失,用 Student.name 仍然可以访问
Student
>>> del s.name  # 如果删除实例的 name 属性
>>> print(s.name)  # 再次调用 s.name,实例的 name 属性没有被找到,类的 name 属性就显示出来了
Student
```

从上面的例子可以看出,在编写程序的时候,千万不要把实例属性和类属性命名为相同的名字,因为相同名字的实例属性将屏蔽类属性。在删除实例属性后,使用相同的名字访问的是类属性。

第 13 章 执行环境

13.1 简 介

在 Python 中有多种运行外部程序的方法，可以执行操作系统命令，或者运行其他的 Python 脚本，也可以执行一个磁盘上的文件或通过网络来运行文件，这些完全取决于用户调用需求。例如，当前脚本继续运行、创建和管理子进程、执行外部命令或程序、执行需要输入的命令、通过网络调用命令、执行命令来创建需要处理的输出、执行其他的 Python 脚本等。

Python 的内建函数和外部模块都可以提供上述功能，这样不仅提高了执行其他程序的效率，而且节约了资源，避免重复开发代码。基于这些方面，Python 为当前脚本提供了多种执行程序的方法或外部命令调用的机制，非常灵活。

13.2 可调用对象

在 Python 中，函数操作符（()）紧跟在可调用对象之后，可调用对象通过函数式编程接口进行调用，如 apply()、filter()、map()和 reduce()。Python 有 4 种可调用对象：函数、方法、类及一些类的实例。

1. 函数

在 Python 中有 3 种不同类型的函数对象。

第一种是内建函数（BIF），内建函数用 C/C++语言编写，编译后被放入 Python 解释器，它们作为第一（内建）名字空间的一部分被加载进系统。这些函数被保存在_builtins_模块里，并作为__builtins__模块被导入解释器。内建函数属性有 bif.__doc__、bif.__name__、bif.__self__、bif.__module__等，可以用 dir()列出内建函数的所有属性。

第二种是用户自定义的函数（User-Defined Function），通常是用 Python 代码编写的，定义在模块的逻辑部分，作为全局命名空间的一部分被装载到系统中，可以通过 func_closure 属性以钩子机制来"钩"住在其他地方定义的属性，用户自定义的函数是"函数"体的类型，用 type()表示<type 'function'>。

第三种是 lambda 表达式，lambda 表达式和用户自定义的函数不同。虽然都是返回一个函数对象，但是 lambda 表达式不是用 def 语句创建的，而是用 lambda 关键字创建的，因为 lambda 表达式没有给命名绑定的代码提供基础结构，所以需要通过函数式编程接口来调用，或者直接把它们的引用赋值给一个变量，然后直接调用或用函数来调用。通过 lambda 表达式创建的函数对象除没有被命名外，享有和用户自定义函数相同的属性。

2. 方法

用户自定义方法被定义为类的一部分函数，许多 Python 数据类型，例如列表和字典，也有方法，这些方法被称为内建方法。为了进一步说明可以使用归属的类型，通过对象的名字和句点属性标识进行命名。

第一种是内建方法，如 bim.__doc__、bim.__name__、bim.__self__等，只有内建类型（BIT）才有内建方法（BIM）。对于内建方法，type()工厂函数给出了和内建函数相同的输出：<type 'builtin_function_or_method'>，BIM 和 BIF 享有相同的属性，不同之处在于 BIM 的__self__属性指向一个 Python 对象，而 BIF 的__self__属性指向 None。对于类和实例，都能以该对象为参数，通过内建函数 dir()来获得它们的数据和方法属性。

第二种是用户自定义的方法，包含在类定义中，拥有标准函数的包装，仅有定义它们的类可以使用。如果没有在子类定义中被覆盖，则可以通过子类实例来调用。用户自定义方法与类对象是关联的（非绑定方法），但是只能通过类的实例来调用（绑定方法），无论方法是否绑定，所有的方法都是相同的类型：<type 'instancemethod'>。

3. 类

利用类的可调用性来创建实例，"调用"类的结果便是创建了实例。类有默认的构造函数，该函数什么都不做，基本上只有一个 pass 语句，用户可以通过__int__()方法自定义实例化过程，实例化调用的任何参数都会传到构造函数里。

4. 类的实例

Python 给类提供了名为__call__的特别方法，该方法允许用户创建可调用的对象（实例）；默认情况下，__call__()方法是抽象的，这意味着大多数实例都是不可调用的，如果在类定义中覆盖了这个方法，那么这个类的实例就成为可调用的了。因此，调用这样的实例对象等同于调用__call__()方法。另外，任何在实例调用中给出的参数都会被传入__call()__方法，foo()和 foo.__call__(foo)的效果相同，因为是对自己的引用，所以 foo 同时也作为参数出现。实例将自动成为每次方法调用的第一个参数，如果__call__()有参数，如（self, arg），那么调用 foo(arg)就和调用 foo.__call__(foo, arg)一样。由此可见，只有定义类的时候实现了__call__方法，类的实例才可调用。示例代码如下：

```
>>> class C(object):
...     def __call__(self, *args):
...         print "I am callable!Whit args:", args
...
>>> obj = C()
>>> obj
<__main__.C object at 0x7f2116676610>
>>> callable(obj)
True
>>> obj()
I am callable!Whit args: ()
>>> obj(3)
I am callable!Whit args: (3,)
>>> obj(3, "data")
I am callable!Whit args: (3, 'data')
```

13.3 代码对象

可调用对象是 Python 执行环境里最重要的部分，它与 Python 语句、赋值、表达式和模块构成了具备各种功能的程序场景。其中，可调用对象是构成可执行代码块的核心，而这些代码块被称为代码对象。每个可调用代码的核心都是代码对象，由语句、赋值、表达式及其他可调用程序组成。通常一个模块包含该模块中所有代码的对象，代码对象由函数或方法来执行，也可用 exec 语句或内建函数 eval() 来执行。通常 Python 模块的代码对象是构成该模块的全部代码。

要执行 Python 代码，必须先将代码转换成字节编译的代码，又称字节码，这才是真正意义上的代码对象，其中不包含任何关于代码对象执行环境的信息。正是摆脱了这些环境的限制，使得代码的调用变得灵活，被用来包装成一个代码对象并提供额外的信息。函数对象仅是代码对象的包装，方法则是函数对象的包装。

Python 提供了大量的内建函数来支持可调用/可执行对象，包括 exec 语句。这些函数帮助用户调用代码对象，也可以用内建函数 compile() 生成代码对象。

1. callable()

callable() 是一个布尔函数，用于确定一个对象是否可以通过函数操作符来调用。如果函数可调用，则返回 True；否则，返回 False。示例代码如下：

```
>>> callable(dir)
True
>>> callable(1)
False
>>> def foo():pass
...
>>> callable(foo)
True
>>> class C(object):pass
...
>>> callable(C)
True
```

2. compile()

compile() 的作用是动态生成字符串格式的 Python 代码，然后生成一个代码对象。compile() 允许用户在运行时迅速生成代码对象，然后用 exec 语句或 eval() 来执行这些对象或对它们进行求值。exec 语句和 eval() 都可以执行字符串格式的 Python 代码。当执行字符串格式的代码时，每次都必须对这些代码进行字节编译处理。compile() 提供了一次性字节代码预编译，以后每次调用都不用编译了。compile() 的 3 个参数都是必需的。其中，第 1 个参数表示要编译的 Python 代码；第 2 个参数是字符串，虽然是必需的，但是通常被设置为空串，该参数表示存放代码对象的文件的名字（字符串类型）；第 3 个参数是一个字符串，用来表明代码对象的类型，它有 3 个可能值，即 eval（可求值的表达式，和 eval() 一起使用）、single（单一可执行语句，和 exec 语句一起使用）和 exec（可执行语句组，和 exec 语句一起使用）。

示例代码如下:

```
>>> eval_code = compile('100 + 200', '', 'eval')
>>> eval(eval_code)
300
>>> single_code = compile('print "Hello world!"', '', 'single')
>>> single_code
<code object <module> at 0x7f947accabe8, file "", line 1>
>>> exec single_code
Hello world!
>>> exec_code = compile("""
... req = input('Count how many numbers? ')
... for eachNum in range(req):
...     print eachNum
... """, '', 'exec')
>>> exec exec_code
Count how many numbers? 4
0
1
2
3
```

3. eval()

eval()用于对表达式求值,可以为字符串或内建函数 compile()创建预编译代码对象。这是 eval()的第 1 个参数,也是最重要的参数。第 2 个参数和第 3 个参数都是可选的,分别表示全局和局部名字空间中的对象。如果给出这两个可选参数,则 globals 必须是字典,locals 可以是任意的映射对象。示例代码如下:

```
>>> eval("932")
932
>>> int("932")
932
```

eval()和 int()返回相同的结果,但是它们采用的方式却不尽相同。内建函数 eval()接收字符串并把它作为 Python 表达式进行求值。内建函数 int()接收表示整数的字符串并把它转换为整数。只有在字符串仅由数字字符串组成时才成功,当用纯字符串表达式的时候,两者便不再相同了:

```
>>> eval('100 + 200')
300
>>> int('100 + 200')
Traceback (most recent call last):
  File "<stdin>", line 1, in <module>
ValueError: invalid literal for int() with base 10: '100 + 200'
```

eval()接收一个字符串并把"100+200"作为表达式求值,当进行整数加法后,给出返回值 300。而对 int()的调用失败了,因为字符串参数不是能够表示整数的字符串,在字符串中有非法的文字,即空格和"+"字符。

4. exec 语句

和 eval() 相似，exec 语句执行代码对象或字符串格式的 Python 代码。类似地，用 compile() 预编译重复代码有助于改善性能，因为在调用时不必经过字节编译处理。exec 语句只接收一个参数 exec obj，被执行的对象（obj）可以只是原始的字符串，如单一语句或语句组，它们也可以预编译成一个代码对象（分别用 single 和 exec 参数）。示例代码如下：

```
>>> exec """
... x = 0
... print 'x is currently:', x
... while x < 5:
...     x += 1
...     print "x is:", x
... """
x is currently: 0
x is: 1
x is: 2
x is: 3
x is: 4
x is: 5
```

exec 语句还可以接收有效的 Python 文件对象，如 f = open('xcount.py');exec f。

5. input()

内建函数 input() 是 eval() 和 raw_input() 的组合，等价于 eval(raw_input())。input() 有一个可选参数，该参数表示给用户的字符串提示，如果不给定参数，则该字符串默认为空串。

input() 不同于 raw_input()，因为 raw_input() 总是以字符串的形式返回用户的输入，而 input() 不仅输出，还把输入作为 Python 表达式求值，这意味着 input() 返回的数据是对输入表达式求值的结果：一个 Python 对象。

示例代码如下：

```
>>> aString = raw_input("Enter a list:")
Enter a list:[123, "xyz", 45.67]
>>> type(aString)
<type 'str'>
>>> aString
'[123, "xyz", 45.67]'
>>>
>>> aList = input("Enter a list:")
Enter a list:[123, "xyz", 45.67]
>>> type(aList)
<type 'list'>
>>> aList
[123, 'xyz', 45.670000000000002]
>>> aResult = input("Enter string:")
Enter string:3+5
>>> aResult
8
```

13.4 执行其他 Python 程序

其他程序分为其他 Python 程序和其他非 Python 程序，后者包括二进制可执行文件和其他脚本语言的源代码。下面讲解如何运行其他 Python 程序，以及如何用 os 模块调用外部程序。

1．导入

在运行时，有很多执行其他 Python 脚本的方法。第一次导入模块时，不管是否需要，都会执行模块最高级的代码，只有属于模块最高级的代码才是全局变量、全局类和全局函数声明。可以采用缩进的方式避免每次都导入需要执行的代码，并放入 if __name__ == '__main__' 内部，通过检测__name__来确定是否要调用脚本。如果相等，脚本就会执行 main 内的代码；否则只导入该脚本，并在该模块内对代码进行测试。

2．execfile()

在导入模块时只能使用模块名，不能使用带.py 后缀的模块文件名。导入模块的副作用是导致最高级代码运行，增加资源的成本消耗，可以使用 exec 语句通过文件对象来读取 Python 脚本的内容并执行。示例代码如下：

```
f = open(filename, 'r')
exec f
f.close()
```

以上代码等价于 execfile(filename)。

execfile()的语法类似 eval()的 execfile(filename, globals=globals(), locals=locals())，其中参数 globals 和 locals 都是可选的，如果不提供参数值，则默认执行环境的名字空间。如果只给定 globals，那么 locals 默认和 globals 相同。如果提供了 locals 的值，那么它可以是任何映射对象（一个定义/覆盖了__getitem__()的对象）。

3．将模块作为脚本执行

Python 通过命令行选项，允许用 shell 或 DOS 提示符直接把模块作为脚本来执行，甚至可以直接使用命令行从工作目录调用脚本，例如$myScript.py 和$python myScript.py。

13.5 执行其他非 Python 程序

在 Python 程序里，也可以执行非 Python 程序，这些程序包括二进制可执行文件、其他的 shell 脚本等，所有的要求只是拥有一个有效的执行环境。例如，如果允许脚本文件访问和执行，那么脚本文件必须能访问它们的解释器（perl、bash 等），尤其是二进制数的访问必须和本地机器的构架兼容。Python 提供了各种执行非 Python 程序的方法，这些方法大部分都在 os 模块中，当调用 import os 时，Python 会装载正确的模块，不需要直接导入特定的操作系统模块。

1．os.system()

system()以接收字符串的形式执行，和其他程序一样，当执行命令的时候，Python 的运行是挂起状态；当执行完成后，将以 system()返回值的形式显示退出状态，Python 的执行也会继续。

system()保留了现有的标准输出文件，在执行任何命令和程序时，显示都会通过标准输出完成，0 表示成功，非零表示其他类型的错误。示例代码如下：

```
>>> import os
>>> result = os.system('cat /etc/modet &> /dev/null')
>>> result
256
>>> result = os.system('cat /etc/modet')
cat: /etc/modet: 没有那个文件或目录
>>> result = os.system('uname -a')
Linux localhost.localdomain 2.6.32-504.el6.x86_64 #1 SMP Wed Oct 15 04:27:16 UTC 2014 x86_64 x86_64 x86_64 GNU/Linux
>>> result
0
```

2．os.popen()

popen()是文件对象和 system()的结合，它的工作方式和 system()的工作方式类似，建立一个指向程序的单向链接，然后如访问文件一样访问该程序。如果程序要求输入，那么用 w 模式写入命令来调用 popen()，发送给程序的数据会通过标准输入接收到；r 模式允许使用 spawn 命令，当它写入标准输出的时候，就可以通过类文件句柄使用熟悉的 file 对象的 read*() 方法来读取输入，使用完毕后，用 close()关闭。示例代码如下：

```
>>> import os
>>> f = os.popen('uname -a')
>>> data = f.readline()
>>> f.close()
>>> print data,
Linux localhost.localdomain 2.6.32-504.el6.x86_64 #1 SMP Wed Oct 15 04:27:16 UTC 2014 x86_64 x86_64 x86_64 GNU/Linux
```

popen()函数返回一个类文件对象，其中 readline()保留输入文本行尾的 newline 字符。

3．os.fork()、os.exec*()、os.wait*()

fork()是由进程的单一执行流程控制的，用户系统同时接管了两个 fork()，拥有两个连续且并行的程序，同一个程序的两个进程都紧跟在 fork()调用后，并在下一行代码开始时执行。调用 fork()的原始进程被称为父进程，而作为该调用结果，新创建的进程被称为子进程。当子进程返回的时候，其返回值永远是 0；当父进程返回时，其返回值永远是子进程的进程标识符，又称进程 ID 或 PID，这样父进程就可以监控所有的子进程，PID 也是唯一可以区分它们的方式。

示例代码如下：

```
ret = os.fork()         #生成两个进程，都返回
if ret == 0:            #子进程返回的 PID 是 0
    child_suite         #子进程的代码
else:                   #父进程返回的是子进程的 PID
    parent_suite        #父进程的代码
```

在调用 fork()子进程和父进程时，子进程本身会复制虚拟内存和父进程地址的空间；子进程返回时，其返回值为 0，父进程的返回值为非 0。在使用时通常只让子进程做一件事，而父进程需要等待子进程完成任务后才能继续执行，并检查子进程是否正常结束。示例代码如下：

```
ret = os.fork()
if ret == 0:
    execvp('xbill', ['xbill'])          # 子进程代码
else:
    os.wait()                           # 父进程代码
```

当子进程执行完毕，父进程还没有获取它的时候，子进程就进入了闲置状态，父进程调用 wait()等待其他子进程正常执行完毕或通过信号终止，wait()将会收获子进程释放所有的资源；如果子进程已经执行完毕，那么 wait()只执行获取的过程。waitpid()具有和 wait()相同的功能，只是多了一个参数 PID，用来指定要等待子进程的进程标识符和选项（通常是零或用"OR"组成的可选标志集合）。

4．os.spawn*()

spawn*()家族和 fork()、exec*()相似，是在新进程中执行命令，不需要分别调用两个函数来创建进程并执行命令，只需调用一次 spawn*()。

5．subprocess 模块

subprocess 模块允许启动一个新进程，并连接到它们的输入/输出/错误管道，从而获取返回值，subprocess 模块中的 call()便捷函数可以轻易地取代 os.system()。示例代码如下：

```
>>> from subprocess import call
>>> ret = call((("cat", "/etc/resolv.conf"))
# Generated by NetworkManager
search 8.8.8.8
nameserver 192.168.10.11
>>> ret
0
          取代 os.popen():
>>> f = Popen(('uname', '-a'), stdout=PIPE).stdout
>>> data = f.readline()
>>> f.close()
>>> print data,
Linux localhost.localdomain 2.6.32-504.el6.x86_64 #1 SMP Wed Oct 15 04:27:16 UTC 2014 x86_64 x86_64 x86_64 GNU/Linux
>>> f = Popen('who', stdout=PIPE).stdout
>>> data = [ eachLine.strip() for eachLine in f ]
```

```
>>> f.close()
>>> for eachLine in data:
...     print eachLine
...
aoyang    tty1      2015-03-26 09:24 (:0)
aoyang    pts/0     2015-03-26 09:41 (:0.0)
aoyang    pts/1     2015-03-26 11:07 (:0.0)
```

13.6 结束执行

当程序运行完成时，所有模块最高级的语句执行完毕后退出，这就是一个完整的执行过程，但是也可能出现其他情况，需要从 Python 中提前退出。例如，在遇到某种致命错误，或者不满足继续执行的条件时，程序就会提前结束。在 Python 中，有两种应对错误的方法，一种是进行异常处理，另一种是构建一个"清扫器"，这样便可以把代码的主要部分放在 if 语句里，在没有错误的情况下运行，可以让错误以正常的状态终结，但是需要在退出调用程序时，返回错误代码以表明发生何种事件，通常有以下 4 种形式。

1. sys.exit()

sys 模块中的 exit()表示立即退出程序并返回调用程序，sys.exit()的语法为 sys.exit(status=0)。当调用 sys.exit()时，就会引发 systemExit()异常。除非对异常进行监控，否则异常通常不会被捕捉或被处理，解释器会用给定的参数退出。如果没有给定参数，则该参数默认为 0。systemExit 是唯一不被看作错误的异常，它表示程序希望退出 Python 执行序列。

sys.exit()经常被用在命令调用的过程中，或者在发现错误之后，如果参数不正确、无效或参数数目不正确，则调用 sys.exit()使 Python 解释器退出。在使用 exit()函数的时候，其任何参数都会以退出状态返回给调用者，参数值默认为 0。

2. sys.exitfunc()

sys 模块中的 exitfunc()默认不可用，但可以改写它以提供额外的功能。在调用 sys.exit()并在解释器退出之前，会用到这个函数。该函数不带任何参数，所创建的函数也是无参数的。如果 sys.exitfunc()已经被先前定义的 exit()覆盖，则把这段代码作为 exit()的一部分来执行。通常 exit()用于执行某些类型的关闭操作，如关闭文件和网络连接，最好用于完成维护任务，如释放先前保留的系统资源。示例代码如下：

```
import sys
prev_exit_func = getattr(sys, 'exitfunc', None)
def my_exit_func(old_exit = prev_exit_func):
    # perform cleanup  进行清理
    pass
    if old_exit is not None and callable(old_exit):
        old_exit()
sys.exitfunc = my_exit_func
```

3. os._exit()

os 模块中的_exit()的语法为 os._exit(status)。该函数提供的功能与 sys.exit()和 sys.exitfunc()

的功能相反，不执行任何清理操作便立即退出 Python。与 sys.exit()不同，os._exit()的状态参数是必须设定的，使用 sys.exit()是退出解释器的首选方法。

4．os.kill()

os 模块的 kill()会模拟传统的 UNIX 常用函数给进程发送信号。kill()的参数由 PID 和想要发送给进程的信号组成，发送的典型信号为 SIGINT、SIGQUIT 或更彻底的 SIGKILL，以使进程终结。

13.7 各种 os 模块属性

各种 os 模块属性及其描述如表 13-1 所示。

表 13-1 各种 os 模块属性及其描述

os 模块属性	描述
uname()	获得系统信息（主机名、操作系统版本、补丁级别、系统构架等）
getuid()setuid(uid)	获取/设置当前进程的真正的用户 ID
getpid()/getppid()	获取当前父进程 ID（PID）
getgid()/setgid(gid)	获取/设置当前进程的群组 ID
getsid()/setsid()	获取会话 ID（SID）或创建和返回新的 SID
umask(mask)	设置当前的数字 unmask，同时返回先前的信息
getenv(ev) / putenv(ev, value),	获取和设置环境变量 ev 的值
environ	描述当前所有环境变量的字典
geteuid()/setegid()	获取/设置当前进程的有效用户 ID（GID）
getegid()/setegid()	获取/设置当前进程的有效组 ID（GID）
getpgid(pid) / setpgid(pid, pgrp)	获取和设置进程
getlogin()	返回运行当前进程的用户登录信息
times()	返回各种进程当前时间的时间戳
strerror(code)	返回和错误代码对应的错误信息
getloadavg()	返回代表在过去 1、5、15 分钟内的系统平均负载值的元组
atexit	注册当 Python 解释器退出时的执行句柄
popen2	提供额外的在 os.popen 之上的功能：提供通过标准文件和其他进程交互的能力；对于 Python 2.4 和更新的版本，使用 subpross
commands	提供额外的在 os.system 之上的功能：把所有的程序输出并保存在返回的字符串中（与输出到屏幕相反）；对于 Python 2.4 和更新的版本，使用 subpross
getopt	处理选项和命令行参数
site	处理 site-specific 模块或包
platform	底层平台和架构的属性
subprocess	管理（计划替代旧的函数和模块，如 os.system()、os.spawn*()、os.popen*()、popen 2.*、command.*）

第 14 章

网络编程

自从互联网诞生以来，单机版的项目就逐渐退出了编程的舞台，现在的项目都是以网络编程为主的，网络编程的目的就是在程序中实现两台计算机的通信。当用户使用浏览器访问某个网站时，该用户的计算机就和该网站的服务器通过互联网建立了连接，随后该网站的服务器会把网页内容作为数据，按照相关的互联网传输协议，通过网络传输到用户的计算机上。很多情况下，用户的计算机上除有浏览器外，还可能有 QQ、Skype、Dropbox、邮件的客户端，不同的程序连接的计算机和用户也不相同，那么相同的就只有通信了。所以，网络编程是两台计算机上的两个进程之间的通信编程。网络编程对所有开发语言都是一样的，用 Python 进行网络编程，就是在 Python 程序本身这个进程内连接别的服务器进程的通信端口，达到信息传输的目的。

14.1 TCP/IP

计算机网络的出现比互联网的出现早很多，想让计算机联网，就必须规定通信协议，早期的计算机网络使用的通信协议都是由各厂商自己规定的。IBM、Apple 和 Microsoft 都有各自的网络协议，而且互不兼容，这种情况类似当今世界上有英语、德语、法语、汉语等语言，不同的语言之间无法交流。为了把不同类型的计算机连接起来，就必须规定一套全球通用的协议标准，互联网协议簇（Internet Protocol Suite）就是为了解决互联问题而制定的通用协议标准。这种互联网协议包含上百种协议标准，在 Internet 中只要支持这个协议，就可以连入互联网。其中最重要的两个协议是 TCP 和 IP，习惯上把互联网协议简称为 TCP/IP。

在通信时，通信双方必须知道对方的标识，互联网上每个计算机的唯一标识就是 IP 地址，如果一台计算机同时接入两个或更多的网络，它就会有两个或多个 IP 地址。由此可见，IP 地址实际上对应的是计算机的网络接口，通常由网卡来确定。IP 负责通过网络把数据从一台计算机发送到另一台计算机。数据被分割成很小的单位，之后通过 IP 包发送出去。由于互联网链路复杂，两台计算机之间经常有多条连接线路，因此路由器就负责决定如何把一个 IP 包转发出去。IP 包的特点是按块发送，途径多个路由，但不保证能到达，也不保证顺序到达。IP 地址分为 IPv4 和 IPv6 两种，IPv4 是一个由 32 位整数以字符串形式表示的 IP 地址，例如 192.168.0.1，即把 32 位整数按 8 位分组后用数字表示。

IPv6 地址是一个 128 位整数，可以看作 IPv4 的升级版，同样以字符串表示，类似 2001:0db8:85a3:0042:1000:8a2e:0370:7334。一个 IP 包除包含需要传输的数据外，还包含源 IP 地址和目标 IP 地址、源端口号和目标端口号，在两台计算机通信时，只有 IP 地址是无法区分同一台计算机上的多个网络程序的。收到一个 IP 包后，是交由浏览器还是交由其他客户端，需要用端口号来区分，每个网络程序都会向操作系统申请唯一的端口号，这样两个进程就可以通过各自的 IP 地址和各自的端口号在两台计算机之间建立网络连接。

TCP 基于 IP 负责在两台计算机之间建立可靠连接，保证数据包按顺序到达。TCP 会通过"握手"机制建立连接，然后对每个 IP 包编号，确保对方按顺序收到，如果包丢掉了，就自动重发。通常很多更高级的协议都是建立在 TCP 基础上的，如浏览器的 HTTP、发送邮件的 SMTP 等。

14.2　TCP 编程

Socket 是网络编程的一个抽象概念。一个 Socket 可以简单地理解为"打开了一个网络连接"，使用一个 Socket 需要知道目标计算机的 IP 地址和端口号，还需要指定协议类型。

14.2.1　客户端

大多数的连接都采用可靠的 TCP 连接，在创建 TCP 连接时，主动发起连接的被称为客户端，被动响应连接的被称为服务器。例如，在浏览器中访问某个网站时，被使用的计算机就是客户端的载体，浏览器会主动向该网站的服务器发起连接，在网络畅通的情况下，该网站的服务器接受了客户端的连接，这样一个 TCP 就连接好了，接下来可以发送网页内容。创建一个基于 TCP 连接的 Socket 如下：

```
# 导入 socket 库:
import socket

# 创建一个 socket:
s = socket.socket(socket.AF_INET, socket.SOCK_STREAM)
# 建立连接:
s.connect(('www.sina.com.cn', 80))
```

在创建 Socket 时，AF_INET 指定使用 IPv4，如果要使用 IPv6，则需要指定 AF_INET6；SOCK_STREAM 指定使用面向流的 TCP，这样一个 Socket 对象就创建成功了。但是这个时候还没有建立连接，无法通信。客户端必须主动发起 TCP 连接，输入服务器的 IP 地址和端口号，网站的 IP 地址可以通过域名自动转换。

网站服务器的端口号由被访问网站的服务提供，通常网站提供网页服务的服务器必须把端口号固定在 80 端口，因为 80 端口是 Web 服务的标准端口，其他服务都有对应的标准端口号。例如，SMTP 服务是 25 端口，FTP 服务是 21 端口等。端口号小于 1024 的是 Internet 标准服务的端口，而端口号大于 1024 的可以任意使用。

连接某个服务器的代码如下：

```
s.connect(('www.****.com.cn', 80))
```

注意参数是一个 Tuple 类型，包含地址和端口号。

建立 TCP 连接后，假如向一个网站服务器发送请求，要求返回首页的内容：

```
# 发送数据:
s.send(b'GET / HTTP/1.1\r\nHost: www.***.com.cn\r\nConnection: close\r\n\r\n')
```

TCP 连接创建的是双向通道，双方可以同时给对方发送数据，但是发送的先后顺序如何、发送过程中的资源怎样协调,需要根据具体的协议来决定。例如,HTTP 规定客户端必须先发送请求给服务器,服务器收到后才发送数据给客户端。

发送的文本格式必须符合 HTTP 标准,如果格式没问题,接下来就可以接收网站服务器返回的数据了:

```
# 接收数据:
buffer = []
while True:
    # 每次最多接收 1KB
    d = s.recv(1024)
    if d:
        buffer.append(d)
    else:
        break
data = b''.join(buffer)
```

在接收数据时,调用 recv(max)方法,最多接收的字节数需要通过指定完成,因此要在一个 while 循环中反复接收,直到 recv()返回空数据,表示接收完毕,退出循环。当接收完数据后,调用 close()方法关闭 Socket:

```
# 关闭连接:
s.close()
```

这样一次完整的网络通信就结束了。

接收到的数据包括 HTTP 头和网页本身,需要把 HTTP 头和网页进行分离,把 HTTP 头打印出来,网页内容被保存到文件:

```
header, html = data.split(b'\r\n\r\n', 1)
print(header.decode('utf-8'))
# 把接收的数据写入文件:
with open('***.html', 'wb') as f:
    f.write(html)
```

现在,只需要在浏览器中打开这个.html 文件,就可以看到网页的首页了。

14.2.2 服务器

和客户端编程相比,服务器编程相对复杂一些。服务器的进程要绑定一个端口,并监听来自其他客户端的连接,如果某个客户端发送连接请求,服务器就与该客户端建立 Socket 连接,随后的通信就依靠 Socket 所建立的连接。因此,服务器会打开固定端口(例如访问网页的 80 端口)监听,每个客户端都会创建一个属于该客户端的 Socket 连接。服务器有大量来自客户端的连接,一方面,服务器会区分每个 Socket 连接,并和对应的客户端绑定,一个 Socket 构建依赖 4 个部分,即服务器地址、服务器端口、客户端地址、客户端端口确定唯一一个 Socket;另一方面,服务器还需要同时响应多个客户端的请求,因此每个连接都需要一个新的进程或新的线程来处理,否则服务器每次只能服务一个客户端。

编写一个简单的服务器程序,可以接收客户端连接,把客户端发送过来的字符串加上 Hello 再发送回去。步骤是,首先创建一个基于 IPv4 和 TCP 的 Socket:

```python
s = socket.socket(socket.AF_INET, socket.SOCK_STREAM)
```

然后绑定需要监听的地址和端口，在执行中服务器可能有多块网卡，可以选择绑定到某一块网卡的 IP 地址，也可以用 IP 地址 0.0.0.0 绑定到所有的网络地址，还可以用 IP 地址 127.0.0.1。127.0.0.1 是一个描述本机地址的特殊 IP，在绑定这个地址的时候，客户端必须同时在本机运行才能连接，即这个时候外部的计算机无法连接。由此可见，端口号需要预先指定，很多读者在学习之初，编写的服务不是标准服务，经常会用 9999 这个端口号或其他的端口号。请读者注意，在使用小于 1024 的端口号时，必须使用管理员权限才能绑定：

```python
# 监听端口:
s.bind(('127.0.0.1', 9999))
```

调用 listen()方法可以监听端口，传入的参数用于设置等待连接的最大数量：

```python
s.listen(5)
print('Waiting for connection...')
```

服务器程序通过一个永久循环接收来自客户端的连接，accept()等待并返回一个客户端的连接：

```python
while True:
    # 接收一个新连接:
    sock, addr = s.accept()
    # 创建新线程来处理 TCP 连接:
    t = threading.Thread(target=tcplink, args=(sock, addr))
    t.start()
```

每个连接都必须通过创建新线程（进程）来处理，因为单线程在处理连接的过程中无法接收其他客户端的连接：

```python
def tcplink(sock, addr):
    print('Accept new connection from %s:%s...' % addr)
    sock.send(b'Welcome!')
    while True:
        data = sock.recv(1024)
        time.sleep(1)
        if not data or data.decode('utf-8') == 'exit':
            break
        sock.send(('Hello, %s!' % data).encode('utf-8'))
    sock.close()
    print('Connection from %s:%s closed.' % addr)
```

建立连接后，服务器首先发送一条消息表示已经处于就绪状态，然后等待客户端的数据，将客户端的数据加上 Hello 再发送给客户端，如果客户端发送了 exit 字符串，就直接关闭连接。客户端程序如下：

```python
s = socket.socket(socket.AF_INET, socket.SOCK_STREAM)
# 建立连接:
s.connect(('127.0.0.1', 9999))
# 接收欢迎消息:
```

```
print(s.recv(1024).decode('utf-8'))
for data in [b'Michael', b'Tracy', b'Sarah']:
    # 发送数据:
    s.send(data)
    print(s.recv(1024).decode('utf-8'))
s.send(b'exit')
s.close()
```

打开两个命令行窗口，一个窗口运行服务器程序，另一个窗口运行客户端程序，如图 14-1 所示。

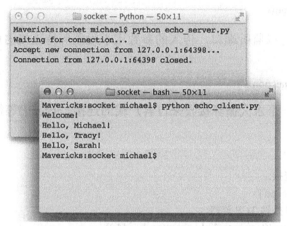

图 14-1 运行服务器程序和客户端程序

客户端程序运行完毕会主动退出，但是服务器程序会继续运行，侵占计算机资源，因此需要通过按 Ctrl+C 组合键关闭服务器。

14.3 UDP 编程

TCP 用于建立可靠连接，并且通信双方可以以流的形式发送数据。相对于 TCP，UDP 则是面向无连接的协议。在使用 UDP 时，不需要建立连接，只要知道对方的 IP 地址和端口号，就可以直接发送数据包，但是可靠性较差，无法保证一定可以达到指定 IP。虽然用 UDP 传输数据不稳定，但它的传输速度比 TCP 的传输速度快，对于可靠性要求不高的数据，就可以使用 UDP。

使用 UDP 传输数据和使用 TCP 传输数据类似，使用 UDP 的通信双方也分为客户端和服务器，服务器也需要绑定端口：

```
s = socket.socket(socket.AF_INET, socket.SOCK_DGRAM)
# 绑定端口:
s.bind(('127.0.0.1', 9999))
```

在创建 Socket 时，SOCK_DGRAM 指定 Socket 类型是 UDP；绑定端口的过程和在 TCP 中绑定端口的过程一样，只是不需要调用 listen()方法，而是直接接收来自任何客户端的数据：

```
print('Bind UDP on 9999...')
while True:
```

```
# 接收数据：
data, addr = s.recvfrom(1024)
print('Received from %s:%s.' % addr)
s.sendto(b'Hello, %s!' % data, addr)
```

recvfrom()方法返回数据和客户端的地址与端口，当服务器接收到数据后，直接调用 sendto()就可以把数据以 UDP 的方式发送给客户端。客户端在使用 UDP 时，首先创建基于 UDP 的 Socket，之后的操作和 TCP 不同，不需要调用 connect()，而是直接通过 sendto()给服务器发送数据：

```
s = socket.socket(socket.AF_INET, socket.SOCK_DGRAM)
for data in [b'Michael', b'Tracy', b'Sarah']:
    # 发送数据：
    s.sendto(data, ('127.0.0.1', 9999))
    # 接收数据：
    print(s.recv(1024).decode('utf-8'))
s.close()
```

从服务器接收数据仍然调用 recv()方法，用两个命令行分别启动服务器和客户端进行测试，如图 14-2 所示。

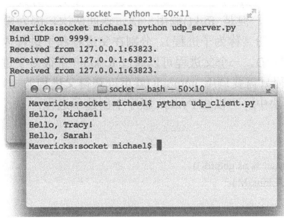

图 14-2　启动服务器和客户端进行测试

14.4　多　线　程

现代操作系统如 macOS X、UNIX、Linux、Windows 等，尤其是当前大数据技术所涉及的操作系统都是支持"多任务"的操作系统，可以简单地理解为操作系统同时执行多个任务，例如在用浏览器的同时，还在听音乐、使用 Word，这就是多任务的一个普通场景。对于操作系统而言，一个任务就是一个进程（Process），例如打开一个浏览器就启动了一个浏览器进程，打开一个 Word 就启动了一个 Word 进程。在一个进程内部，想要同时执行很多任务，就需要同时执行多个"子任务"，这些进程内的"子任务"可以简单地理解为线程（Thread）。每个进程至少执行一个任务，所以一个进程至少存在一个线程，在单 CPU 的操作系统中，复杂的进程存在多个线程，这些线程可以同时执行，多线程的执行方式和多进程的执行方式相同，由操作系统在多个线程之间快速切换，让每个线程都短暂地交替执行，形式上形成同步执行的状态，但是真正地同时执行多线程需要多核 CPU 支持。

同时执行多个任务有以下三种解决方案。

第一种方案是启动多个进程，每个进程虽然只有一个线程，但多个进程可以一起执行多个任务；第二种方案是启动一个进程，在一个进程内启动多个线程，这样多个线程也可以一起执行多个任务；第三种方案是启动多个进程，每个进程再启动多个线程，这样同时执行的任务数就增加了，对应的处理模型也更复杂。可见，这种多任务的实现模式有多进程模式、多线程模式、多进程+多线程模式。

在同时执行多个任务时，各个任务之间需要相互通信和协调，很多时候任务与任务之间需要通过等待和暂停才能使得任务继续执行，或者两个任务之间不是并存关系，不能同时执行，所以多进程和多线程之间交互的复杂度要高于单线程的程序。Python 既支持多进程，也支持多线程。

14.5 多 进 程

Python 程序实现多进程（Multiprocessing）是通过对操作系统中重要函数的调用来完成的。UNIX/Linux 操作系统提供了一个 fork() 系统调用，该调用方式比较特别。普通的函数调用，调用一次，返回一次，但是 fork() 调用一次，返回两次，因为操作系统会自动把当前进程（称为父进程）复制一份（称为子进程），分别在父进程和子进程内返回，子进程返回值为 0，父进程返回子进程的 ID。一个父进程可以通过 fork() 产生很多子进程，父进程会记录每个子进程的 ID，而子进程只需要调用 getppid() 就可以获得父进程的 ID，该部分的函数通常被封装在 Python 的 os 模块中，可以在 Python 程序中创建子进程：

```
import os

print('Process (%s) start...' % os.getpid())
# Only works on Unix/Linux/Mac:
pid = os.fork()
if pid == 0:
    print('I am child process (%s) and my parent is %s.' % (os.getpid(), os.getppid()))
else:
    print('I (%s) just created a child process (%s).' % (os.getpid(), pid))
```

运行结果如下：

```
Process (876) start...
I (876) just created a child process (877).
I am child process (877) and my parent is 876.
```

由于 Windows 系统中没有 fork() 调用，因此代码在 Windows 系统中无法运行，而 Mac 操作系统是基于 BSD（UNIX 的一种）内核的，因此在 Mac 操作系统下运行正常。通过 fork() 调用，一个进程在接到新任务时就可以复制出一个子进程来处理新任务，常见的 Apache 服务器就是由父进程监听端口的，每当有新的 HTTP 请求，就由 fork() 调用子进程来处理。

14.6 主要示例

14.6.1 多进程模块

编写多进程的服务程序，UNIX/Linux 系统是首选。虽然 Windows 系统没有 fork()调用，但是 Python 是跨平台的编程语言，提供跨平台的多进程支持，也就是多进程模块。多进程模块提供一个 Process 类来表示一个进程对象，可以启动一个子进程并等待其结束：

```python
from multiprocessing import Process
import os

# 子进程要执行的代码
def run_proc(name):
    print('Run child process %s (%s)...' % (name, os.getpid()))

if __name__=='__main__':
    print('Parent process %s.' % os.getpid())
    p = Process(target=run_proc, args=('test',))
    print('Child process will start.')
    p.start()
    p.join()
    print('Child process end.')
```

运行结果如下：

```
Parent process 928.
Process will start.
Run child process test (929)...
Process end.
```

在创建子进程时，只需要传入一个执行函数和函数的参数，创建一个 Process 实例，用 start()方法启动，join()方法可以等待子进程结束后再继续往下运行，通常用于进程间的同步。如果需要启动大量的子进程，可以使用进程池的方式通过 Pool()批量创建子进程：

```python
from multiprocessing import Pool
import os, time, random

def long_time_task(name):
    print('Run task %s (%s)...' % (name, os.getpid()))
    start = time.time()
    time.sleep(random.random() * 3)
    end = time.time()
    print('Task %s runs %0.2f seconds.' % (name, (end - start)))

if __name__=='__main__':
    print('Parent process %s.' % os.getpid())
    p = Pool(4)
    for i in range(5):
```

```
        p.apply_async(long_time_task, args=(i,))
    print('Waiting for all subprocesses done...')
    p.close()
    p.join()
    print('All subprocesses done.')
```

运行结果如下：

```
Parent process 669.
Waiting for all subprocesses done...
Run task 0 (671)...
Run task 1 (672)...
Run task 2 (673)...
Run task 3 (674)...
Task 2 runs 0.14 seconds.
Run task 4 (673)...
Task 1 runs 0.27 seconds.
Task 3 runs 0.86 seconds.
Task 0 runs 1.41 seconds.
Task 4 runs 1.91 seconds.
All subprocesses done.
```

Pool()调用 join()方法等待所有子进程执行完毕后执行，但是需要在调用 join()方法之前调用 close()方法，因为调用 close()方法之后就不能继续添加新的进程了，进程池的默认进程数是 CPU 的核数。

14.6.2 子进程模块

大多数情况下子进程由一个外部进程处理，当创建子进程后，还需要控制子进程的输入和输出。子进程模块可以方便地启动一个子进程，之后控制其输入和输出。

下面的示例演示在 Python 代码中运行 nslookup www.python.org 命令，与在命令行直接运行的效果是一样的：

```
import subprocess

print('$ nslookup www.python.org')
r = subprocess.call(['nslookup', 'www.python.org'])
print('Exit code:', r)
```

运行结果如下：

```
$ nslookup www.python.org
Server:         192.168.19.4
Address:        192.168.19.4#53

Non-authoritative answer:
www.python.org      canonical name = python.map.fastly.net.
Name:   python.map.fastly.net
Address: 199.27.79.223

Exit code: 0
```

如果子进程还需要输入,则可以通过 communicate() 方法输入:

```python
import subprocess

print('$ nslookup')
p = subprocess.Popen(['nslookup'], stdin=subprocess.PIPE, stdout=subprocess.PIPE, stderr=subprocess.PIPE)
output, err = p.communicate(b'set q=mx\npython.org\nexit\n')
print(output.decode('utf-8'))
print('Exit code:', p.returncode)
```

上面的代码相当于在命令行执行 nslookup 命令,然后手动输入:

```
set q=mx
python.org
exit
```

运行结果如下:

```
$ nslookup
Server:         192.168.19.4
Address:        192.168.19.4#53

Non-authoritative answer:
python.org      mail exchanger = 50 mail.python.org.

Authoritative answers can be found from:
mail.python.org internet address = 82.94.164.166
mail.python.org has AAAA address 2001:888:2000:d::a6

Exit code: 0
```

操作系统提供了很多机制来实现进程间的通信。Python 的多进程模块包装了底层的机制,提供 Queue、Pipes 等多种方式来交换数据。以 Queue 方式为例,在父进程中创建两个子进程,一个向 Queue 中写数据,一个从 Queue 中读数据:

```python
from multiprocessing import Process, Queue
import os, time, random

# 写数据进程执行的代码:
def write(q):
    print('Process to write: %s' % os.getpid())
    for value in ['A', 'B', 'C']:
        print('Put %s to queue...' % value)
        q.put(value)
        time.sleep(random.random())

# 读数据进程执行的代码:
def read(q):
    print('Process to read: %s' % os.getpid())
    while True:
```

```
                    value = q.get(True)
                    print('Get %s from queue.' % value)

        if __name__=='__main__':
            # 父进程创建 Queue，并传给各个子进程：
            q = Queue()
            pw = Process(target=write, args=(q,))
            pr = Process(target=read, args=(q,))
            # 启动子进程 pw，写入：
            pw.start()
            # 启动子进程 pr，读取：
            pr.start()
            # 等待 pw 结束：
            pw.join()
            # pr 进程里是死循环，无法等待其结束，只能强行终止：
            pr.terminate()
```

运行结果如下：

```
Process to write: 50563
Put A to queue...
Process to read: 50564
Get A from queue.
Put B to queue...
Get B from queue.
Put C to queue...
Get C from queue.
```

在 UNIX/Linux 系统中，多进程模块封装了 fork()调用，由于 Windows 系统中没有 fork()调用，因此多进程模块需要"模拟"出 fork()调用的效果，父进程的所有 Python 对象都必须通过 pickle 序列化再传给子进程。

14.6.3 线程模块

多任务可以由多进程完成，也可以由一个进程内的多线程完成。进程是由若干线程组成的，一个进程至少有一个线程。由于线程是操作系统直接支持的执行单元，因此高级语言通常都内置对多线程的支持。Python 的线程是系统中真正的 POSIX 线程，而不是模拟出来的线程，为此 Python 的标准库提供了两个模块：_thread 和 threading。其中，_thread 是低级模块；threading 是高级模块，对_thread 进行了封装，通常情况下只需要使用 threading 高级模块。启动一个线程就是把一个函数传入并创建线程实例，之后调用 start()执行：

```
import time, threading

# 新线程执行的代码：
def loop():
    print('thread %s is running...' % threading.current_thread().name)
    n = 0
    while n < 5:
        n = n + 1
```

```
        print('thread %s >>> %s' % (threading.current_thread().name, n))
        time.sleep(1)
    print('thread %s ended.' % threading.current_thread().name)

print('thread %s is running...' % threading.current_thread().name)
t = threading.Thread(target=loop, name='LoopThread')
t.start()
t.join()
print('thread %s ended.' % threading.current_thread().name)
```

运行结果如下:

```
thread MainThread is running...
thread LoopThread is running...
thread LoopThread >>> 1
thread LoopThread >>> 2
thread LoopThread >>> 3
thread LoopThread >>> 4
thread LoopThread >>> 5
thread LoopThread ended.
thread MainThread ended.
```

通常进程至少会启动一个线程,该线程被称为主线程,主线程又可以启动新的线程。Python 的 threading 模块中有一个 current_thread(),它返回当前线程的实例,主线程实例的名字叫作 MainThread,子线程的名字在创建时指定,用 LoopThread 命名子线程,名字仅在打印时用来显示。

14.6.4 Lock

多线程和多进程最大的不同在于,在多进程中,一个变量在每个进程中各有一份拷贝且互不影响;而在多线程中,所有变量都由全部线程共享,任何一个变量都可以被任何一个线程修改,因此线程之间共享数据最大的危险在于多个线程同时修改一个变量,导致严重的冲突问题。示例代码如下:

```
import time, threading

# 假定这是你的银行存款:
balance = 0

def change_it(n):
    # 先存后取,结果应该为 0:
    global balance
    balance = balance + n
    balance = balance - n

def run_thread(n):
    for i in range(100000):
        change_it(n)
```

```
t1 = threading.Thread(target=run_thread, args=(5,))
t2 = threading.Thread(target=run_thread, args=(8,))
t1.start()
t2.start()
t1.join()
t2.join()
print(balance)
```

以上代码定义了一个共享变量 balance，初始值为零，并且启动两个线程，先存后取，理论上结果应该为零，但是线程的调度是由操作系统决定的，当 t1、t2 交替执行时，只要循环次数足够多，balance 的结果就不一定是零了，因为高级语言的一条语句在 CPU 执行时是若干条语句：

```
balance = balance + n
```

以上语句看似简单，却是分两步执行的：
（1）计算 balance + n 并存入临时变量中；
（2）将临时变量的值赋给 balance。

执行过程如下：

```
x = balance + n
balance = x
```

由于 x 是局部变量，因此两个线程各自有自己的 x。下面是代码正常执行时的情况：

```
初始值  balance = 0

t1: x1 = balance + 5 # x1 = 0 + 5 = 5
t1: balance = x1      # balance = 5
t1: x1 = balance - 5 # x1 = 5 - 5 = 0
t1: balance = x1      # balance = 0

t2: x2 = balance + 8 # x2 = 0 + 8 = 8
t2: balance = x2      # balance = 8
t2: x2 = balance - 8 # x2 = 8 - 8 = 0
t2: balance = x2      # balance = 0

结果  balance = 0
```

但是 t1 和 t2 是交替执行的，如果操作系统以下面的顺序执行：

```
初始值  balance = 0

t1: x1 = balance + 5   # x1 = 0 + 5 = 5

t2: x2 = balance + 8   # x2 = 0 + 8 = 8
t2: balance = x2        # balance = 8

t1: balance = x1        # balance = 5
t1: x1 = balance - 5   # x1 = 5 - 5 = 0
```

```
t1: balance = x1          # balance = 0
t2: x2 = balance - 5      # x2 = 0 - 5 = -5
t2: balance = x2          # balance = -5

结果 balance = -5
```

得到上面的结果的原因是修改 balance 需要多条语句，而在执行这几条语句时，线程可能中断，从而导致多个线程对同一个对象的内容赋值。两个线程同时一存一取，就会导致值发生变化，所以必须确保一个线程在修改 balance 时其他线程不能改动它。要确保 balance 计算正确，就要给 change_it() 上一把"锁"，当某个线程开始执行 change_it() 时，该线程就获得了"锁"，其他线程不能同时执行 change_it()，只能处于等待状态，直到"锁"被释放，再次获得该"锁"才能修改。"锁"只有一个，无论多少个线程，同一时刻最多只能有一个线程持有该"锁"，所以不会造成修改冲突。创建一个"锁"是通过 threading.Lock() 来实现的：

```
balance = 0
lock = threading.Lock()

def run_thread(n):
    for i in range(100000):
        # 先要获取"锁"：
        lock.acquire()
        try:
            # 放心地改吧：
            change_it(n)
        finally:
            # 改完了一定要释放"锁"：
            lock.release()
```

当多个线程同时执行 lock.acquire() 时，只有一个线程能成功地获取"锁"，然后继续执行代码，其他线程会继续等待，直到获得"锁"。

获得"锁"的线程用完后一定要释放"锁"，否则那些苦苦等待"锁"的线程将永远等待下去，成为死线程。所以，我们用 try...finally 来确保"锁"一定会被释放。

"锁"的好处就是确保某段关键代码只能由一个线程从头到尾完整地执行，坏处当然也很有。首先，阻止了多线程并发执行，包含"锁"的某段代码实际上只能以单线程模式执行，效率大幅度地降低了。其次，由于可以存在多个"锁"，并且不同的线程持有不同的"锁"，因此在试图获取对方持有的"锁"时可能造成死锁，导致多个线程全部被挂起，既不能执行，也无法结束，只能靠操作系统强制终止。

14.6.5 多核 CPU

如果用户拥有一个多核 CPU，肯定在想，多核应该可以同时执行多个线程。

如果写一个死循环，会出现什么情况呢？

打开 macOS X 的 Activity Monitor 或 Windows 的 Task Manager，都可以监控某个进程的 CPU 使用率。

通过监控我们可以看到一个死循环线程会 100% 占用 1 个 CPU。

在多核 CPU 中，如果有两个死循环线程，则会 200%占用 CPU，也就是占用两个 CPU。要想把 N 核 CPU 的核心全部占满，就必须启动 N 个死循环线程。

试试用 Python 写一个死循环程序：

```
import threading, multiprocessing

def loop():
    x = 0
    while True:
        x = x ^ 1

for i in range(multiprocessing.cpu_count()):
    t = threading.Thread(target=loop)
    t.start()
```

启动与 CPU 核心数量相同的 N 个线程，在 4 核 CPU 上可以看到 CPU 占用率仅有 102%，也就是仅使用了 1 核。

但是用 C/C++或 Java 来改写相同的死循环，可以直接把全部核心占满，4 核占用 400%，8 核占用 800%，为什么 Python 不行呢？

因为 Python 的线程虽然是真正的线程，但解释器在执行代码时，有一个 GIL（Global Interpreter Lock，全局锁），任何 Python 线程在执行前，必须获得 GIL，之后每执行 100 条字节码，解释器就自动释放 GIL，让别的线程有机会执行。这个 GIL 实际上把所有线程的执行代码都给上了"锁"，所以多线程在 Python 中只能交替执行，即使 100 个线程跑在 100 核 CPU 上，也只能用到 1 核。

GIL 是 Python 解释器设计的历史遗留问题，通常我们用的解释器是官方实现的 CPython，要真正利用多核，除非重写一个不带 GIL 的解释器。

所以，在 Python 中，可以使用多线程，但不要指望能有效利用多核。如果一定要通过多线程利用多核，就只能通过 C 扩展来实现，不过这样就不能利用 Python 简单易用的特点了。

不过，也不用过于担心，Python 虽然不能利用多线程实现多核任务，但可以通过多进程实现多核任务。多个 Python 进程有各自独立的 GIL 锁，互不影响。

14.6.6 ThreadLocal

ThreadLocal 最常用的场景就是为每个线程绑定一个数据库连接，例如 HTTP 请求、用户身份信息等，这样一个线程调用的所有处理函数，都可以非常方便地访问这些资源。

通常在多线程环境下，每个线程都有自己的数据。一个线程使用自己的局部变量比使用全局变量方便，因为局部变量只有线程自己能看见，不会影响其他线程，而全局变量的修改必须加"锁"。局部变量在函数调用的时候，传递的过程较为麻烦：

```
def process_student(name):
    std = Student(name)
    # std 是局部变量，但是每个函数都要用它，因此必须传进去：
    do_task_1(std)
    do_task_2(std)

def do_task_1(std):
```

```
        do_subtask_1(std)
        do_subtask_2(std)

def do_task_2(std):
        do_subtask_2(std)
        do_subtask_2(std)
```

ThreadLocal 应运而生,不用通过查找字典,可以自动完成以上任务:

```
import threading

# 创建全局 ThreadLocal 对象:
local_school = threading.local()

def process_student():
    # 获取当前与线程关联的 student:
    std = local_school.student
    print('Hello, %s (in %s)' % (std, threading.current_thread().name))

def process_thread(name):
    # 绑定 ThreadLocal 的 student:
    local_school.student = name
    process_student()

t1 = threading.Thread(target= process_thread, args=('Alice',), name='Thread-A')
t2 = threading.Thread(target= process_thread, args=('Bob',), name='Thread-B')
t1.start()
t2.start()
t1.join()
t2.join()
```

运行结果如下:

```
Hello, Alice (in Thread-A)
Hello, Bob (in Thread-B)
```

全局变量 local_school 是一个 ThreadLocal 对象,每个"线程对"都可以互不影响读写 student 属性,因为系统把 local_school 看成全局变量,但每个属性都如 local_school.student 一样,被认为是线程的局部变量,所以任何读写都可以互不干扰,管理锁的问题也由 ThreadLocal 内部处理。由此可见,全局变量 local_school 是一个 Dict 类型,不但可以使用 local_school.student,还可以绑定其他变量,如 local_school.teacher 等。

14.7 进程与线程的模式

要实现多任务,一般会设计 Master-Worker 模式,Master 负责分配任务,Worker 负责执行任务,因此在多任务环境下,通常存在的形式是一个 Master、多个 Worker。如果用多进程实现 Master-Worker,则主进程就是 Master,其他进程就是 Worker。如果用多线程实现 Master-Worker,则主线程就是 Master,其他线程就是 Worker。多进程模式最大的优点是稳定性强，其中一个子进程崩溃，不会影响主进程和其他子进程，Apache多采用此方式。多进程模式的缺点是创建进程的资源消耗过大，在UNIX/Linux系统下，用fork方式调用情况相对好一些，而在Windows下，由于内存和CPU的限制，创建进程所消耗的资源非常大，操作系统能同时运行的进程数有限，操作系统几乎无法完成调度。

多线程模式的缺点非常明显，因为所有线程共享进程的内存，其中任何一个线程出现问题，都会导致造成整个进程崩溃。在Windows系统中，如果一个线程执行的代码出了问题，操作系统就会强制结束整个进程。Windows系统中多线程的效率比多进程的效率高，因此微软的IIS服务器默认采用多线程模式。由于多线程存在稳定性的问题，因此IIS的稳定性不如Apache的稳定性强，为了缓解这个问题，IIS和Apache提出了多进程+多线程的混合模式。

当进程或线程过多时，系统效率是一个重要的问题，这种情况通常切换到多任务模型，这种切换代价相对来说较小，操作系统在切换进程或线程时，需要先保存当前执行环境，如CPU寄存器状态、内存地址等，然后构建新任务的执行环境，最后执行代码，但是这个切换过程在线程或进程过多时仍然会耗费大量的时间和资源。

另外，鉴于CPU和存储硬件之间的瓶颈，导致系统指令和I/O之间出现巨大的速度差距，通常任务在执行过程中大部分时间都在等待I/O操作，单进程或单线程模型会导致别的任务无法并行执行，所以才需要多进程模型或多线程模型执行并发任务，因此Python语言使用单进程的异步编程模型，该模型也被称为协程，有了协程的支持，就可以基于事件驱动编写高效的多任务程序，主要通过async/await语法进行声明。

实 验 篇

第 15 章 基础实验

15.1 Python 基本数据类型——数字、字符串

【实验目的】

(1) 掌握数字类型的用法。

(2) 掌握字符串类型的用法。

【实验原理】

1. 数字类型

Python 数字类型用于存储数值,数字类型是不允许改变的,这就意味着如果改变数字类型的值,就会重新分配内存空间。

Python 支持 3 种不同的数字类型。

(1) 整数 (Int)。

整数指整型,包括正整数和负整数,不带小数点。Python 3 中的整数是不限制大小的,可以当作 Long 类型使用,所以 Python 3 中没有 Python 2 的 Long 类型。

(2) 浮点数 (Float)。

浮点数由整数部分和小数部分组成,浮点数也可以使用科学计数法表示,如 $2.5e2 = 2.5 \times 10^2 = 250$)。

(3) 复数 (Complex)。

复数由实数部分和虚数部分组成,可以用 a + bj 或 complex(a,b)表示,复数的实部 a 和虚部 b 都是浮点型。

2. 字符串 (String) 类型

Python 中的字符串用单引号(')或双引号(")括起来,同时使用反斜杠(\)转义特殊字符。Python 中的字符串不能改变。Python 没有单独的字符类型,一个字符就是长度为 1 的字符串。

【实验环境】
- Linux Ubuntu 16.04。
- Python 3.6。
- jdk-7u75-linux-x64。
- PyCharm。

【实验内容】

（1）数字类型：数字类型的创建、删除、类型查询、类型转换、数值运算。

（2）字符串类型：创建字符串、操作字符串。

【实验步骤】

打开终端模拟器，在命令行输入命令"python3"，启动 Python 解释器，完成以下实验。

1. 数字类型

（1）数字类型的对象在变量赋值时被创建，示例如下：

```
view plain copy
1.    var1=2
2.    var2=20
3.    var3=200
4.    var1
5.    var2
6.    var3
```

示例结果如下：

```
>>> var1=2
>>> var2=20
>>> var3=200
>>> var1
2
>>> var2
20
>>> var3
200
```

（2）可以使用十六进制数和八进制数来表示整数。

十六进制数示例如下：

```
view plain copy
1.    number = 0xA0F
```

示例结果如下：

```
>>> number = 0xA0F
>>> number
2575
```

八进制数示例如下：

```
view plain copy
1.    number=0o37
```

示例结果如下：

126

```
>>> number=0o37
>>> number
31
```

（3）可以使用 del 语句删除单个或多个对象的引用，示例如下：

view plain copy
1. var1=2
2. var2=20
3. var3=200
4. print(var1,var2,var3)
5. del var3
6. var3
7. del var1, var2
8. print(var1,var2)

示例结果如下：
```
>>> var1=2
>>> var2=20
>>> var3=200
>>> print(var1,var2,var3)
2 20 200
>>> del var3
>>> var3
Traceback (most recent call last):
  File "<stdin>", line 1, in <module>
NameError: name 'var3' is not defined
>>> del var1, var2
>>> print(var1,var2)
Traceback (most recent call last):
  File "<stdin>", line 1, in <module>
NameError: name 'var1' is not defined
```
注意，若已经通过 del 语句删除成功，则再查询时报异常。

（4）内置的 type() 可以用来查询变量所指的对象类型，示例如下：

view plain copy
1. a1, a2, a3, a4 = 40, 6.25, True, 6+5j
2. print(type(a1), type(a2), type(a3), type(a4))

示例结果如下：
```
>>> a1, a2, a3, a4 = 40, 6.25, True, 6+5j
>>> print(type(a1), type(a2), type(a3), type(a4))
<class 'int'> <class 'float'> <class 'bool'> <class 'complex'>
```
注意，在 Python 2 中是没有布尔型的，它用数字 0 表示 False，用 1 表示 True。在 Python 3 中，虽然把 True 和 False 定义成关键字，但它们的值还分别是 1 和 0，可以和数字相加。

可以用 isinstance 来做判断，示例如下：

view plain copy
1. a = 111
2. isinstance(a, int)

示例结果如下：

```
>>> a = 111
>>> isinstance(a, int)
True
```

(5) Python 数字类型转换。

对数字类型进行转换，只要将数字类型作为函数名即可。

- int(x)表示将 x 转换为一个整数。
- float(x)表示将 x 转换为一个浮点数。
- complex(x)表示将 x 转换为一个复数，实数部分为 x，虚数部分为 0。
- complex(x, y)表示将 x 和 y 转换为一个复数，实数部分为 x，虚数部分为 y。x 和 y 是数学表达式。

将浮点数转换为整数，示例如下：

view plain copy
1.　　int(100.00)

示例结果如下：
```
>>> int(100.00)
100
```
将浮点数转换为复数，虚数部分为 0，示例如下：

view plain copy
1.　　complex(100.00)

示例 1 结果如下：
```
>>> complex(100.00)
(100+0j)
>>>
```
将浮点数转换为复数，虚数部分不为 0，示例如下：

view plain copy
1.　　complex(100.00,45)

示例结果如下：
```
>>> complex(100.00,45)
(100+45j)
```
将整数转换为浮点数，示例如下：

view plain copy
1.　　float(2)

示例结果如下：
```
>>> float(2)
2.0
```

（6）数值运算。

Python 解释器可以作为一个简单的计算器，在解释器里输入一个表达式，它将输出表达式的值。

表达式的语法很直白，运算符有+、-、*和 /，与其他语言（如 Pascal 或 C）中的运算符一样，示例如下：

view plain copy
1. 2 + 13
2. 5 - 6/3
3. (38 - 5*6) / 2
4. 6 *2

示例结果如下：
```
>>> 2 + 13
15
>>> 5 - 6/3
3.0
>>> (38 - 5*6) / 2
4.0
>>> 6 *2
12
```
注意，在不同的计算机上，浮点运算的结果可能不一样。

在 Python 中可以使用**运算符进行幂运算。在整数除法中，除法（/）总是返回一个浮点数，如果只想得到整数的结果，丢弃分数部分，可以使用//运算符，示例如下：

view plain copy
1. 23 / 5
2. 23 // 5
3. 23 % 5
4. 2*3
5. 2**3

示例结果如下：
```
>>> 23 / 5
4.6
>>> 23 // 5
4
>>> 23 % 5
3
>>> 2*3
6
>>> 2**3
8
>>>
```

2. 字符串类型

（1）创建字符串类型。

字符串是 Python 中最常用的数据类型。我们可以使用引号（'或"）来创建字符串类型。创建字符串类型很简单，只要为变量分配一个值即可，示例如下：

view plain copy
1. var1 = 'Hello World!'
2. var2 = "Python"

示例结果如下：
```
>>> var1 = 'Hello World!'
>>> var2 = "Python"
>>> var1
'Hello World!'
>>> var2
'Python'
```

（2）截取字符串的语法格式：变量[头下标:尾下标]。索引值以 0 开始，-1 表示从末尾开始。示例如下：

```
view plain copy
1.   word = 'Python'
2.   print(word[0], word[5])
3.   print(word[-1], word[-6])
```

示例结果如下：
```
>>> word = 'Python'
>>> print(word[0], word[5])
P n
>>> print(word[-1], word[-6])
n P
```

加号（+）是字符串的连接符，星号（*）表示复制当前字符串，星号后面紧跟的数字为复制的次数，示例如下：

```
view plain copy
1.   str = 'Python'
2.   print(str)
3.   print(str[0:-1])
4.   print(str[0])
5.   print(str[2:5])
6.   print(str[2:])
7.   print(str * 2)
8.   print(str + "TEST")
```

示例结果如下：
```
>>> str = 'Python'
>>> print (str)
Python
>>> print (str[0:-1])
Pytho
>>> print (str[0])
P
>>> print (str[2:5])
tho
>>> print (str[2:])
thon
>>> print (str * 2)
PythonPython
>>> print (str + "TEST")
PythonTEST
```

（3）在 Python 中使用反斜杠（\）转义特殊字符，如果不想让反斜杠发生转义，可以在字符串前面添加一个 r，表示原始字符串，示例如下：

```
view plain copy
1.   print('Pytho\n3')
2.   print(r'Pytho\n3')
```

示例结果如下：

```
>>> print('Pytho\n3')
Pytho
3
>>> print(r'Pytho\n3')
Pytho\n3
```

另外，反斜杠还可以作为续行符，表示下一行是上一行的延续，示例如下：

view plain copy
1. print('string\
2. number')

示例结果如下：
```
>>> print('string\
... number')
stringnumber
```

15.2　Python 运算符与表达式

【实验目的】

掌握 Python 运算符与表达式。

【实验原理】

Python 运算符包括赋值运算符、算术运算符、关系运算符、逻辑运算符、位运算符、成员运算符和身份运算符。

Python 表达式是将不同类型的数据（常量、变量、函数）用运算符按照一定的规则连接起来的式子。

【实验环境】

- Linux Ubuntu 16.04。
- Python 3.6。
- Ipython。
- PyCharm。

【实验内容】

本实验详细介绍 Python 运算符与表达式，包括：
- 算术运算符；
- 比较（关系）运算符；
- 赋值运算符；
- 位运算符；
- 运算符优先级；
- 逻辑运算符；
- 成员运算符；
- 身份运算符。

【实验步骤】

打开终端模拟器，在命令行输入命令"python3"，启动 Python 解释器。

1. 算术运算符

假设变量 a 为 10，变量 b 为 21，算术运算符、描述及示例如表 15-1 所示。

表 15-1 算术运算符、描述及示例

运算符	描述	示例
+	加，两个对象相加	a+b 输出结果 31
-	减，得到负数或一个数减另一个数	a-b 输出结果 -11
*	乘，两个数相乘或返回一个被重复若干次的字符串	a*b 输出结果 210
/	除，x 除以 y	b/a 输出结果 2.1
%	取模，返回除法的余数	b%a 输出结果 1
**	幂，返回 x 的 y 次幂	a**b 为 10^{21}
//	取整除，返回商的整数部分	9//2 输出结果 4，9.0//2.0 输出结果 4.0

等号（=）用于给变量赋值。赋值之后，除下一个提示符外，解释器不会显示任何结果。Python 算术运算符的操作示例如下：

```
view plain copy
1.  a=10
2.  b=5
3.  c=11
4.  print("a+b:",a+b)
5.  print("a-b:",a-b)
6.  print("a*b:",a*b)
7.  print("a/b:",a/b)
8.  print("c%b:",c%b)
9.  print("a**b:",a**b)
10. print("c//b:",c//b)
```

示例结果如下：

```
>>> a=10
>>> b=5
>>> c=11
>>> print("a+b:",a+b)
a+b: 15
>>> print("a-b:",a-b)
a-b: 5
>>> print("a*b:",a*b)
a*b: 50
>>> print("a/b:",a/b)
a/b: 2.0
>>> print("c%b:",c%b)
c%b: 1
>>> print("a**b:",a**b)
a**b: 100000
>>> print("c//b:",c//b)
c//b: 2
```

不同类型的数据在进行混合运算时，计算机会将整数转换为浮点数，示例如下：

1. 9 * 6.5 / 0.5
2. 9 / 3.0

示例结果如下：
```
>>> 9 * 6.5 / 0.5
117.0
>>> 9 / 3.0
3.0
```
在交互模式中，最后输出的表达式结果被赋值给变量_，示例如下：

1. tax = 12.5 / 100
2. price = 100.50
3. price * tax
4. price + _
5. round(_, 2)
6. 113.06

示例结果如下：
```
>>> tax = 12.5 / 100
>>> price = 100.50
>>> price * tax
12.5625
>>> price + _
113.0625
>>> round(_, 2)
113.06
```
此处，_变量应被用户视为只读变量。

2．比较运算符

比较运算符、描述及示例如表 15-2 所示。

表 15-2 比较运算符、描述及示例

运算符	描述	示例
==	等于，比较两个对象是否相等	(a==b)返回 False
!=	不等于，比较两个对象是否不相等	(a!=b)返回 True
>	大于，返回 x 是否大于 y	(a>b)返回 False
<	小于，返回 x 是否小于 y。所有比较运算符返回 1 表示真，返回 0 表示假，分别与特殊的变量 True 和 False 等价。注意变量名的大小写	(a<b)返回 True
>=	大于或等于，返回 x 是否大于或等于 y	(a>=b)返回 False
<=	小于或等于，返回 x 是否小于或等于 y	(a<=b)返回 True

Python 比较运算符的操作示例如下：

view plain copy
1. a=10
2. b=5
3. print("a==b:",a==b)
4. print("a!=b:",a!=b)

```
5.  print("a>b:",a>b)
6.  print("a<b:",a<b)
7.  print("a>=b:",a>=b)
8.  print("a<=b:",a<=b)
```

示例结果如下:
```
>>> a=10
>>> b=5
>>> print("a==b:",a==b)
a==b: False
>>> print("a!=b:",a!=b)
a!=b: True
>>> print("a>b:",a>b)
a>b: True
>>> print("a<b:",a<b)
a<b: False
>>> print("a>=b:",a>=b)
a>=b: True
>>> print("a<=b:",a<=b)
a<=b: False
```

3. 赋值运算符

赋值运算符、描述及示例如表 15-3 所示。

表 15-3 赋值运算符、描述及示例

运算符	描述	示例
=	简单的赋值运算符	c=a+b,表示将 a+b 的运算结果赋值给 c
+=	加法赋值运算符	c+=a 相当于 c=c+a
-=	减法赋值运算符	c-=a 相当于 c=c-a
*=	乘法赋值运算符	c*=a 相当于 c=c*a
/=	除法赋值运算符	c/a 相当于 c=c/a
%=	取模赋值运算符	c%=a 相当于 c=c%a
**=	幂赋值运算符	c**=a 相当于 c=c**a
//=	取整除赋值运算符	c//=a 相当于 c=c//a

Python 赋值运算符的操作示例如下:

view plain copy
```
1.  a=10
2.  b=6
3.  b += a
4.  print("b+=a,b=",b)
5.  b -= a
6.  print("b-=a,b=",b)
7.  b *= a
8.  print("b*=a,b=",b)
9.  b /= a
10. print("b/=a,b=",b)
11. b %= a
12. print("b%=a,b=",b)
13. b **= a
```

```
14.    print("b**=a,b=",b)
15.    b //= a
16.    print("b//=a,b",b)
```

示例结果如下：
```
>>> a=10
>>> b=6
>>> b += a
>>> print("b+=a,b=",b)
b+=a,b= 16
>>> b -= a
>>> print("b-=a,b=",b)
b-=a,b= 6
>>> b *= a
>>> print("b*=a,b=",b)
b*=a,b= 60
>>> b /= a
>>> print("b/=a,b=",b)
b/=a,b= 6.0
>>> b %= a
>>> print("b%=a,b=",b)
b%=a,b= 6.0
>>> b **= a
>>> print("b**=a,b=",b)
b**=a,b= 60466176.0
>>> b //= a
>>> print("b//=a,b=",b)
b//=a,b= 6046617.0
```

4．按位运算符

按位运算符把数字当作二进制数进行计算。

例如，变量 a 为 60（二进制数 0011 1100），变量 b 为 13（二进制数 0000 1101），按位运算符、描述及示例如表 15-4 所示。

表 15-4　按位运算符、描述及示例

运算符	描　　述	示　　例
&	按位与运算符：参与运算的两个二进制数的相应位都为 1，该位的运算结果就为 1，否则为 0	(a&b)输出结果 12，二进制数解释：0000 1100
|	按位或运算符：参与运算的两个二进制数的相应位有一个为 1，该位的运算结果就为 1	(a|b)输出结果 61，二进制数解释：0011 1101
^	按位异或运算符：参与运算的两个二进制数的相应位相异时，该位的运算结果为 1	(a^b)输出结果 49，二进制数解释：0011 0001
~	按位取反运算符：对每个二进制数位取反，即把 1 变为 0，把 0 变为 1，~x 类似于-x-1	(~a)输出结果 195，二进制数解释：1100 0011
<<	左移动运算符：把"<<"左边的运算数的各二进制数位全部左移若干位，"<<"右边的数指定移动的位数，高位丢弃，低位补 0	a<2 输出结果 240，二进制数解释：1111 0000
>>	右移动运算符：把">>"左边的运算数的各二进制数位全部右移若干位，">>"右边的数指定移动的位数，低位丢弃，高位补 0	a>>2 输出结果 15，二进制数解释：0000 1111

Python 按位运算符的操作示例如下：

view plain copy
```
1.    a = 60
2.    b = 13
```

3. c = 0
4.
5. c = a & b;
6. print ("c = a & b ,c=:", c)
7.
8. c = a | b;
9. print ("c = a | b ,c=:", c)
10.
11. c = a ^ b;
12. print ("c = a ^ b ,c=:", c)
13.
14. c = ~a;
15. print ("c = ~a ,c=:", c)
16.
17. c = a << 2;
18. print ("c = a << 2 ,c=:", c)
19.
20. c = a >> 2;
21. print ("c = a >> 2 ,c=:", c)

示例结果如下:

```
>>> a = 60
>>> b = 13
>>> c = 0
>>>
... c = a & b;
>>> print ("c = a & b , c=: ", c)
c = a & b , c=:  12
>>>
... c = a | b;
>>> print ("c = a | b , c=: ", c)
c = a | b , c=:  61
>>>
... c = a ^ b;
>>> print ("c = a ^ b, c=: ", c)
c = a ^ b, c=:  49
>>>
... c = ~a;
>>> print ("c = ~a , c=: ", c)
c = ~a , c=:  -61
>>>
... c = a << 2;
>>> print ("c = a << 2 , c=: ", c)
c = a << 2 , c=:  240
>>>
... c = a >> 2;
>>> print ("c = a >> 2 , c=: ", c)
c = a >> 2 , c=:  15
```

在输出结果中:

- 60 对应二进制数 0011 1100;
- 13 对应二进制数 0000 1101;
- 12 对应二进制数 0000 1100;
- 61 对应二进制数 0011 1101;

- 49 对应二进制数 0011 0001；
- −61 对应二进制数 1100 0011；
- 240 对应二进制数 1111 0000；
- 15 对应二进制数 0000 1111。

5．运算符优先级

如表 15-5 所示，运算符的优先级为从高到低。

表 15-5　运算符的优先级

运　算　符	描　　述
**	指数（最高优先级）
~ + −	按位翻转、一元加号和减号（后两个方法名为+@和−@）
* / % //	乘、除、取模和取整除
+ −	加法、减法
>> <<	右移、左移运算符
&	位 AND
^ |	位运算符
<= < > >=	比较运算符
<> == !=	等于运算符
= %= /= //= −= += *= **=	赋值运算符
is is not	身份运算符
in not in	成员运算符
not or and	逻辑运算符

Python 运算符的优先级示例如下：

```
view plain copy
1.  a = 20
2.  b = 10
3.  c = 15
4.  d = 5
5.  e = 0
6.
7.  e = (a + b) * c / d
8.  print ("(a + b) * c / d 运算结果为：", e)
9.
10. e = ((a + b) * c) / d
11. print ("((a + b) * c) / d 运算结果为：", e)
12.
13. e = (a + b) * (c / d);
14. print ("(a + b) * (c / d) 运算结果为：", e)
15.
16. e = a + (b * c) / d;
17. print ("a + (b * c) / d 运算结果为：", e)
```

示例结果如下:
```
>>> a = 20
>>> b = 10
>>> c = 15
>>> d = 5
>>> e = 0
>>>
... e = (a + b) * c / d
>>> print ("(a + b) * c / d 运算结果为:", e)
, e)

e = a + (b * c) / d;
print ("a + (b * c) / d 运算结果为:", e)(a + b) * c / d 运算结果为: 90.0
>>>
... e = ((a + b) * c) / d
>>> print ("((a + b) * c) / d 运算结果为:", e)
((a + b) * c) / d 运算结果为: 90.0
>>>
... e = (a + b) * (c / d);
>>> print ("(a + b) * (c / d) 运算结果为:", e)
(a + b) * (c / d) 运算结果为: 90.0
>>>
... e = a + (b * c) / d;
>>> print ("a + (b * c) / d 运算结果为:", e)
a + (b * c) / d 运算结果为: 50.0
```

6．逻辑运算符

Python 语言支持逻辑运算符,逻辑运算符、逻辑表达式、描述及示例如表 15-6 所示,假设变量 a 为 10、变量 b 为 20。

表 15-6 逻辑运算符、逻辑表达式、描述及示例

运算符	逻辑表达式	描　　述	示　　例
and	x and y	布尔"与"。如果 x 为 False,则返回 False;否则返回 y 的计算值	(a and b)返回 20
or	x or y	布尔"或"。如果 x 是 True,则返回 x 的值;否则返回 y 的计算值	(a or b)返回 10
not	not x	布尔"非"。如果 x 为 True,则返回 False;如果 x 为 False,则返回 True	not(a and b)返回 False

Python 逻辑运算符示例如下:

```
view plain copy
1.   a = 10
2.   b = 20
3.
4.   if ( a and b ):
5.      print ("1 - 变量 a 和 b 都为 true")
6.   else:
7.      print ("1 - 变量 a 和 b 有一个不为 true")
8.   if ( a or b ):
9.      print ("2 - 变量 a 和 b 都为 true,或者其中一个变量为 true")
10.  else:
11.     print ("2 - 变量 a 和 b 都不为 true")
12.
13.  # 修改变量 a 的值
14.  a = 0
15.  if ( a and b ):
16.     print ("3 - 变量 a 和 b 都为 true")
```

```
17.    else:
18.        print ("3 - 变量 a 和 b 有一个不为 true")
19.
20.    if ( a or b ):
21.        print ("4 - 变量 a 和 b 都为 true，或者其中一个变量为 true")
22.    else:
23.        print ("4 - 变量 a 和 b 都不为 true")
24.
25.    if not( a and b ):
26.        print ("5 - 变量 a 和 b 都为 false，或者其中一个变量为 false")
27.    else:
28.        print ("5 - 变量 a 和 b 都为 true")
```

示例结果如下：
```
1 - 变量 a 和 b 都为 true
2 - 变量 a 和 b 都为 true，或者其中一个变量为 true
3 - 变量 a 和 b 有一个不为 true
4 - 变量 a 和 b 都为 true，或者其中一个变量为 true
5 - 变量 a 和 b 都为 false，或者其中一个变量为 false
```

7．成员运算符

如表 15-7 所示是成员运算符、描述及示例。

表 15-7　成员运算符、描述及示例

运算符	描述	示例
in	如果在指定的序列中找到值，则返回 True；否则返回 False	如果 x 在 y 序列中，则返回 True
not in	如果在指定的序列中没有找到值，则返回 True；否则返回 False	如果 x 不在 y 序列中，则返回 True

Python 成员运算符示例如下：

```
1.    #!/usr/bin/python3
2.
3.    a = 7
4.    b = 2
5.    list = [1, 2, 3, 4, 5 ];
6.
7.    if ( a in list ):
8.        print ("变量 a 在给定的列表 list 中")
9.    else:
10.       print ("变量 a 不在给定的列表 list 中")
11.
12.   if ( b not in list ):
13.       print ("变量 b 不在给定的列表 list 中")
14.   else:
15.       print ("变量 b 在给定的列表 list 中")
```

示例结果如下：
```
变量 a 不在给定的列表 list 中
变量 b 在给定的列表 list 中
```

8．身份运算符

身份运算符用于比较两个对象的存储单元，身份运算符、描述及示例如表 15-8 所示。

表 15-8　身份运算符、描述及示例

运算符	描述	示例
is	is 用于判断两个标识符是不是引用自一个对象	x is y，类似 id(x)==id(y)，如果引用的是同一个对象，则返回 True；否则，返回 False
is not	is not 用于判断两个标识符是不是引用自不同的对象	x is not y，类似 id(a) !=id(b)。如果引用的不是同一个对象，则返回 True；否则，返回 False

注意，id()用于获取对象内存地址。

is 与==的区别是，is 用于判断两个变量引用的对象是否为同一个，==用于判断引用变量的值是否相等。

Python 身份运算符示例如下：

```
view plain copy
1.  #!/usr/bin/python3
2.
3.  a = 25
4.  b = 25
5.  if ( a is b ):
6.      print ("a 和 b 有相同的标识")
7.  else:
8.      print ("a 和 b 没有相同的标识")
9.
10. if ( id(a) == id(b) ):
11.     print ("a 和 b 有相同的标识")
12. else:
13.     print ("a 和 b 没有相同的标识")
```

示例结果如下：

```
a 和 b 有相同的标识
a 和 b 有相同的标识
```

修改 b 的值，Python 身份运算符示例如下：

```
view plain copy
1.  #!/usr/bin/python3
2.
3.  a = 25
4.  b = 25
5.  # 修改变量 b 的值
6.  b=20
7.
8.  if ( a is b ):
9.      print ("a 和 b 有相同的标识")
10. else:
11.     print ("a 和 b 没有相同的标识")
```

```
12.
13.    if ( id(a) == id(b) ):
14.        print ("a 和 b 有相同的标识")
15.    else:
16.        print ("a 和 b 没有相同的标识")
```

示例结果如下：

a 和 b 没有相同的标识
a 和 b 没有相同的标识

15.3　Python 的判断、循环、函数

【实验目的】

（1）掌握判断结构的语法。

（2）掌握循环结构的语法。

（3）掌握函数编程。

【实验原理】

Python 的比较操作符如图 15-1 所示。

Python的比较操作符	
>	左边大于右边
>=	左边大于或等于右边
<	左边小于右边
<=	左边小于或等于右边
==	左边等于右边
!=	左边不等于右边

图 15-1　Python 的比较操作符

在 Python 中，定义函数的语法如下：

```
def 函数名([参数列表]):
'''注解'''
函数体
```

在定义函数时，需要注意以下问题。

（1）函数形参不需要声明其类型，也不需要指定函数返回值类型。

（2）即使函数不需要接收任何参数，也必须保留一对空的圆括号。

（3）圆括号后面的冒号必不可少。

（4）函数体相对于 def 关键字必须保持一定的空格缩进。

【实验环境】

- Linux Ubuntu 16.04。
- Python 3.5。
- PyCharm。

【实验内容】

（1）选择结构。

（2）循环结构。

（3）函数编程。

（4）lambda 表达式。

【实验步骤】

1．选择结构

Python 的 if 条件判断语法如图 15-2 所示。

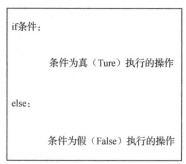

图 15-2 if 条件判断语法

（1）打开 PyCharm，进行 if 条件判断练习。

（2）在主界面中单击"New Project"按钮创建一个新项目，如图 15-3 所示。之后把项目重命名为 demo。

图 15-3 单击"New Project"按钮

（3）在 demo 项目上右击，在弹出的快捷菜单中选择"New"→"Python File"选项，在打开的对话框中新建一个 Python 文件，命名为 guess_data，如图 15-4 所示。

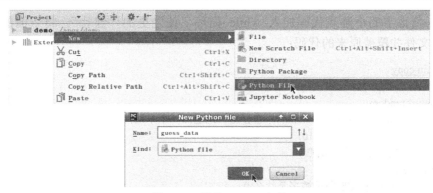

图 15-4 新建 Python 文件

(4) 编写代码，利用 if 条件判断语句编写一个猜数字的小游戏，代码如下：

```
view plain copy
1.  # 正确数字为 5
2.  enter_data = input('请输入您猜的数字：')
3.  guess = int(enter_data)
4.  if guess == 5:
5.      print('恭喜您猜对啦')
6.  else:
7.      if guess > 5:
8.          print('猜大了')
9.      else:
10.         print('猜小了')
11.
12. print('游戏结束')
```

(5) 选择 guess_data 文件并右击，在弹出的快捷菜单中选择"Run 'guess_data'"选项运行代码，如图 15-5 所示。

图 15-5 运行代码

运行结果如下：

请输入您猜的数字：7
猜大了
游戏结束

2．循环结构

(1) Python 的 while 循环语法是，当 while 条件为真（Ture）时，执行循环体中的内容，如图 15-6 所示；当 while 条件为假（False）时，不执行循环体中的内容。

图 15-6 while 条件为真（Ture）执行的操作

下面为猜数字的小游戏代码加入 while 循环，使之更加"健壮"。将下面的代码写入 guess_data 文件并覆盖原来的代码：

```
view plain copy
1.  #引入 random 模块
2.  import random
3.  #调用 random 模块中的 randint()，它会随机地返回一个十以内的整数
4.  secret = random.randint(1,10)
5.  print('来玩个猜数字游戏吧')
6.  print(secret)
7.  enter_data = input('您猜的数字是什么:')
8.  guess = int(enter_data)
9.  guess_num = 1
10. if guess == secret:
11.     print("恭喜您猜对啦,游戏结束！")
12. else:
13.     #加入 while 循环，如果循环次数小于 3，则继续执行；反之，则停止
14.     while guess != secret and guess_num<3:
15.         if guess > secret:
16.             enter_data = input('猜大了，请重猜:')
17.         elif guess < secret:
18.             enter_data = input('猜小了，请重猜:')
19.         guess = int(enter_data)
20.         guess_num += 1
21.         if guess == secret:
22.             print("恭喜您猜对啦,游戏结束！")
23.         elif guess != secret and guess_num ==3:
24.             print("次数用光了,游戏结束！")
```

运行结果如下：

```
来玩个猜数字游戏吧
3
您猜的数字是什么:7
猜大了，请重猜:5
猜大了，请重猜:3
恭喜您猜对啦,游戏结束！
```

（2）Python 的 for 循环语法如图 15-7 所示。

```
for 目标 in 表达式：

        循环体
```

图 15-7 for 循环语法

打开终端模拟器，输入"python3"，进入 Python 交互式环境，在此环境下运行下面的多个命令。

```
zhangyu@aaed8779426e:~$ python
Python 3.6.0 |Anaconda 4.3.1 (64-bit)| (default, Dec 23 2016, 12:22:00)
[GCC 4.4.7 20120313 (Red Hat 4.4.7-1)] on linux
Type "help", "copyright", "credits" or "license" for more information.
>>>
```

使用 for 循环遍历 range(10)对象：

```
view plain copy
1.    for i in range(10):
2.        print(i)
```

```
>>> for i in range(10):
...     print(i)
...
0
1
2
3
4
5
6
7
8
9
```

3. 函数编程

在 Python 中定义函数不需要声明函数的返回值类型，使用 return 语句结束函数执行时会返回任意类型的值，函数返回值类型与 return 语句返回表达式的类型一致。无论 return 语句出现在函数的什么位置，一旦执行，将直接结束函数的执行。如果函数没有 return 语句或执行不返回任何值的 return 语句，则 Python 认为该函数以 return None 结束，即返回空值。

（1）下面的函数用来计算斐波那契数列中小于参数 n 的所有值。

```
view plain copy
1.    #定义函数，括号里的n是形参
2.    def fib(n):
3.        #accept an in integer n. return the numbers less than n in Fibonacci sequence.
4.        a,b=1,1
5.        while a<n:
6.            print(a,end=' ')
7.            a,b=b,a+b
8.        print()
9.
10.   #调用该函数的方式为：
11.   fib(1000)
```

运行结果如下：
```
>>> #定义函数，括号里的n是形参
... def fib(n):
...     #accept an in integer n. return the numbers less than n in Fibonacci sequence.
...     a,b=1,1
...     while a<n:
...         print(a,end=' ')
...         a,b=b,a+b
...     print()
...
>>> #调用该函数的方式为：
... fib(1000)
1 1 2 3 5 8 13 21 34 55 89 144 233 377 610 987
```
注意，在定义函数时，开头部分的注释并不是必需的，但是如果为函数的定义加上一段

注释，就可以为用户提供友好的提示和使用帮助。

（2）在调用函数时，一定要注意函数有没有返回值，以及是否会对函数实参的值进行修改。

view plain copy
1. a_list=[1,2,3,4,9,5,7]
2. print(sorted(a_list))
3. #原列表内容没变
4. print(a_list)
5. #列表对象的sort()方法没有返回值
6. print(a_list.sort())
7. print(a_list)

运行结果如下：
```
>>> a_list=[1,2,3,4,9,5,7]
>>> print(sorted(a_list))
[1, 2, 3, 4, 5, 7, 9]
>>> #原列表内容没变
... print(a_list)
[1, 2, 3, 4, 9, 5, 7]
>>> #列表对象的sort()方法没有返回值
... print(a_list.sort())
None
>>> print(a_list)
[1, 2, 3, 4, 5, 7, 9]
```

拓展知识：函数属于可调用对象，由于存在构造函数，因此类也是可以调用的。另外，任何包含__call__()方法的类的对象都是可调用的。示例如下：

1. def linear(a,b):
2.   #函数是可以嵌套定义的
3.   def result(x):
4.   return a*x+b
5.   return result

以下代码演示了可调用对象类的定义：

1. class Linear:
2.   def __init__(self,a,b):
3.   self.a,self.b=a,b
4.   def __call__(self,x):
5.   return self.a*x +self.b

使用上面的嵌套函数和类这两种方式中的任何一种，都可以通过以下方式定义一个可调用的对象：

1. taxes=linear(0.3,2)

然后通过下面的方式来调用该对象：

1. taxes(5)

运行结果如下：

```
>>> def linear(a,b):
...     #函数是可以嵌套定义的
...     def result(x):
...         return a*x+b
...     return result
...
>>> taxes=linear(0.3,2)
>>> taxes(5)
3.5
```

在定义函数时，圆括号内是使用逗号分隔开的形参列表，一个函数可以没有参数，但是在定义和调用时必须要有一对圆括号，表示这是一个函数并且不接收参数。函数在调用时向其传递实参，根据不同的参数类型，将实参的值或引用传递给形参。

（3）在绝大多数情况下，在函数内部直接修改形参的值不会影响实参，示例如下：

```
1.  def addOne(a):
2.      print(a)
3.      #得到新的变量
4.      a+=1
5.      print(a)
6.
7.  a=3
8.  addOne(a)
9.  print(a)
```

运行结果如下：

```
>>> def addOne(a):
...     print(a)
...     #得到新的变量
...     a+=1
...     print(a)
...
>>> a=3
>>> addOne(a)
3
4
>>> print(a)
3
```

（4）在一些特殊情况下，可以通过特殊的方式在函数内部修改实参的值，示例如下：

```
1.  #修改列表元素值
2.  def modify(v):
3.      v[0]=v[0]+1
4.
5.  a=[2]
6.  modify(a)
7.  print(a)
8.  #为列表增加元素
9.  def modify(v,item):
10.     v.append(item)
11.
12. a=[2]
13. modify(a,3)
```

```
14.    print(a)
15.    #修改字典元素值或字典增加元素
16.    def modify(d):
17.        d['age']=38
18.
19.    a={'name':'Dong','age':37,'sex':'Male'}
20.    modify(a)
21.    print(a)
```

运行结果如下：
```
>>> #为列表增加元素
... def modify(v,item):
...     v.append(item)
...
>>> a=[2]
>>> modify(a,3)
>>> print(a)
[2, 3]
>>> #修改字典元素值或字典增加元素
... def modify(d):
...     d['age']=38
...
>>> a={'name':'Dong','age':37,'sex':'Male'}
>>> modify(a)
>>> print(a)
{'name': 'Dong', 'age': 38, 'sex': 'Male'}
```

（5）在调用含有多个参数的函数时，可以使用 Python 列表、元组、集合、字典及其他可迭代对象作为实参，并在实参名称前加一个星号（*），Python 解释器将自动进行解包，之后传递给多个单变量形参，示例如下：

```
1.    def demo(a,b,c):
2.        print(a+b+c)
3.
4.    #列表
5.    seq=[1,2,3]
6.    demo(*seq)
7.    #元组
8.    tup=(1,2,3)
9.    demo(*tup)
10.   #字典
11.   dic={1:'a',2:'b',3:'c'}
12.   demo(*dic)
13.   #集合
14.   Set={1,2,3}
15.   demo(*Set)
```

运行结果如下：
```
>>> def demo(a,b,c):
...     print(a+b+c)
...
>>> #列表
... seq=[1,2,3]
>>> demo(*seq)
6
>>> #元组
```

```
... tup=(1,2,3)
>>> demo(*tup)
6
>>> #字典
... dic={1:'a',2:'b',3:'c'}
>>> demo(*dic)
6
>>> #集合
... Set={1,2,3}
>>> demo(*Set)
6
```

注意，当字典作为实参时，默认使用字典的"键"。如果需要将字典中的键值对作为参数，则需要使用 items()方法明确说明。如果需要将字典中的"值"作为参数，则需要调用字典的 values()方法明确说明。

4．lambda 表达式

lambda 表达式用来声明匿名函数，即没有函数名临时使用的函数。lambda 表达式只能包含一个表达式，不允许包含复杂的语句，但在表达式中可以调用其他函数，并支持默认参数和关键参数，该表达式的计算结果相当于函数的返回值。示例如下：

```
view plain copy
1.   f=lambda x,y,z:x+y+z
2.   #把 lambda 表达式作为函数使用
3.   print(f(1,2,3))
4.   #lambda 表达式可以含有默认参数
5.   g=lambda x,y=2,z=3:x+y+z
6.   print(g(1))
7.   #使用关键参数调用 lambda 表达式
8.   print(g(2,z=4,y=5))
9.   #lambda 表达式作为函数的参数
10.  L=[1,2,3,4,5]
11.  print(map(lambda x:x+10,L))
12.  #在 lambda 表达式中可以调用函数
13.  def demo(n):
14.      return n*n
15.
16.  a_list=[1,2,3,4,5]
17.  map(lambda x:demo(x),a_list)
```

运行结果如下：
```
>>> f=lambda x,y,z:x+y+z
,2,3,4,5]
print(map(lambda x:x+10,L))
#在lambda表达式中可以调用函数
def demo(n):
    return n*n

a_list=[1,2,3,4,5]
map(lambda x:demo(x),a_list)>>> #把lambda表达式作为函数使用
... print(f(1,2,3))
6
>>> #lambda表达式可以含有默认参数
... g=lambda x,y=2,z=3:x+y+z
>>> print(g(1))
6
```

```
>>> #使用关键参数调用lambda表达式
... print(g(2,z=4,y=5))
11
>>> #lambda表达式作为函数的参数
... L=[1,2,3,4,5]
>>> print(map(lambda x:x+10,L))
<map object at 0x7f8d76bb13c8>
>>> #在lambda表达式中可以调用函数
... def demo(n):
...     return n*n
...
>>> a_list=[1,2,3,4,5]
>>> map(lambda x:demo(x),a_list)
<map object at 0x7f8d76bb13c8>
```

15.4　Python 基本数据类型——列表、元组

【实验目的】

（1）掌握列表的用法。

（2）掌握元组的用法。

【实验原理】

列表是 Python 中使用最频繁的数据类型，列表中的元素是可以改变的。

列表是一种数据结构，通常是对大多数集合类的实现。列表中元素的类型可以不相同，支持数字、字符串，甚至可以包含列表（嵌套）。

列表是写在方括号（[]）里、用逗号分隔开的元素序列。和字符串一样，列表同样可以被索引截取，列表被截取后返回一个包含所需元素的新列表。

列表可以使用 "+" 操作符进行拼接。

元组与列表类似，不同之处在于元组的元素不能被修改。元组写在圆括号（()）里，元素之间用逗号隔开。元组中的元素类型也可以不相同。

【实验环境】

- Linux Ubuntu 16.04。
- Python 3.6。
- jdk-7u75-linux-x64。
- PyCharm。

【实验内容】

（1）列表：创建列表、操作列表、修改列表。

（2）元组：创建元祖、操作元祖、修改元祖和元组报错。

【实验步骤】

打开终端模拟器，在命令行输入命令 "python3"，启动 Python 解释器。

1. 列表

（1）创建列表，示例如下：

view plain copy

```
1.    list = [ 'zxc', 856 , 5.69, 'python', 70.2 ]
2.    print(list)
```

示例结果如下：

```
>>> list = [ 'zxc', 856 , 5.69, 'python', 70.2 ]
>>> print(list)
['zxc', 856, 5.69, 'python', 70.2]
```

（2）操作列表。

列表截取语法：变量[头下标:尾下标]

索引值从 0 开始，-1 表示从末尾开始。加号（+）是列表连接运算符，星号（*）是重复操作。

操作列表示例如下：

view plain copy
```
1.    list1= [ 156 , 6.56,'ABC', 15.9, 'python' ]
2.    list2 = [123, 'happy']
3.    print (list1)
4.    print (list1[0])
5.    print (list1[2:3])
6.    print (list1[2:-1])
7.    print (list1[2:])
8.    print (list2 * 2)
9.    print (list1 + list2)
```

示例结果如下：

```
>>> list1= [ 156 , 6.56,'ABC', 15.9, 'python' ]
>>> list2 = [123, 'happy']
>>> print (list1)
[156, 6.56, 'ABC', 15.9, 'python']
>>> print (list1[0])
156
>>> print (list1[2:3])
['ABC']
>>> print (list1[2:-1])
['ABC', 15.9]
>>> print (list1[2:])
['ABC', 15.9, 'python']
>>> print (list2 * 2)
[123, 'happy', 123, 'happy']
>>> print (list1 + list2)
[156, 6.56, 'ABC', 15.9, 'python', 123, 'happy']
```

（3）修改列表元素，示例 1 如下：

view plain copy
```
1.    a = [1, 2, 3, 4, 5, 6]
2.    a[0] = 11
3.    a[2:5] = [33, 44, 55]
4.    a
```

示例 1 结果如下：

```
>>> a = [1, 2, 3, 4, 5, 6]
>>> a[0] = 11
>>> a[2:5] = [33, 44, 55]
>>> a
[11, 2, 33, 44, 55, 6]
```
修改列表元素，示例 2 如下：

view plain copy
1.　　a=[0,1,2,3,4,5,6,7]
2.　　a[2:5] = []
3.　　a

示例 2 结果如下：
```
>>> a=[0,1,2,3,4,5,6,7]
>>> a[2:5] = []
>>> a
[0, 1, 5, 6, 7]
```

2. 元组

（1）创建元组，示例如下：

view plain copy
1.　　t1 = ('zxc', 856 , 5.69, 'python', 70.2)
2.　　print(t1)

示例结果如下：
```
>>> t1 = ('zxc', 856 , 5.69, 'python', 70.2 )
>>> print(t1)
('zxc', 856, 5.69, 'python', 70.2)
```
（2）创建元组的特殊语法规则。

当创建 0 个元素时，示例如下：

view plain copy
1.　　tup1 = ()
2.　　print(tup1)

示例结果如下：
```
>>> tup1 = ()
>>> print(tup1)
()
```
当创建只有一个元素的元组时，需要在元素后添加逗号，示例如下：

view plain copy
1.　　tup3 = (100,)
2.　　print(tup3)

示例结果如下：
```
>>> tup3 = (100,)
>>> print(tup3)
(100,)
```
不添加逗号的示例如下：

view plain copy
1.　　tup4=(100)

2.   print(tup4)

示例结果如下:
```
>>> tup4 = (100)
>>> print(tup4)
100
```
(3) 操作元组示例如下:

view plain copy
1.   tuple1= (156 , 6.56,'ABC', 15.9, 'python')
2.   tuple2 = (123, 'happy')
3.   print (tuple1)
4.   print (tuple1[0])
5.   print (tuple1[2:3])
6.   print (tuple1[2:-1])
7.   print (tuple1[2:])
8.   print (tuple2 * 2)
9.   print (tuple1 + tuple2)

示例结果如下:
```
>>> tuple1= (156 , 6.56,'ABC', 15.9, 'python' )
>>> tuple2 = (123, 'happy')
>>> print (tuple1)
(156, 6.56, 'ABC', 15.9, 'python')
>>> print (tuple1[0])
156
>>> print (tuple1[2:3])
('ABC',)
>>> print (tuple1[2:-1])
('ABC', 15.9)
>>> print (tuple1[2:])
('ABC', 15.9, 'python')
>>> print (tuple2 * 2)
(123, 'happy', 123, 'happy')
>>> print (tuple1 + tuple2)
(156, 6.56, 'ABC', 15.9, 'python', 123, 'happy')
```
(4) 元组中的元素是不允许修改的,如果试图修改,则会报错。示例如下:

view plain copy
1.   tuple3 = (1, 2, 3, 4, 5, 6)
2.   tuple3[0] = 11

示例结果如下:
```
>>> tuple3 = (1, 2, 3, 4, 5, 6)
>>> tuple3[0] = 11
Traceback (most recent call last):
  File "<stdin>", line 1, in <module>
TypeError: 'tuple' object does not support item assignment
```

15.5　Python 数据结构——列表推导式

【实验目的】

掌握 Python 数据结构——列表推导式的用法。

【实验原理】

列表推导式的形式较为简洁，是利用其他列表创建新列表的一种方式，它的工作方式类似 for 循环，也可以嵌套 if 条件判断语句。

基本格式：

variable = [out_exp_res for out_exp in input_list if out_exp == 2]

其中，out_exp_res 是列表生成元素表达式，可以是有返回值的函数；for out_exp in input_list 表示迭代 input_list，将 out_exp 传入 out_exp_res 表达式中；if out_exp == 2 表示根据条件过滤哪些值。

【实验环境】

- Linux Ubuntu 16.04。
- Python 3.6。
- Ipython。
- PyCharm。

【实验内容】

本实验详细介绍了列表推导式的用法。

【实验步骤】

打开终端模拟器，在命令行输入命令"python3"，启动 Python 解释器。

（1）利用列表推导式求 0~9 的二次方，示例代码如下：

```
1.  list1=[x*x for x in range(10)]
2.  print(list1)
```

运行结果如下：
```
>>> list1=[x*x for x in range(10)]
>>> print(list1)
[0, 1, 4, 9, 16, 25, 36, 49, 64, 81]
```

该示例相当于：

```
1.  list2=[]
2.  for x in range(10):
3.      list2.append(x*x)
4.
5.  list2
```

以上代码运行结果如下：
```
>>> list2=[]
>>> for x in range(10):
...     list2.append(x*x)
...
>>> list2
[0, 1, 4, 9, 16, 25, 36, 49, 64, 81]
```

（2）使用列表推导式实现嵌套列表的平铺，示例代码如下：

```
1.  lists= [[1,2,3],[4,5,6],[7,8,9]]
2.  [one for list1 in lists for one in list1]
```

运行结果如下：
```
>>> lists= [[1,2,3],[4,5,6],[7,8,9]]
>>> [one for list1 in lists for one in list1]
[1, 2, 3, 4, 5, 6, 7, 8, 9]
```
在这个列表推导式中有两个循环，第一个循环可以被看作外循环，执行得慢，而第二个循环可以被看作内循环，执行得快，上面代码的执行过程等价于下面的写法，代码如下：

1. lists = [[1,2,3],[4,5,6],[7,8,9]]
2. result = []
3. for list1 in lists :
4.   for one in list1 :
5.   result.append(one)
6.
7. result

以上代码运行结果如下：
```
>>> lists = [[1,2,3],[4,5,6],[7,8,9]]
>>> result = []
>>> for list1 in lists :
...     for one in list1 :
...         result.append(one)
...
>>> result
[1, 2, 3, 4, 5, 6, 7, 8, 9]
```

（3）要过滤不符合条件的元素，可以在列表推导式中使用 if 子句进行筛选，只在结果列表中保留符合条件的元素，示例代码如下：

1. list1= [-5,-9,4,-8,1,8,3,4,9,22,15]
2. list2=[i for i in list1 if i>0]
3. list2

运行结果如下：
```
>>> list1= [-5,-9,4,-8,1,8,3,4,9,22,15]
>>> list2=[i for i in list1 if i>0]
>>> list2
[4, 1, 8, 3, 4, 9, 22, 15]
```

（4）已知有一个包含同学成绩的字典，需要计算成绩的最高分、最低分、平均分，并查找最高分的同学，示例代码如下：

1. scores = {'zhang san':45,'li si':78,'wang wu':40,'zhou liu':96,'zhao qi':65,'su ba':90,'zheng jiu':78,'wu shi':99,'dong shiyi':60}
2. highest=max(scores.values())
3. print('The highest score:',highest)
4. lowest = min(scores.values())
5. print('The lowest score:',lowest)
6. average = sum(scores.values())/len(scores)
7. print('The Averagescore:',average)
8. highestPerson = [name for name,score in scores.items() if score == highest]
9. print('The name of the highest grade student:',highestPerson)

运行结果如下：

```
>>> scores = {'zhang san':45,'li si':78,'wang wu':40,'zhou liu':96,'zhao qi':65,'su ba':90
shi':99,'dong shiyi':60}
>>> highest=max(scores.values())
>>> print('The highest score:',highest)
The highest score: 99
>>> lowest = min(scores.values())
>>> print('The lowest score:',lowest)
The lowest score: 40
>>> average = sum(scores.values())/len(scores)
>>> print('The Averagescore:',average )
The Averagescore: 72.33333333333333
>>> highestPerson = [name for name,score in scores.items() if score == highest]
>>> print('The name of the highest grade student:',highestPerson )
The name of the highest grade student: ['wu shi']
```

(5) 在列表推导式中使用多个循环，实现多序列元素的任意组合，并且可以结合条件语句过滤特定元素，示例代码如下：

1. `[(x,y) for x in [1,2,3] for y in [3,1,4] if x != y]`

运行结果如下：
```
>>> [(x,y) for x in [1,2,3] for y in [3,1,4] if x != y]
[(1, 3), (1, 4), (2, 3), (2, 1), (2, 4), (3, 1), (3, 4)]
```

该示例等价于：

1. result=[]
2. for x in [1,2,3]:
3.   for y in [3,1,4]:
4.   if x != y:
5.   result.append((x,y))
6.
7. result

以上代码运行结果如下：
```
>>> result=[]
>>> for x in [1,2,3]:
...     for y in [3,1,4]:
...         if x != y:
...             result.append((x,y))
...
>>> result
[(1, 3), (1, 4), (2, 3), (2, 1), (2, 4), (3, 1), (3, 4)]
```

(6) 使用列表推导式实现矩阵转置，示例代码如下：

1. list1= [[1,2,3,4],[5,6,7,8],[9,10,11,12]]
2. [[row[i] for row in list1] for i in range(4)]

运行结果如下：
```
>>> list1= [[1,2,3,4],[5,6,7,8],[9,10,11,12]]
>>> [[row[i] for row in list1] for i in range(4)]
[[1, 5, 9], [2, 6, 10], [3, 7, 11], [4, 8, 12]]
```

也可以使用内置函数 zip()和 list()实现矩阵转置，示例代码如下：

1. list1= [[1,2,3,4],[5,6,7,8],[9,10,11,12]]
2. list(map(list,zip(*list1)))

运行结果如下：
```
>>> list1= [[1,2,3,4],[5,6,7,8],[9,10,11,12]]
>>> list(map(list,zip(*list1)))
[[1, 5, 9], [2, 6, 10], [3, 7, 11], [4, 8, 12]]
```

（7）在列表推导式中可以使用函数或复杂表达式，示例代码如下：

1. def f(v):
2.   if v%2==0:
3.   v=v**2
4.   else:
5.   v=v+1
6.   return v
7.
8. print([f(v) for v in [2,3,4,-1] if v>0])
9. print([v**2 if v%2 == 0 else v+1 for v in [2,3,4,-1] if v>0])

运行结果如下：
```
>>> def f(v):
...     if v%2==0:
...         v=v**2
...     else:
...         v=v+1
...     return v
...
>>> print([f(v) for v in [2,3,4,-1] if v>0])
[4, 4, 16]
>>> print([v**2 if v%2 == 0 else v+1 for v in [2,3,4,-1] if v>0])
[4, 4, 16]
```

（8）使用列表推导式生成 100 以内的所有素数，示例代码如下：

1. import math
2. print([p for p in range(2,100) if 0 not in [p%d for d in range (2,int(math.sqrt(p)) +1)]],end=" ")

运行结果如下：

```
>>> import math
>>> print([p for p in range(2,100) if 0 not in [p%d for d in range (2,int(math.sqrt(p))+1)]],end=" ")
[2, 3, 5, 7, 11, 13, 17, 19, 23, 29, 31, 37, 41, 43, 47, 53, 59, 61, 67, 71, 73, 79, 83, 89, 97]
>>>
```

15.6 Python 数据结构——字典语法及应用

【实验目的】

掌握字典的语法及应用。

【实验原理】

字典是包含若干键值对的无序可变序列，字典中的每个元素都包含"键"和"值"两部分，表示一种映射或对应关系。在定义字典时，每个元素的键和值用冒号分隔开，元素之间用逗号分隔，所有的元素被放在一对花括号（{}）中。

字典中的"键"可以是 Python 中任意不可变数据，如整数、实数、复数、字符串、元组等，不能使用列表、集合、字典和其他可变类型。另外，字典中的"键"不允许重复，而"值"是可以重复的。

【实验环境】

- Linux Ubuntu 16.04。
- Python 3.6。

- jdk-7u75-linux-x64。
- PyCharm。

【实验内容】

字典的语法及应用。

【实验步骤】

1. 创建字典和字典元素的添加、修改与删除

(1) 在图形化界面，打开终端模拟器，在任意目录中输入"python3"，进入 Python 交互式界面。

使用赋值运算符（=）将一个字典赋值给一个变量，即可创建一个字典变量。示例代码如下：

```
1.  a_dict={"server":"db.diveintopython3.org",'database':'mysql'}
2.  a_dict
```

运行结果如下：

```
>>> a_dict={"server":"db.diveintopython3.org",'database':'mysql'}
>>> a_dict
{'server': 'db.diveintopython3.org', 'database': 'mysql'}
```

(2) 也可以使用内置函数 dict() 通过已有数据快速创建字典，示例代码如下：

```
1.  keys=['a','b','c','b']
2.  values=[1,2,3,4]
3.  dictionary=dict(zip(keys,values))
4.  print(dictionary)
```

运行结果如下：

```
>>> keys=['a','b','c','b']
>>> values=[1,2,3,4]
>>> dictionary=dict(zip(keys,values))
>>> print(dictionary)
{'a': 1, 'b': 4, 'c': 3}
```

(3) 创建空字典，示例代码如下：

```
1.  x=dict()
2.  x
3.  type(x)
```

运行结果如下：

```
>>> x=dict()
>>> x
{}
>>> type(x)
<class 'dict'>
>>>
```

(4) 使用内置函数 dict() 根据给定的"键"和"值"来创建字典，示例代码如下：

```
1.  d=dict(name='Dong',age=37)
2.  d
```

运行结果如下：

```
>>> d=dict(name='Dong',age=37)
>>> d
{'name': 'Dong', 'age': 37}
```

（5）给定内容为"键"，创建"值"为空的字典，示例代码如下：

1. adict=dict.fromkeys(["name","age","sex"])
2. adict

运行结果如下：
```
>>> adict=dict.fromkeys(["name","age","sex"])
>>> adict
{'name': None, 'age': None, 'sex': None}
```

（6）当用指定键作为下标为字典元素赋值时，有两种含义：①若该"键"存在，则修改该"键"对应的值；②若该"键"不存在，则添加一个新的键值对，也就是添加一个新元素。

修改元素值：

1. aDict=dict(name="Dong",age=38,sex="male")
2. aDict['age']=18
3. aDict

修改结果如下：
```
>>> aDict=dict(name="Dong",age=38,sex="male")
>>> aDict['age']=18
>>> aDict
{'name': 'Dong', 'age': 18, 'sex': 'male'}
```

添加新元素：

1. aDict['address']="SDIBT"
2. aDict

添加结果如下：
```
>>> aDict['address']="SDIBT"
>>> aDict
{'name': 'Dong', 'age': 18, 'sex': 'male', 'address': 'SDIBT'}
```

（7）使用 update()方法可以一次性将一个字典的键值对全部添加到当前字典中，若两个字典存在相同的键，则以另一个字典的值为标准对当前字典进行更新，示例代码如下：

1. aDict={"name":"Dong","score":[98,97],"age":38,"sex":"male"}
2. #返回所有的元素
3. aDict.items()
4. #修改"age"键的值，同时添加新元素"a":97
5. aDict.update({"a":97,"age":39})
6. aDict

运行结果如下：
```
>>> aDict={"name":"Dong","score":[98,97],"age":38,"sex":"male"}
>>> #返回所有的元素
... aDict.items()
dict_items([('name', 'Dong'), ('score', [98, 97]), ('age', 38), ('sex', 'male')])
>>> #修改"age"键的值，同时添加新元素"a":97
... aDict.update({"a":97,"age":39})
>>> aDict
{'name': 'Dong', 'score': [98, 97], 'age': 39, 'sex': 'male', 'a': 97}
```

（8）使用 del 命令可以删除整个字典，也可以删除字典中指定的元素，继续上面的示例，代码如下：

1. #删除字典的一个元素
2. del aDict['age']
3. aDict
4. #删除整个字典
5. del aDict
6. #字典对象被删除后不再存在，此时会报错
7. aDict

运行结果如下：

```
>>> #删除字典的一个元素
... del aDict['age']
>>> aDict
{'name': 'Dong'}
>>> del aDict
>>> #字典对象被删除后不再存在，此时会报错
... aDict
Traceback (most recent call last):
  File "<stdin>", line 2, in <module>
NameError: name 'aDict' is not defined
```

（9）使用字典对象的 pop() 和 popitem() 方法可以弹出并删除指定的元素，示例代码如下：

1. aDict={"name":"Dong","score":[98,97],"age":38,"sex":"male"}
2. #弹出指定键对应的元素
3. aDict.pop('sex')
4. #弹出一个元素，对空字典会抛出异常
5. aDict.popitem()
6. aDict

运行结果如下：

```
>>> aDict={"name":"Dong","score":[98,97],"age":38,"sex":"male"}
>>> #弹出指定键对应的元素
... aDict.pop('sex')
'male'
>>> #弹出一个元素，对空字典会抛出异常
... aDict.popitem()
('age', 38)
>>> aDict
{'name': 'Dong', 'score': [98, 97]}
```

2．访问字典对象的数据

（1）字典中的每个元素表示一种映射关系或对应关系，将"键"作为下标就可以访问对应的值，如果字典中不存在这个"键"，则会抛出异常，示例代码如下：

1. aDict={"name":"Dong","score":[98,97],"age":38,"sex":"male"}
2. #指定的"键"存在，返回对应的值
3. aDict['age']
4. #指定的"键"不存在，抛出异常
5. aDict['address']

运行结果如下：

```
>>> aDict={"name":"Dong","score":[98,97],"age":38,"sex":"male"}
>>> #指定的"键"存在,返回对应的值
... aDict['age']
38
>>> #指定的"键"不存在,抛出异常
... aDict['address']
Traceback (most recent call last):
  File "<stdin>", line 2, in <module>
KeyError: 'address'
```

(2)为了避免程序在运行时发生异常而导致崩溃,在使用下标方式访问字典时,最好能配合使用条件判断语句或异常处理语句,示例代码如下:

```
1.   aDict={"name":"Dong","score":[98,97],"age":38,"sex":"male"}
2.   #使用 if 判断处理,先判断字典中是否存在指定的"键"
3.   if "age" in aDict:
4.       print(aDict['age'])
5.   else:
6.       print('Not Exists')
7.
8.   #使用异常处理
9.   try:
10.      print(aDict['address'])
11.  except Exception as e:
12.      print('Not Exists')
```

运行结果如下:

```
>>> aDict={"name":"Dong","score":[98,97],"age":38,"sex":"male"}
>>> #使用if判断处理,先判断字典中是否存在指定的"键"
... if "age" in aDict:
...     print(aDict['age'])
... else:
...     print('Not Exists')
...
38
>>> #使用异常处理
... try:
...     print(aDict['address'])
... except Exception as e:
...     print('Not Exists')
...
Not Exists
```

(3)可以使用 Python 中的 get()方法返回字典中指定"键"的值,并且允许指定当该键不存在时,返回特定的值,示例代码如下:

```
1.   #如果字典中存在该键,则返回对应的值
2.   aDict.get('age')
3.   #指定的"键"不存在时,返回指定的默认值
4.   aDict.get('address',"Not Exists")
5.   aDict
```

运行结果如下:

```
>>> #如果字典中存在该键，则返回对应的值
... aDict.get('age')
38
>>> #指定的"键"不存在时，返回指定的默认值
... aDict.get('address',"Not Exists")
'Not Exists'
>>> aDict
{'name': 'Dong', 'score': [98, 97], 'age': 38, 'sex': 'male'}
```

（4）字典对象的 setdefault()方法用于返回指定"键"对应的"值"，如果字典中不存在该"键"，则添加一个新元素，并设置该键对应的值，示例代码如下：

1. aDict={"name":"Dong","score":[98,97],"age":38,"sex":"male"}
2. #增加新元素
3. aDict.setdefault('address','SDIBT')
4. aDict

运行结果如下：
```
>>> aDict={"name":"Dong","score":[98,97],"age":38,"sex":"male"}
>>> #增加新元素
... aDict.setdefault('address','SDIBT')
'SDIBT'
>>> aDict
{'name': 'Dong', 'score': [98, 97], 'age': 38, 'sex': 'male', 'address': 'SDIBT'}
```

（5）当字典对象迭代时，默认遍历字典的键，同时也可以使用 items()方法遍历字典中的元素，即所有的键值对。使用字典对象的 keys()方法可以返回所有的"键"，使用 values()方法可以返回所有的"值"，示例代码如下：

1. aDict=dict(age=37,name="Dong",score=[98,97],sex='male')
2. #默认遍历字典的"键"
3. for key in aDict:
4.   print(key)
5.
6. #使用 items()方法遍历字典的元素
7. for item in aDict.items():
8.   print(item)
9.
10. #使用 keys()方法返回字典的所有"键"
11. aDict.keys()
12. #使用 values()方法返回字典的所有"值"
13. aDict.values()

运行结果如下：
```
>>> aDict=dict(age=37,name="Dong",score=[98,97],sex='male')
>>> #默认遍历字典的"键"
... for key in aDict:
...     print(key)
...
age
name
score
sex
>>> #使用items()方法遍历字典的元素
... for item in aDict.items():
...     print(item)
```

```
...
('age', 37)
('name', 'Dong')
('score', [98, 97])
('sex', 'male')
>>> #使用keys()方法返回字典的所有键
... aDict.keys()
dict_keys(['age', 'name', 'score', 'sex'])
>>> #使用values()方法返回字典的所有值
... aDict.values()
dict_values([37, 'Dong', [98, 97], 'male'])
```

注意，内置函数len()、max()、min()、sum()、sorted()及成员测试运算符in也适合字典对象使用，但是默认作用于字典的"键"；若想作用于元素，即键值对，则需要使用字典对象的items()方法来明确指定；若想作用于"值"，则需要使用values()方法明确指定。

3．字典的综合示例

（1）统计分析在很多领域都有重要的用途，如密码破解、图像直方图等。下面用3种方法生成包含1000个随机字符的字符串，并统计每个字符出现的次数。

方法1，示例代码如下：

```
1.  #导入模块
2.  import string
3.  import random
4.  x=string.ascii_letters+string.digits+string.punctuation
5.  x
6.  #生成包含1000个随机字符的列表
7.  y=[random.choice(x) for i in range(1000)]
8.  #把列表中的字符连接成字符串
9.  z=''.join(y)
10. d=dict()
11. for ch in z:
12.     #修改每个字符的词频
13.     d[ch]=d.get(ch,0)+1
14.
15. print(d)
```

方法1示例运行结果如下：

```
>>> #导入模块
... import string
>>> import random
>>> x=string.ascii_letters+string.digits+string.punctuation
>>> x
'abcdefghijklmnopqrstuvwxyzABCDEFGHIJKLMNOPQRSTUVWXYZ0123456789!"#$%&\'()*+,-./:;<=>?@[\\]^_`{|}~'
>>> #生成包含1000个随机字符的列表
... y=[random.choice(x) for i in range(1000)]
>>> #把列表中的字符连接成字符串
... z=''.join(y)
>>> d=dict()
>>> for ch in z:
...     #修改每个字符的词频
...     d[ch]=d.get(ch,0)+1
...
>>> print(d)
{'c': 11, '"': 14, '(': 7, '{': 10, 'R': 13, '9': 12, 'Q': 13, '7': 10, '<': 13, 'H': 14, 'j': 14, 'Y': 13, 'i': 11, '}': 8, '0': 9, ',': 6, 'P': 12, 'n': 9, 'd': 10, '%': 8, 'T': 14, '/': 8, 'y': 14, 'J': 12, '*': 11, '3': 8, 'M': 13, 'X': 6, '|': 8, 'I': 13, '$': 7, 'O': 11, '5': 11, ']': 6, '_': 14, 'U': 13, 'C': 16, 'K': 3, 'g': 6, '\\': 12, 'N': 10, 'o': 11, 'k': 9, 'S': 11, '+': 14, 'r': 14, '4': 8, '#': 13, '!': 12, '2': 11, '~': 13, '-': 15, '=': 9, ';': 12, 'v': 19, 'x': 12, 't': 14, '&': 5, 'B': 8, '.': 15, '@': 4, 'D': 10, '>': 15, '`': 13, '1': 10, 'Z': 5, 'F': 11, 'b': 10, '6': 8, 'p': 16, 'h': 8, 'u': 14, '"': 14, '?': 9, 'G': 9, '8': 10, 'V': 13, 's': 16, 'W': 7, 'L': 10, 'z': 11, ')': 13, 'e': 9, 'q': 7, 'a': 9, 'm': 9, ':': 9, 'l': 10, 'A': 9, 'E': 9, '^': 5, 'w': 6}
```

方法 2，使用 collections 模块的 defaultdict 类创建字典，示例代码如下：

```
1.  import string
2.  import random
3.  x=string.ascii_letters+string.digits+string.punctuation
4.  y=[random.choice(x) for i in range(1000)]
5.  z=''.join(y)
6.  from collections import defaultdict
7.  #所有值默认为 0
8.  frequences=defaultdict(int)
9.  frequences
10. for item in z:
11.     #修改每个字符的频次
12.     frequences[item]+=1
13.
14. #输出 frequences 字典的元素
15. frequences.items()
```

方法 2 示例运行结果如下：

```
>>> import string
>>> import random
>>> x=string.ascii_letters+string.digits+string.punctuation
>>> y=[random.choice(x) for i in range(1000)]
>>> z=''.join(y)
>>> from collections import defaultdict
>>> #所有值默认为0
... frequences=defaultdict(int)
>>> frequences
defaultdict(<class 'int'>, {})
>>> for item in z:
...     #修改每个字符的频次
...     frequences[item]+=1
...
>>> #输出frequences字典的元素
... frequences.items()
dict_items([(':', 15), ('5', 15), ('*', 13), (';', 16), ('2', 12), ('m', 9), ('f', 14), ('T', 17), ('e', 11), ('z', 10), ('S', 14), ('c', 12), ('v', 10), ('b', 9), ('(', 10), ('~', 10), ('Q', 11), ('[', 12), ('J', 9), ('E', 8), ('d', 6), ('n', 14), ('/', 17), ('`', 14), ('s', 13), ('P', 8), ('N', 8), ('q', 7), ('i', 14), ('R', 16), ('L', 17), ('@', 9), ('&', 10), ('u', 13), ('h', 10), ('B', 10), ('U', 13), ('?', 9), ('j', 9), ('|', 9), ('A', 11), ('{', 14), ('Y', 10), ('.', 12), ('+', 8), ('%', 17), ('F', 11), ('4', 10), ('D', 16), ('<', 6), ('"', 13), ('\\', 14), ('X', 10), ('t', 12), ('3', 9), ('r', 9), ('^', 10), ('6', 10), ('$', 7), ('Z', 8), ('#', 11), ('k', 14), (')', 5), ("'", 11), ('0', 12), ('o', 14), ('>', 6), ('K', 9), (']', 5), ('C', 11), (',', 17), ('8', 11), ('p', 6), ('O', 16), ('y', 21), ('V', 10), ('g', 11), ('W', 5), ('1', 10), ('-', 6), ('G', 6), ('x', 8), ('H', 9), ('!', 7), ('l', 7), ('9', 6), ('I', 10), ('a', 15), ('}', 5), ('=', 10), ('7', 5), ('_', 7), ('w', 4), ('M', 10)])
```

方法 3，使用 collections 模块的 Counter 类快速实现"统计字符串中每个字符出现次数"的功能，示例代码如下：

```
1.  import string
2.  import random
3.  x=string.ascii_letters+string.digits+string.punctuation
4.  y=[random.choice(x) for i in range(1000)]
5.  z=''.join(y)
6.  from collections import defaultdict
7.  #所有值默认为 0
8.  frequences=defaultdict(int)
9.  from collections import Counter
10. frequences=Counter(z)
11. frequences.items()
12. #返回出现次数最多的 1 个字符及其频率
13. frequences.most_common(1)
```

```
14.   #返回出现次数最多的3个字符及其频率
15.   frequences.most_common(3)
```

方法3示例运行结果如下：
```
>>> import string
>>> import random
>>> x=string.ascii_letters+string.digits+string.punctuation
>>> y=[random.choice(x) for i in range(1000)]
>>> z=''.join(y)
>>> from collections import defaultdict
>>> #所有值默认为0
... frequences=defaultdict(int)
>>> from collections import Counter
>>> frequences=Counter(z)
>>> frequences.items()
dict_items([('T', 12), ('}', 13), ('@', 13), ('W', 7), ('~', 16), ('z', 17), (':', 11), ('*', 11), ('j', 12), ('Z', 14), ('o', 7), ('y', 13), ('"', 9), ('\\', 9), ('F', 17), ('h', 13), (']', 9), ('0', 7), ('%', 14), ('q', 14), ('v', 16), ('^', 5), ('Q', 16), ('G', 8), ('#', 14), ('+', 12), ('$', 10), ('5', 6), ('=', 9), ('/', 10), ('P', 7), ('X', 11), ('U', 11), ('(', 10), ('>', 12), ('g', 9), ('b', 5), ('A', 9), ('E', 9), ('O', 12), ('H', 11), ('D', 18), ('t', 13), ('w', 15), ('d', 10), ('Y', 20), ('N', 8), ('k', 6), ('n', 10), ('-', 11), ('V', 10), ("'", 10), ('M', 13), ('K', 18), ('1', 13), ('3', 8), ('e', 9), ('i', 14), (',', 11), ('?', 9), ('9', 9), ('&', 12), ('I', 11), ('L', 14), ('[', 9), (';', 10), ('r', 12), ('.', 10), ('_', 6), ('`', 16), ('J', 10), ('f', 7), ('c', 12), ('S', 11), ('<', 8), ('|', 10), ('s', 4), ('u', 15), ('m', 12), ('!', 8), ('4', 4), ('2', 7), ('6', 12), ('a', 6), ('B', 12), ('p', 9), ('C', 8), ('8', 9), ('l', 9), ('7', 11), ('x', 13), ('R', 6), (')', 8), ('{', 4)])
>>> #返回出现次数最多的1个字符及其频率
... frequences.most_common(1)
[('Y', 20)]
>>> #返回出现次数最多的3个字符及其频率
... frequences.most_common(3)
[('Y', 20), ('D', 18), ('K', 18)]
```

拓展知识1：内置函数 globals()和 locals()分别返回包含当前作用域内所有全局变量和局部变量的名称及值的字典，示例代码如下：

view plain copy
```
1.   #全局变量
2.   a=(1,2,3,4)
3.   #全局变量
4.   b='hello world.'
5.   def demo():
6.       #局部变量
7.       a=3
8.       #局部变量
9.       b=[1,2,3]
10.      print('locals:',locals())
11.      print('globals:',globals())
12.
13.  demo()
```

运行结果如下：
```
>>> #全局变量
... a=(1,2,3,4)
>>> #全局变量
... b='hello world.'
>>> def demo():
...     #局部变量
...     a=3
...     #局部变量
...     b=[1,2,3]
...     print('locals:',locals())
...     print('globals:',globals())
...
>>> demo()
locals: {'b': [1, 2, 3], 'a': 3}
globals: {'__name__': '__main__', '__doc__': None, '__package__': None, '__loader__': <class '_frozen_importlib.BuiltinImporter'>, '__spec__': None, '__annotations__': {}, '__builtins__': <module 'builtins' (built-in)>, 'a': (1, 2, 3, 4), 'b': 'hello world.', 'demo': <function demo at 0x7f8d7a351e18>}
```

拓展知识2：Python 内置字典是无序的，如果需要一个可以记住元素插入顺序的字典，则使用函数 collections.OrderedDict，示例代码如下：

```
view plain copy
1.  import collections
2.  x=collections.OrderedDict()
3.  x['a']=3
4.  x['b']=5
5.  x['c']=8
6.  x
```

运行结果如下：

```
>>> import collections
>>> x=collections.OrderedDict()
>>> x['a']=3
>>> x['b']=5
>>> x['c']=8
>>> x
OrderedDict([('a', 3), ('b', 5), ('c', 8)])
```

拓展知识 3：使用内置函数 sorted()可以对字典元素进行排序并返回新列表，充分利用 key 参数可以实现丰富的排序功能，示例 1 代码如下：

```
view plain copy
1.  phonebook={'Linda':'7750','Bob':'9345','Carol':'5834'}
2.  from operator import itemgetter
3.  #按字典的"值"进行排序
4.  sorted(phonebook.items(),key=itemgetter(1))
5.  #按字典的"键"进行排序
6.  sorted(phonebook.items(),key=itemgetter(0))
7.  #按字典的"键"进行排序
8.  sorted(phonebook.items(),key=lambda item:item[0])
```

示例 1 运行结果如下：

```
>>> phonebook={'Linda':'7750','Bob':'9345','Carol':'5834'}
>>> from operator import itemgetter
>>> #按字典的"值"进行排序
... sorted(phonebook.items(),key=itemgetter(1))
[('Carol', '5834'), ('Linda', '7750'), ('Bob', '9345')]
>>> #按字典的"键"进行排序
... sorted(phonebook.items(),key=itemgetter(0))
[('Bob', '9345'), ('Carol', '5834'), ('Linda', '7750')]
>>> #按字典的"键"进行排序
... sorted(phonebook.items(),key=lambda item:item[0])
[('Bob', '9345'), ('Carol', '5834'), ('Linda', '7750')]
```

示例 2 代码如下：

```
view plain copy
1.  persons=[{'name':'Dong','age':37},{'name':'Zhang','age':40},{'name':'Li','age':50},{'name':'Dong','age':43}]
2.  print(persons)
3.  #使用 key 来指定排序依据，先按姓名升序排序，姓名相同的再按年龄降序排序
4.  print(sorted(persons ,key=lambda x:(x['name'],-x['age'])))
```

示例 2 运行结果如下：

```
>>> persons=[{'name':'Dong','age':37},{'name':'Zhang','age':40},{'name':'Li','age':50},{'name':'Dong','age':43}]
>>> print(persons)
[{'name': 'Dong', 'age': 37}, {'name': 'Zhang', 'age': 40}, {'name': 'Li', 'age': 50}, {'name': 'Dong', 'age': 43}]
>>> #使用key来指定排序依据，先按姓名升序排序，姓名相同的再按年龄降序排序
... print(sorted(persons ,key=lambda x:(x['name'],-x['age'])))
[{'name': 'Dong', 'age': 43}, {'name': 'Dong', 'age': 37}, {'name': 'Li', 'age': 50}, {'name': 'Zhang', 'age': 40}]
```

注意，在某一项前面加负号表示按降序排列，这一点只适用于数字类型。

拓展知识 4：Python 支持使用字典推导式快速生成符合特定条件的字典，示例代码如下：

```
view plain copy
1.    {i:str(i) for i in range(1,5)}
2.    x=['A','B','C','D']
3.    y=['a','b','c','d']
4.    {i:j for i,j in zip(x,y)}
```

运行结果如下：
```
>>> {i:str(i) for i in range(1,5)}
{1: '1', 2: '2', 3: '3', 4: '4'}
>>> x=['A','B','C','D']
>>> y=['a','b','c','d']
>>> {i:j for i,j in zip(x,y)}
{'A': 'a', 'B': 'b', 'C': 'c', 'D': 'd'}
```

（2）在实际开发中，序列解包是非常重要和常用的一个功能，可以使用非常简捷的形式完成复杂的功能，大幅度提高代码的可读性。

使用序列解包对多个变量同时进行赋值，示例代码如下：

```
view plain copy
1.    #对多个变量同时赋值
2.    x,y,z=1,2,3
3.    v_tuple=(False,3.5,'exp')
4.    (x,y,z)=v_tuple
5.    x,y,z=v_tuple
6.    #使用 range 对象进行解包
7.    x,y,z=range(3)
8.    #使用迭代对象进行序列解包
9.    x,y,z=map(str,range(3))
```

运行结果如下：
```
>>> #对多个变量同时赋值
... x,y,z=1,2,3
>>> v_tuple=(False,3.5,'exp')
>>> (x,y,z)=v_tuple
>>> x,y,z=v_tuple
>>> #使用range对象进行解包
... x,y,z=range(3)
>>> #使用迭代对象进行序列解包
... x,y,z=map(str,range(3))
```

序列解包也可以用于列表和字典，注意在对字典进行操作时，默认是对字典的"键"进行操作；如果需要对键值对进行操作，则要使用字典的 items()方法明确指定；如果需要对字典的"值"进行操作，则要使用字典的 values()方法明确指定，示例代码如下：

```
view plain copy
1.    a=[1,2,3]
2.    #列表页支持序列解包
3.    b,c,d=a
4.    b
5.    #sorted 函数返回排序后的列表
```

```
6.    x,y,z=sorted([1,3,2])
7.    #对字典进行序列解包
8.    s={'a':1,'b':2,'c':3}
9.    b,c,d=s.items()
10.   b
11.   #使用字典时不用太考虑元素的顺序
12.   b,c,d=s
13.   b
14.   b,c,d=s.values()
15.   print(b,c,d)
```

运行结果如下：
```
>>> a=[1,2,3]
>>> #列表页支持序列解包
... b,c,d=a
>>> b
1
>>> #sorted函数返回排序后的列表
... x,y,z=sorted([1,3,2])
>>> #对字典进行序列解包
... s={'a':1,'b':2,'c':3}
>>> b,c,d=s.items()
>>> b
('a', 1)
>>> #使用字典时不用太考虑元素的顺序
... b,c,d=s
>>> b
'a'
>>> b,c,d=s.values()
>>> print(b,c,d)
1 2 3
```

使用序列解包可以很方便地同时遍历多个序列，示例代码如下：

view plain copy
```
1.    keys=['a','b','c','d']
2.    values=[1,2,3,4]
3.    for k,v in zip(keys,values):
4.        print(k,v)
```

运行结果如下：
```
>>> keys=['a','b','c','d']
>>> values=[1,2,3,4]
>>> for k,v in zip(keys,values):
...     print(k,v)
...
a 1
b 2
c 3
d 4
```

下面的示例演示了在对内置函数 enmerate()返回的迭代对象进行遍历时，序列解包的用法：

view plain copy
```
1.    x=['a','b','c']
```

```
2.    for i,v in enumerate(x):
3.        print('The value on position{0} is {1}'.format(i,v))
```

示例结果如下：
```
>>> x=['a','b','c']
>>> for i,v in enumerate(x):
...     print('The value on position{0} is {1}'.format(i,v))
...
The value on position0 is a
The value on position1 is b
The value on position2 is c
```
对字典的操作也可以使用序列解包，示例代码如下：

view plain copy
```
1.  s={'a':1,'b':2,'c':3}
2.  for k,v in s.items():
3.      #字典中每个元素都包含"键"和"值"两部分
4.      print(k,v)
5.  #序列解包还支持下面的用法
6.  print(*[1,2,3],4,*(5,6))
7.  *range(4),4
8.  {*range(4),4,*(5,6,7)}
9.  {'x':1,**{'y':2}}
```

运行结果如下：
```
>>> s={'a':1,'b':2,'c':3}
>>> for k,v in s.items():
...     #字典中每个元素都包含"键"和"值"两部分
...     print(k,v)
...
a 1
b 2
c 3
>>> #序列解包还支持下面的用法
... print(*[1,2,3],4,*(5,6))
1 2 3 4 5 6
>>> *range(4),4
(0, 1, 2, 3, 4)
>>> {*range(4),4,*(5,6,7)}
{0, 1, 2, 3, 4, 5, 6, 7}
>>> {'x':1,**{'y':2}}
{'x': 1, 'y': 2}
```
注意，在调用函数时，在实参前面加上一个星号（*），也可以进行序列解包，实现将序列中的元素值依次传递给相同数量的形参。

15.7　Python 数据结构——集合语法及应用

【实验目的】

掌握集合的用法。

【实验原理】

集合只能包含数字、字符串、元组等不可变类型的数据，不能包含列表、字典、集合等可变类型的数据。Python 提供了一个内置函数 hash()来计算对象的哈希值，凡是无法计算哈希值（调用 hash()时抛出异常的）的对象都不能作为集合的元素，也不能作为字典对象的"键"。

内置函数 len()、max()、min()、sum()、sorted()及成员测试运算符 in 也适用于集合。

【实验环境】

- LinuxUbuntu14.04。
- Python3.6。
- jdk-7u75-linux-x64。
- PyCharm。

【实验内容】

集合的语法及应用。

【实验步骤】

在图形化界面，打开终端模拟器，在任意目录中输入"python3"，进入 Python 交互式界面。

1. 集合基础知识

集合是无序可变序列，使用一对花括号作为界定符，元素之间使用逗号分隔，同一个集合内的每个元素都是唯一的，元素之间不允许重复。

（1）在 Python 中，直接将集合赋值给变量，即可创建一个集合对象，示例代码如下：

```
view plain copy
1.    a={3,4}
2.    #创建集合对象
3.    a
4.    #查看对象内容
5.    type(a)
```

运行结果如下：

```
>>> a={3,4}
>>> #创建集合对象
... a
{3, 4}
>>> #查看对象内容
... type(a)
<class 'set'>
```

（2）使用 set()可以将列表、元组等其他可迭代对象转换为集合，如果原来的数据中存在重复元素，则在转换为集合的时候只保留一个，示例代码如下：

```
view plain copy
1.    #把 range 对象转换为集合
2.    a_set=set(range(8,14))
3.    a_set
4.    #转换时自动去除重复
5.    b_set=set([0,1,2,3,4,0,1,2,3,7,8])
6.    b_set
7.    #空集合
8.    x=set()
9.    x
```

运行结果如下：
```
>>> #把range对象转换为集合
... a_set=set(range(8,14))
>>> a_set
{8, 9, 10, 11, 12, 13}
>>> #转换时自动去除重复
... b_set=set([0,1,2,3,4,0,1,2,3,7,8])
>>> b_set
{0, 1, 2, 3, 4, 7, 8}
>>> #空集合
... x=set()
>>> x
set()
```
当不再使用某个集合时，可以使用 del 命令删除整个集合。

拓展知识：字典和集合的 in 操作比用列表方式快很多。由于 Python 中的字典和集合都使用 hash 表来存储元素，因此元素查找操作的速度非常快。

打开 PyCharm，新建一个 PY 文件，如图 15-8 所示。

图 15-8　新建一个 PY 文件

在 set1.py 文件中输入以下代码：

```
1.   # -*- coding: utf-8 -*-
2.   import random
3.   import time
4.   # 生成列表
5.   x = list(range(10000))
6.   # 生成集合
7.   y = set(range(10000))
8.   # 生成字典
9.   z = dict(zip(range(10000), range(10000)))
10.  # 生成随机数
11.  r = random.randint(0, 9999)
12.  start = time.time()
13.  for i in range(999999):
14.      # 测试列表中是否包含某个元素
15.      r in x
16.  print('list ,time used:', time.time() - start)
17.  start = time.time()
18.  for i in range(999999):
19.      # 测试集合中是否包含某个元素
```

```
20.         r in y
21.     print('set,time used:', time.time() - start)
22.     start = time.time()
23.     for i in range(999999):
24.         # 测试字典中是否包含某个元素
25.         r in z
26.     print('dict ,time used:', time.time() - start)
27.     print()
```

运行程序，结果如图 15-9 所示。

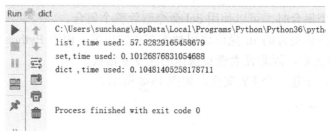

图 15-9　程序运行结果

2．集合操作与运算

在图形化界面中，打开终端模拟器，在任意目录中输入"python3"，进入 Python 交互式界面。

（1）集合元素的增加与删除。

使用集合对象的 add()方法可以为其增加新元素，如果该元素已存在于集合中，则忽略该操作。update()方法用于合并另外一个集合中的元素到当前集合中，示例代码如下：

```
1.  s={1,2,3}
2.  #添加元素，重复元素自动忽略
3.  s.add(3)
4.  s
5.  #更新当前集合，自动忽略重复的元素
6.  s.update({3,4})
7.  s
```

运行结果如下：

```
>>> s={1,2,3}
>>> #添加元素，重复元素自动忽略
... s.add(3)
>>> s
{1, 2, 3}
>>> #更新当前集合，自动忽略重复的元素
... s.update({3,4})
>>> s
{1, 2, 3, 4}
```

（2）集合对象的 pop()方法用于随机删除并返回集合中的一个元素，如果集合为空，则抛出异常。remove()方法用于删除集合中的指定元素，如果指定元素不存在，则抛出异常。discard()方法用于从集合中删除一个指定元素，如果指定元素不存在，则忽略该操作。clear()方法用于清空集合并删除所有元素，示例代码如下：

第 15 章 基础实验

```
1.  #删除元素，若元素不存在，则忽略该操作
2.  s={1,2,3,4}
3.  s.discard(5)
4.  s
5.  #删除指定元素，元素不存在就抛出异常
6.  s.remove(5)
7.  #随机删除集合中的元素，并返回删除的元素
8.  s.pop()
```

运行结果如下：

```
>>> #删除元素，若元素不存在，则忽略该操作
... s={1,2,3,4}
>>> s.discard(5)
>>> s
{1, 2, 3, 4}
>>> #删除指定元素，元素不存在就抛出异常
... s.remove(5)
Traceback (most recent call last):
  File "<stdin>", line 2, in <module>
KeyError: 5
>>> #随机删除集合中的元素，并返回删除的元素
... s.pop()
1
```

（3）Python 集合支持交集、并集、差集等运算，示例代码如下：

```
1.  a_set=set([8,9,10,11,12,13])
2.  b_set=set([0,1,2,3,4,7,8])
3.  #并集
4.  a_set | b_set
5.  #并集
6.  a_set.union(b_set)
7.  #交集
8.  a_set.intersection(b_set)
9.  #交集
10. a_set & b_set
11. #差集
12. a_set.difference(b_set)
13. a_set - b_set
14. #对称差集
15. a_set.symmetric_difference(b_set)
16. a_set ^ b_set
```

运行结果如下：

```
>>> a_set=set([8,9,10,11,12,13])
>>> b_set=set([0,1,2,3,4,7,8])
>>> #并集
... a_set | b_set
{0, 1, 2, 3, 4, 7, 8, 9, 10, 11, 12, 13}
>>> #并集
... a_set.union(b_set)
{0, 1, 2, 3, 4, 7, 8, 9, 10, 11, 12, 13}
>>> #交集
... a_set.intersection(b_set)
{8}
>>> #交集
... a_set & b_set
{8}
```

```
>>> #差集
... a_set.difference(b_set)
{9, 10, 11, 12, 13}
>>> a_set - b_set
{9, 10, 11, 12, 13}
>>> #对称差集
... a_set.symmetric_difference(b_set)
{0, 1, 2, 3, 4, 7, 9, 10, 11, 12, 13}
>>> a_set ^ b_set
{0, 1, 2, 3, 4, 7, 9, 10, 11, 12, 13}
```

（4）比较集合大小，判断是否为子集，示例代码如下：

```
1.    x={1,2,3}
2.    y={1,2,5}
3.    z={1,2,3,4}
4.    #比较集合大小
5.    x < y
6.    x < z
7.    y < z
8.    #测试是否为子集
9.    x.issubset(y)
10.   x.issubset(z)
```

运行结果如下：
```
>>> x={1,2,3}
>>> y={1,2,5}
>>> z={1,2,3,4}
>>> #比较集合大小
... x < y
False
>>> x < z
True
>>> y < z
False
>>> #测试是否为子集
... x.issubset(y)
False
>>> x.issubset(z)
True
```

注意，关系运算符>、>=、<、<=作用于集合时表示集合之间的包含关系，而不是比较集合中元素的大小。

3. 集合的小案例

（1）使用传统的方法，提取序列中所有不重复的元素，示例代码如下：

```
1.    import random
2.    #生成100个在0~9999之间的随机数
3.    listRandom=[random.choice(range(10000)) for i in range(100)]
4.    noRepeat=[]
5.    for i in listRandom:
6.        if i not in noRepeat:
7.            noRepeat.append(i)
8.
9.    len(listRandom)
10.   len(noRepeat)
```

运行结果如下：

```
>>> import random
>>> #生成100个在0~9999之间的随机数
... listRandom=[random.choice(range(10000)) for i in range(100)]
>>> noRepeat=[]
>>> for i in listRandom:
...     if i not in noRepeat:
...         noRepeat.append(i)
...
>>> len(listRandom)
100
>>> len(noRepeat)
99
```

（2）使用集合快速提取序列中的单一元素，示例代码如下：

1. newSet=set(listRandom)
2. newSet

运行结果如下：

```
>>> newSet=set(listRandom)
>>> newSet
{7172, 4113, 9746, 2587, 6684, 8221, 42, 9263, 1586, 9268, 3125, 2555, 1081, 5182, 3135, 1619, 4087, 3175, 6762, 5237, 5241, 8830, 8320, 129, 3202, 7298, 3207, 657, 6301, 7327, 5281, 3748, 5798, 6311, 5289, 2731, 8376, 185, 68, 45, 2244, 7370, 4813, 8405, 2270, 736, 4327, 3818, 9967, 240, 753, 7410, 1782, 3322, 1276, 4860, 6400, 7428, 7437, 2832, 8986, 7966, 6943, 1325, 2351, 7991, 1348, 344, 3429, 4966, 904, 2954, 6033, 921, 7069, 4515, 8102, 423, 4, 25, 8106, 4522, 2985, 2477, 5040, 4536, 2489, 5053, 5570, 7106, 3014, 4043, 4046, 4055, 2524, 481, 6124, 3053, 97, 11, 8183, 5627}
```

拓展知识：集合中的元素不允许重复，Python 集合的内部实现为此做了大量的优化，查询集合中是否包含某元素的速度比列表查询速度快。

打开 Python，新建一个 PY 文件，并输入如下代码：

```
1.  import random
2.  import time
3.  def RandomNumbers1(number,start,end):
4.      #使用列表生成 number 个在 start 和 end 之间的不重复随机数
5.      data=[]
6.      while True:
7.          element=random.randint(start,end)
8.          if element not in data:
9.              data.append(element)
10.         if len(data)==number:
11.             break
12.     return data
13.
14. def RandomNumbers2(number,start,end):
15.     data=set()
16.     while True:
17.         element=random.randint(start,end)
18.         data.add(element)
19.         if len(data)==number:
20.             return data
21.
22. start=time.time()
23. for i in range(10000):
24.     d1=RandomNumbers1(500,1,10000)
25.
26. print("Time used:",time.time()-start)
```

```
27.    start=time.time()
28.    for i in range(10000):
29.        d2=RandomNumbers2(500,1,10000)
30.
31.    print("Time used:",time.time()-start)
```

运行结果如下:
```
Time used: 52.933682441711426
Time used: 17.25871777534485
```

请读者思考,修改上面 RandomNumbers2 的参数 RandomNumbers2(500,1,100),结果出现死循环,原因是什么?

拓展知识:Python 也支持集合推导式,示例代码如下:

```
1.    {x.strip() for x in ('  he  ','she ',' I')}
2.    import random
3.    #生成随机数自动去除重复元素
4.    x={random.randint(1,500) for i in range(100)}
5.    #输出结果会小于或等于 100
6.    len(x)
```

运行结果如下:
```
>>> {x.strip() for x in ('  he  ','she ',' I')}
{'I', 'she', 'he'}
>>> import random
>>> #生成随机数自动去除重复元素
... x={random.randint(1,500) for i in range(100)}
>>> #输出结果会小于或等于100
... len(x)
91
```

15.8 类与对象及系统成员应用

【实验目的】

(1) 理解类与对象的概念,掌握类的定义及对象的实例化。
(2) 理解面向对象的编程思想,掌握类的继承、封装、多态。
(3) 理解系统成员的概念,掌握常用的内置变量、内置函数、内置方法、内置模块。

【实验原理】

清楚类与对象的概念,明确类与对象的关系,掌握实例化的方法和面向对象编程的思想及其特点;了解类的继承、分装、多态的定义;掌握内置变量、内置方法、内置函数、内置模块的概念及使用方法。

【实验环境】

- Linux Ubuntu 16.04。
- Python 3.6。
- PyCharm。

【实验内容】

在编程中使用类的定义和方法,灵活运用封装、继承、多态的概念。

【实验步骤】

1. 类的定义及对象的实例化

打开浏览器,本实验用的技术平台是上海德拓公司提供的智慧实验室,在浏览器地址栏中输入 DanasStudio 服务器地址"172.18.5.16/danastudio",进入平台登录界面,使用用户名(admin)和密码(123456)登录。进入"数据开发"模块,单击"新建"按钮,打开"新建脚本"对话框,如图 15-10 所示。

图 15-10 "新建脚本"对话框

在打开的对话框中依次输入脚本名称"test3-1"、目录"PyTest"、类型"Python",完成后单击"确定"按钮进入 Python 编译环境,定义一个 Rectangle(矩形)类,并定义两个方法用于求矩形的周长及面积,其中 a、b 分别代表矩形的长和宽,如图 15-11 所示。getPeri() 的功能是求矩形的周长,getArea() 的功能是求矩形的面积。

图 15-11 定义类

注意，在命名类时首字母需要大写。类中的函数必须有第一个参数，用于代表该类调用函数的具体对象（一般取名为 self）。

创建对象并调用类中定义的函数，在创建对象时使用小写字母命名对象，如 rec1、rec2。代码编写完毕后，依次单击"保存""运行"按钮，程序运行结果如图 15-12 所示，输出对象 rec1（周长）及 rec2（面积）。

图 15-12　对象创建及函数调用

2．使用 __init__()方法定义类

在上述示例中定义了一个矩形类，类中属性 a、b 的值是在每次函数调用时进行参数赋值的，如"print(rec1.getPeri(3,4))"语句中的"3,4"就是对调用函数中的属性 a、b 分别赋值。除调用函数的赋值方法外，也可以通过定义类的内置方法_init_()来对 a、b 属性进行赋值。

单击"新建"按钮新建一个 Python 脚本。

在打开的"新建脚本"对话框中依次输入脚本名称"tes3-2"、目录"PyTest"、类型"Python"。完成后单击"确定"按钮。使用 __init__()方法重新定义矩形类，定义方法如图 15-13 中的代码所示，在类中用"self.a=a""self.b=b"的方式对类的参数进行赋值。

图 15-13　使用 __init__()方法定义类并进行参数赋值

创建对象并调用类中定义的函数，这里对象在调用函数时就对函数进行了赋值，如"rec1.Rectargle(3,4)"，依次单击"保存""运行"按钮，程序运行结果如图 15-14 所示。

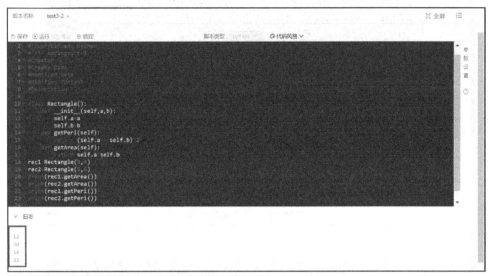

图 15-14　程序运行结果

注意，定义完__init__()方法后，创建的每个实例都有自己的属性，也方便直接调用类中的函数。

3．封装、继承、多态的概念及使用

（1）封装。

在实例化对象后调用了矩形类中的 getPeri()和 getArea()方法求矩形的周长和面积，但是我们并不知道方法具体的实现过程，隐藏了对象的属性和方法实现细节，仅对外公开接口，这就是程序中封装的体现。

（2）继承。

在面向对象程序设计中，当定义一个类时，可以从某个现有的类继承，新的类被称为子类，而被继承的类被称为父类。

单击"新建"按钮新建一个 Python 脚本，在打开的"新建脚本"对话框中依次输入脚本名称"tes3-3"、目录"PyTest"、类型"Python"，完成后单击"确定"按钮。定义一个名为"Animal"的父类、两个分别名为"Dog"和"Cat"的子类，子类继承父类中定义的 run()方法。依次单击"保存""运行"按钮，程序运行结果如图 15-15 所示。

在继承的子类中添加自有方法，在 Dog 类中定义一个名为 eat()的方法，以 dog.eat()调用 Dog 类中的自有方法，输出字符"Animal is eating..."。依次单击"保存""运行"按钮，程序运行结果如图 15-16 所示。

（3）多态。

在上述示例中，无论是 Dog 类还是 Cat 类，它们在调用 run()方法的时候，显示的都是"Animal is running..."，没有加以区分。

接下来对上述代码进行改进，让 Dog 类、Cat 类调用 run()后分别显示不同的调用结果，如"Dog is running"和"Cat is running"，具体实验代码如图 15-17 所示。依次单击"保存""运行"按钮，查看程序运行结果。

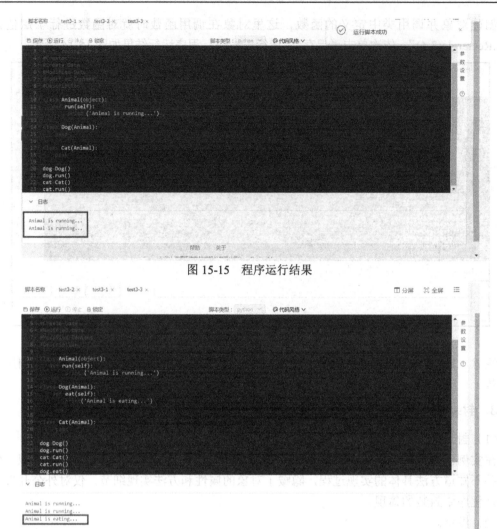

图 15-15　程序运行结果

图 15-16　调用子类运行结果

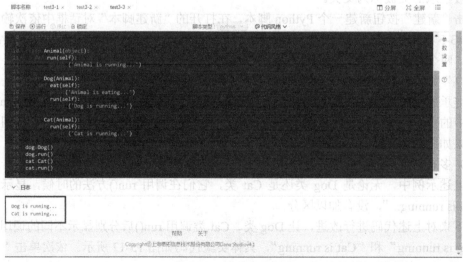

图 15-17　类的多态代码

4. 查看系统成员

单击"新建"按钮,在打开的"新建脚本"对话框中依次输入脚本名称"test3-4"、目录"PyTest"、类型"Python",完成后单击"确定"按钮。进入 Python 编译环境,查看内置全局变量和所对应模块的名称,代码实现如图 15-18 所示。依次单击"保存""运行"按钮,查看程序运行结果。

图 15-18 内置全局变量及所对应的模块

查看当前 Python 环境的关键字,依次单击"保存""运行"按钮,查看程序运行结果,如图 15-19 所示。

图 15-19 查看程序运行结果

查看某个模块或某个类的函数和变量,只需要把该模块传入 dir()。例如,查看 os 模块内的函数,依次单击"保存""运行"按钮,程序运行结果如图 15-20 所示。

图 15-20 查看 os 模块内的程序运行结果

注意，常见的模块可以在 Python 官方文档中查询。

本次实验介绍了类的定义方法，并用对象调用的方式实现了类函数的结果输出，类中函数参数的初始值的传递方式有多种。本次实验还介绍了 __init__() 赋值的用法，经过对比，让 __init__() 的使用方法更具体化，同时也便于理解。类有 3 个特性，分别是封装、继承、多态，本次实验用理论结合实践的方式对这 3 个特性进行了浅显易懂的诠释，通过实验能让读者理解得更为深入。实验最后介绍了查看系统成员的操作方法，熟悉这些查询的操作方法，方便后续编写代码及灵活查看信息。

15.9 Python 函数设计与使用

【实验目的】

掌握函数编程。

【实验原理】

函数的定义如下：

```
def 函数名([参数列表]):
    '''注解'''
    函数体
```

在定义函数时，需要注意：①函数形参不需要声明其类型，也不需要指定函数返回值类型；②即使该函数不需要接收任何参数，也必须保留一对空的圆括号；③圆括号后面的冒号必不可少；④函数体相对于 def 关键字必须保持一定的空格缩进。

【实验环境】
- Linux Ubuntu 16.04。
- Python 3.6。
- PyCharm。

【实验内容】
熟悉函数编程。

【实验步骤】
在图形化界面，打开终端模拟器，在任意目录中输入"python3"，进入 Python 交互式界面。

1．函数结构

在 Python 中定义函数时不需要声明函数的返回类型，而是使用 return 语句在结束函数执行的同时返回任意类型的值，函数返回值类型与 return 语句返回表达式的类型一致。无论 return 语句出现在函数的什么位置，一旦得到执行，将直接结束函数的执行。如果函数没有 return 语句或执行不返回任何值的 return 语句，那么 Python 将认为该函数以 return None 结束，即返回空值。

（1）下面的函数用来计算斐波那契数列中小于参数 n 的所有值，示例代码如下：

```
view plain copy
1.   #定义函数，括号里的n是形参
2.   def fib(n):
3.       #accept an in integer n. return the numbers less than n in Fibonacci sequence.
4.       a,b=1,1
5.       while a<n:
6.           print(a,end=' ')
7.           a,b=b,a+b
8.       print()
9.
10.  #调用该函数的方式为：
11.  fib(1000)
```

运行结果如下：
```
>>> #定义函数，括号里的n是形参
... def fib(n):
...     #accept an in integer n. return the numbers less than n in Fibonacci sequence.
...     a,b=1,1
...     while a<n:
...         print(a,end=' ')
...         a,b=b,a+b
...     print()
...
>>> #调用该函数的方式为：
... fib(1000)
1 1 2 3 5 8 13 21 34 55 89 144 233 377 610 987
```

注意，在定义函数时，开头部分的注释并不是必须的，但是如果为函数的定义加上一段注释，就可以为用户提供友好的提示和使用帮助。

（2）在调用函数时，一定要注意函数有没有返回值，以及是否会对函数实参的值进行修改，示例代码如下：

```
1.  a_list=[1,2,3,4,9,5,7]
2.  print(sorted(a_list))
3.  #原列表内容没变
4.  print(a_list)
5.  #列表对象的sort()方法没有返回值
6.  print(a_list.sort())
7.  print(a_list)
```

示例结果如下：
```
>>> a_list=[1,2,3,4,9,5,7]
>>> print(sorted(a_list))
[1, 2, 3, 4, 5, 7, 9]
>>> #原列表内容没变
... print(a_list)
[1, 2, 3, 4, 9, 5, 7]
>>> #列表对象的sort()方法没有返回值
... print(a_list.sort())
None
>>> print(a_list)
[1, 2, 3, 4, 5, 7, 9]
```

拓展知识：函数属于可调用对象，由于存在构造函数，因此类也是可以调用的。另外，任何包含__call__()方法的类的对象都是可调用的。嵌套函数的示例代码如下：

```
1.  def linear(a,b):
2.      #函数是可以嵌套定义的
3.      def result(x):
4.          return a*x+b
5.      return result
```

下面的代码演示了可调用对象类的定义：

```
1.  class Linear:
2.      def __init__(self,a,b):
3.          self.a,self.b=a,b
4.      def __call__(self,x):
5.          return self.a*x +self.b
```

使用上面的嵌套函数和类两种方式中的任何一种，都可以定义一个可调用的对象：

```
1.  taxes=Linear(0.3,2)
```

或者通过下面的方式调用该对象：

```
1.  taxes(5)
```

运行结果如下：
```
>>> def linear(a,b):
...     #函数是可以嵌套定义的
...     def result(x):
...         return a*x+b
...     return result
...
>>> taxes=linear(0.3,2)
>>> taxes(5)
3.5
```

第 15 章 基础实验

在定义函数时,圆括号内是使用逗号分隔的形参列表,一个函数可以没有参数,但是在定义和调用时必须有一对圆括号,表示这是一个函数并且不接收参数。函数调用时向其传递实参,根据不同的参数类型,将实参的值或引用传递给形参。

(3)绝大多数情况下,在函数内部直接修改形参的值不会影响实参,示例代码如下:

```
1.  def addOne(a):
2.      print(a)
3.      #得到新的变量
4.      a+=1
5.      print(a)
6.
7.  a=3
8.  addOne(a)
9.  print(a)
```

运行结果如下:

```
>>> def addOne(a):
...     print(a)
...     #得到新的变量
...     a+=1
...     print(a)
...
>>> a=3
>>> addOne(a)
3
4
>>> print(a)
3
```

(4)在一些特殊情况下,可以通过特殊的方式在函数内部修改实参的值,示例代码如下:

```
1.  #修改列表元素值
2.  def modify(v):
3.      v[0]=v[0]+1
4.
5.  a=[2]
6.  modify(a)
7.  print(a)
8.  #为列表增加元素
9.  def modify(v,item):
10.     v.append(item)
11.
12. a=[2]
13. modify(a,3)
14. print(a)
15. #修改字典元素值或字典增加元素
16. def modify(d):
17.     d['age']=38
18.
19. a={'name':'Dong','age':37,'sex':'Male'}
20. modify(a)
21. print(a)
```

运行结果如下:
```
>>> #为列表增加元素
... def modify(v,item):
...     v.append(item)
...
>>> a=[2]
>>> modify(a,3)
>>> print(a)
[2, 3]
>>> #修改字典元素值或字典增加元素
... def modify(d):
...     d['age']=38
...
>>> a={'name':'Dong','age':37,'sex':'Male'}
>>> modify(a)
>>> print(a)
{'name': 'Dong', 'age': 38, 'sex': 'Male'}
```

(5)当调用含有多个参数的函数时,可以使用 Python 中的列表、元组、集合、字典及其他可迭代对象作为实参,并在实参名称前加一个星号(*),Python 解释器将自动进行解包,之后传递给多个单变量形参,示例代码如下:

```
1.  def demo(a,b,c):
2.      print(a+b+c)
3.
4.  #列表
5.  seq=[1,2,3]
6.  demo(*seq)
7.  #元组
8.  tup=(1,2,3)
9.  demo(*tup)
10. #字典
11. dic={1:'a',2:'b',3:'c'}
12. demo(*dic)
13. #集合
14. Set={1,2,3}
15. demo(*Set)
```

运行结果如下:
```
>>> def demo(a,b,c):
...     print(a+b+c)
...
>>> #列表
... seq=[1,2,3]
>>> demo(*seq)
6
>>> #元组
... tup=(1,2,3)
>>> demo(*tup)
6
>>> #字典
... dic={1:'a',2:'b',3:'c'}
>>> demo(*dic)
6
>>> #集合
... Set={1,2,3}
>>> demo(*Set)
6
```

注意,字典对象作为实参时默认使用字典的"键",如果需要将字典中的键值对作为参数,则需要使用 items()方法明确说明。如果需要将字典中的"值"作为参数，则需要调用字典的 values()方法明确说明。

（6）Python 函数中的参数。

以下是调用函数时可使用的正式参数类型：
- 位置参数；
- 关键字参数；
- 默认参数；
- 可变参数。

① 位置参数。

编写一个计算一个数的平方的函数：

```
1.   def pow(x):
2.      return x * x
```

对于 pow()，参数 x 就是一个位置参数。当调用这个函数时，必须传入有且仅有的一个参数 x：

```
1.   pow(5)
2.   25
3.   pow(15)
4.   225
```

如果要计算 x^3，怎么办？或者 x^4、x^5 呢？可以把 pow()修改为 pow(x, n)，用来计算 x^n：

```
1.   pow(x, n)
2.   def pow(x, n):
3.      s = 1
4.      while n > 0:
5.         n = n - 1
6.         s = s * x
7.      return s
```

返回值如下：

```
1.   pow(5, 2)
2.   25
3.   pow(5, 3)
4.   125
```

修改后的 pow(x,n)有两个位置参数：x 和 n。在调用函数时，传入的两个值按照位置顺序依次赋值给参数 x 和 n，这样就能计算任意数字的 n 次方。

② 关键字参数。

函数调用使用关键字参数来确定传入的参数值。使用关键字参数允许函数在调用时参数的顺序不同，因为 Python 解释器能够用参数名匹配参数值。下面的代码在 printme()被调用时使用参数名：

```
1.   def printme( str ):
2.      print (str);
3.
```

```
4.    #调用 printme 函数
5.    printme(str = "学习使我快乐");
```

运行结果如下：

```
1.    学习使我快乐
```

③ 默认参数。

在调用函数时，如果没有传递参数，则使用默认参数。下面的示例中如果没有传入 age 参数，则使用默认参数：

```
1.    #可写函数说明
2.    def printinfo( name, age = 20 ):
3.        print ("名字: ", name);
4.        print ("年龄: ", age);
5.
6.    #调用 printinfo 函数
7.    printinfo( age=50, name="zhangyu" );
8.    print ("------------------------")
9.    printinfo( name="restaurant" );
```

运行结果如下：

```
1.    名字:   zhangyu
2.    年龄:   50
3.    ------------------------
4.    名字:   restaurant
5.    年龄:   20
```

④ 可变参数。

用户可能需要一个函数能处理比当初声明时更多的参数，这些参数叫作可变参数，和其他参数不同的是，可变参数在声明时不会被命名，基本语法如下：

```
1.    def functionname(*var_args_tuple ):
2.        function_suite
3.        return [expression]
```

仅仅在参数前面加了一个星号（*），加了星号的变量名会存放所有未命名的变量。如果在函数调用时没有指定参数，那么它就是一个空元组。也可以不向函数传递未命名的变量，示例代码如下：

```
1.    def printinfo( arg1, *vartuple ):
2.        #"打印任何传入的参数"
3.        print ("输出: ")
4.        print (arg1)
5.        for var in vartuple:
6.            print (var)
7.
8.    printinfo( 10 );
9.    printinfo( 70, 60, 50 );
```

运行结果如下：

1. 输出:
2. 10
3. 输出:
4. 70
5. 60
6. 50

（7）lambda 表达式。

lambda 表达式用来声明匿名函数，即没有函数名被临时使用的函数。lambda 表达式只能包含一个表达式，不允许包含复杂的语句，但表达式中可以调用其他函数，支持默认参数和关键字参数，该表达式的计算结果相当于函数的返回值，示例代码如下：

1. f=lambda x,y,z:x+y+z
2. #把 lambda 表达式作为函数使用
3. print(f(1,2,3))
4. #lambda 表达式可以含有默认参数
5. g=lambda x,y=2,z=3:x+y+z
6. print(g(1))
7. #使用关键字参数调用 lambda 表达式
8. print(g(2,z=4,y=5))
9. #lambda 表达式作为函数的参数
10. L=[1,2,3,4,5]
11. print(map(lambda x:x+10,L))
12. #在 lambda 表达式中可以调用函数
13. def demo(n):
14.   return n*n
15.
16. a_list=[1,2,3,4,5]
17. map(lambda x:demo(x),a_list)

运行结果如下：
```
>>> f=lambda x,y,z:x+y+z
>>>
>>> print(f(1,2,3))
6
>>> g=lambda x,y=2,z=3:x+y+z
>>> print(g(1))
6
>>> print(g(2,z=4,y=5))
11
>>> L=[1,2,3,4,5]
>>> print(map(lambda x:x+10,L))
<map object at 0x7fd91a835c88>
>>> 3
3
>>> def demo(n):
...     return n*n
...
>>> a_list=[1,2,3,4,5]
>>> 7
7
>>> map(lambda x:demo(x),a_list)
<map object at 0x7fd91a835c88>
```

（8）return 语句。

return 语句用于退出函数，选择性地向调用方返回一个表达式。不带参数值的 return 语句返回 None。之前的示例都没有示范如何返回数值，下面的示例演示了 return 语句的用法：

```
1.  def sum( arg1, arg2 ):
2.      # 返回两个参数的和."
3.      total = arg1 + arg2
4.      print ("函数内输出 : ", total)
5.      return total;
6.
7.  # 调用 sum 函数
8.  total = sum( 10, 20 );
9.  print ("函数外输出 : ", total)
```

运行结果如下：

```
1.  函数内输出 :  30
2.  函数外输出 :  30
```

（9）变量作用域。

在 Python 中，程序的变量并不是在哪个位置都可以访问的，变量的作用域决定了在哪一部分程序中可以访问哪个特定的变量名称。

① 全局变量和局部变量。

定义在函数内部的变量拥有一个局部作用域，定义在函数外部的变量拥有全局作用域。

局部变量只能在其被声明的函数内部访问，而全局变量可以在整个程序范围内访问。在调用函数时，所有在函数内部声明的变量都将被加入到作用域中，示例代码如下：

```
1.  total = 0; # 这是一个全局变量
2.  def sum( arg1, arg2 ):
3.      #返回两个参数的和."
4.      total = arg1 + arg2; # total 在这里是局部变量
5.      print ("函数内是局部变量 : ", total)
6.      return total;
7.
8.      #调用 sum 函数
9.  sum( 10, 20 );
10. print ("函数外是全局变量 : ", total)
```

运行结果如下：
```
>>> total = 0;
>>> def sum( arg1, arg2 ):
...     total = arg1 + arg2;
...     print ("函数内是局部变量 : ", total)
...     return total;
...
>>> sum( 10, 20 );
函数内是局部变量 :  30
30
>>> print ("函数外是全局变量 : ", total)
函数外是全局变量 :  0
```

② global 关键字。

使用 global 关键字可以将变量由内部作用域改为外部作用域。下面的示例修改了全局变量：

```
1.  num = 1
2.  def fun1():
3.      global num    # 需要使用 global 关键字声明为全局变量
4.      print(num)
5.      num = 123
6.
7.  fun1()
8.  print(num)
```

运行结果如下：

```
1.  1
2.  123
```

15.10　Python 模块的使用

【实验目的】

（1）了解模块的概念。
（2）掌握模块的使用方法。

【实验原理】

使用 Python 解释器编程，如果从 Python 解释器退出再进入，那么之前定义的所有的方法和变量就会消失。为此 Python 提供了一个办法，把这些定义存放在文件中，可以被一些脚本和交互式的解释器实例使用，这个文件被称为模块。

模块是一个包含所有用户定义的函数和变量的文件，其后缀名是.py。模块可以被别的程序引入，以使用该模块中的函数等功能。这也是使用 Python 标准库的方法。

模块分为以下 3 种。

① 内置模块：如 sys、os、subprocess、time、json 等。

② 自定义模块：要注意名称，不能和 Python 自带的模块名称冲突。例如，系统自带 sys 模块，用户的模块就不可命名为 sys.py，否则无法导入系统自带的 sys 模块。

③ 开源模块：公开的第三方模块，可以使用 pip install 安装，类似于 yum 安装软件。

【实验环境】

- Linux Ubuntu 16.04。
- Python 3.6。
- Ipython。
- PyCharm。

【实验内容】

本实验包含模块的概念、模块的导入、包。

【实验步骤】

打开终端模拟器,在命令提示符中输入"Python3"命令,启动 Python 解释器。

在 Python 中导入模块的方法主要有 3 种。

1. import 模块名[as 别名]

使用这种方法导入模块后,在使用时需要在对象前面加上模块名作为前缀,也就是必须以"模块名.对象名"的方式进行访问。也可以为导入的模块设置一个别名,然后就可以使用"别名.对象名"的方式来使用其中的对象了。

(1) 导入 random 模块:

```
1.  import random
```

(2) 使用 random 模块中的 random()方法,获取 0~1 的随机小数:

```
1.  random.random()
```

2. from 模块名 import 对象名[as 别名]

使用这种方法仅导入明确指定的对象,并且可以为导入的对象起一个别名。这种导入方式可以减少查询次数,提高访问速度,同时减少代码量,不需要使用模块名作为前缀。

(1) 导入 math 模块中的 sin():

```
1.  from math import sin
```

(2) 求 2(单位为弧度)的正弦值:

```
1.  sin(2)
```

(3) 在导入 sin()时设置别名为 s:

```
1.  from math import sin as s
```

(4) 使用别名 s,求 2 的正弦值:

```
1.  s(2)
```

3. from 模块名 import *

把一个模块的所有内容全都导入当前的命名空间也是可行的,但是一般不推荐这样使用。因为如果多个模块中有同名的对象,那么这种方式会导致只有最后一个导入的模块中的同名对象是有效的,而之前导入的模块中的该对象无法被访问。

(1) 创建一个 a.py 文件:

```
1.  def test():
2.      print('我是 a 模块中的 test')
```

(2) 使用 vim 创建一个 b.py 文件:

```
1.  def test():
2.      print('我是 b 模块中的 test')
```

(3) 使用 vim 创建一个 test.py 文件,导入 a 模块后,test()是可用的,而导入 b 模块后,a 模块中的 test()就无法访问了,只能访问 b 模块中的 test(),示例代码如下:

```
1.  #导入 a 模块
2.  from a import *
3.  #test()可用
4.  test()
5.  print('---------------')
6.  #导入 b 模块
7.  from b import *
8.  #a 模块中的 test()不再可用，替换为了 b 模块中的 test()
9.  test()
```

运行结果如下：

```
zhangyu@c7cc008a0aa0:/data$ python test.py
我是a模块中的test
---------------
我是b模块中的test
```

模块导入建议：应按照标准库、扩展库、自定义库的先后顺序导入。

扩展知识：一个模块在被另一个程序第一次引入时，其主程序将运行。如果想在模块被引入时，模块中的某个程序块不执行，则可以用 __name__ 属性来使该程序块仅在该模块自身运行时执行。

（4）切换到/data 目录下，使用 vim 编辑 using_name.py 文件（如果没有该目录，则需要新建/data 目录，并更改其权限）：

```
1.  #sudo mkdir /data
2.  #sudo chmod 777 /data
3.
4.  cd /data
5.  vim using_name.py
```

（5）写入以下内容：

```
1.  #!/usr/bin/python3
2.  # Filename: using_name.py
3.
4.  if __name__ == '__main__':
5.      print('程序自身在运行')
6.  else:
7.      print('我来自另一个模块')
```

（6）当直接运行 using_name.py 时：

```
1.  python using_name.py
```

运行结果如下：

```
zhangyu@c7cc008a0aa0:/data$ python using_name.py
程序自身在运行
zhangyu@c7cc008a0aa0:/data$
```

（7）当使用 import 导入该模块时：

```
1.  python
2.
3.  import using_name
```

运行结果如下：

```
zhangyu@c7cc008a0aa0:/data$ python
Python 3.6.0 |Anaconda custom (64-bit)| (default, Dec 23 2016, 12:22:00)
[GCC 4.4.7 20120313 (Red Hat 4.4.7-1)] on linux
Type "help", "copyright", "credits" or "license" for more information.
>>> import using_name
我来自另一个模块
>>>
```

说明：每个模块都有一个 __name__ 属性，当其值是 __main__ 时，表明该模块自身在运行，否则是被引入的。

内置的 dir() 可以找到模块内定义的所有名称，并以一个字符串列表的形式返回，示例代码如下：

```
1.  import os
2.
3.  dir(os)
```

运行结果如下：

```
In [2]: import os

In [3]: dir(os)
Out[3]:
['CLD_CONTINUED',
 'CLD_DUMPED',
 'CLD_EXITED',
 'CLD_TRAPPED',
 'DirEntry',
 'EX_CANTCREAT',
 'EX_CONFIG',
 'EX_DATAERR',
 'EX_IOERR',
 'EX_NOHOST',
 'EX_NOINPUT',
 'EX_NOPERM',
 'EX_NOUSER',
 'EX_OK',
 'EX_OSERR',
 'EX_OSFILE',
 'EX_PROTOCOL',
 'EX_SOFTWARE',
```

如果没有给定参数，那么 dir() 会罗列当前定义的所有名称：

```
1.  dir()
```

运行结果如下：

```
In [15]: dir()
Out[15]:
['In',
 'Out',
 '_',
 '__',
 '_12',
 '_3',
 '_6',
 '_7',
 '_9',
```

Python 中的一些模块直接被构建在解析器里，它们虽然不是一些语言内置的功能，却能很高效地使用，甚至系统级调用也没问题。

这些组件会根据不同的操作系统进行不同形式的配置，如 winreg 模块就只提供给 Windows 系统。

应该注意到这里有一个特别的模块 sys，它内置在每个 Python 解析器中。变量 sys.ps1 和 sys.ps2 定义了主提示符和副提示符所对应的字符串：

1. import sys
2. sys.ps1   #查看主提示符
3. sys.ps2   #查看副提示符
4. sys.ps1 = 'C> '   #修改主提示符
5. print('Hello!')   #打印一个 Hello!

运行结果如下：
```
>>> import sys
>>> sys.ps1
'>>> '
>>> sys.ps2
'... '
>>> sys.ps1 = 'C> '
C>
C> print('Hello!')
Hello!
C>
```

包用于将一组模块归并到一个目录中，此目录即为包，目录名即为包名。

包是一个有层次的文件目录结构，它定义了一个由模块和子包组成的 Python 应用执行环境。

基于包，Python 在执行模块导入时可以指定模块的导入路径 import pack1.pack2.mod1。

每个包内都必须有 __init__.py 文件，__init__.py 文件中可包含 Python 代码，但通常为空，仅用于扮演包初始化、替目录产生模块命名空间及使用目录导入时实现 from*行为的角色。

```
package_a
├── __init__.py
├── module_a1.py
├── module_a2.py
    ...
```

简单来说，包就是文件夹，但该文件夹下必须有 __init__.py 文件。常见的包结构如图 15-21 所示。

图 15-21 常见的包结构

15.11 Python 生成器与迭代器

【实验目的】

掌握生成器和迭代器的应用。

【实验原理】

在 Python 中，使用 yield 的函数被称为生成器（Generator）。与普通函数不同的是，生成器是一个返回迭代器的函数，只能用于迭代操作。在调用生成器运行的过程中，每次遇到 yield 时函数会暂停并保存当前所有的运行信息，返回 yield 的值，并在下一次执行 next()方法时从当前位置继续运行。调用一个生成器函数，返回的是一个迭代器对象。

迭代器是 Python 最强大的功能之一，是访问集合元素的一种方式。迭代器是一个可以记住遍历位置的对象。迭代器对象从集合的第一个元素开始访问，直到所有的元素被访问完。迭代器只能往前，不会后退。

迭代器有两个基本的方法：iter()和 next()。字符串、列表和元组对象都可用于创建迭代器。

【实验环境】
- Linux Ubuntu 16.04。
- Python 3.6。
- jdk-7u75-linux-x64。
- PyCharm。

【实验内容】

生成器和迭代器。

【实验步骤】

1. 生成器

通过列表生成式可以直接创建一个列表,但是受内存的限制,列表的容量是有限的,而且创建一个包含 100 万个元素的列表会占用很大的存储空间,如果用户仅需要访问前面几个元素,那么后面绝大多数元素占用的空间就都白白浪费了。

因此,如果列表元素可以按照某种算法推算出来,那么是否可以在循环的过程中不断推算出后续的元素呢?这样就不必创建完整的列表,从而节省大量的空间。在 Python 中,这种一边循环一边计算的机制,被称为生成器。

下面的示例使用 yield 实现斐波那契数列。

(1) 打开 PyCharm 软件,如图 15-22 所示。

图 15-22 打开 PyCharm 软件

(2) 新建一个 PY 文件,操作如图 15-23 所示。在弹出的对话框中将新建的文件命名为 test.py。

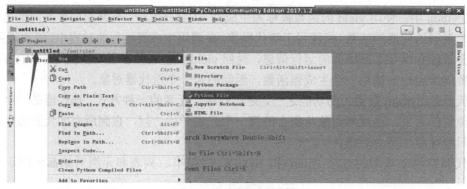

图 15-23 新建 PY 文件

（3）输入以下代码：

<u>view plain copy</u>
```
1.   import sys
2.
3.   def fibonacci(n): # 生成器函数——斐波那契
4.       a, b, counter = 0, 1, 0
5.       while True:
6.           if (counter > n):
7.               return
8.           yield a
9.           a, b = b, a + b
10.          counter += 1
11.  f = fibonacci(10) # f 是一个迭代器，由生成器返回生成
12.
13.  while True:
14.      try:
15.          print (next(f), end=" ")
16.      except StopIteration:
17.          sys.exit()
```

注意，代码中加入了异常处理结构是因为程序不断调用并返回下一个值，当执行到最后没有值可以返回时，就会抛出异常 StopIteration，所以加入异常处理代码，避免报错，如图 15-24 所示。

```
/home/zhangyu/anaconda3/bin/python /data/test/test.py
0 1 1 2 3 5 8 13 21 34 55 Traceback (most recent call last):
  File "/data/test/test.py", line 18, in <module>
    print(next(f), end=" ")
StopIteration

Process finished with exit code 1
```

图 15-24　加入异常处理代码

（4）在代码上右击，在弹出的快捷菜单中选择"Run 'test'"选项，运行程序，如图 15-25 所示。

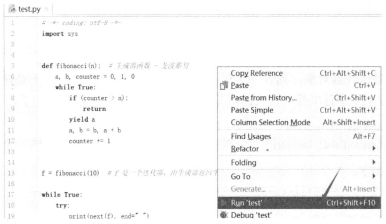

图 15-25　选择"Run 'test'"选项

（5）程序运行结果如图 15-26 所示。

图 15-26　程序运行结果

2. 迭代器

可以直接作用于 for 循环的数据类型有两种：一种是集合数据类型，如列表、元组、字典、集合、字符串等；另一种是生成器类型，包括生成器和带 yield 的生成器函数。这些可以直接作用于 for 循环的对象被统称为可迭代对象（lterable）。可以使用 isinstance()判断一个对象是否是可迭代对象。

生成器不但可以作用于 for 循环，还可以被 next()不断调用并返回下一个值，可以被 next()调用并不断返回下一个值的对象被称为迭代器（Iterator）。可以使用 isinstance()判断一个对象是否是迭代器对象。

在图形化界面，打开终端模拟器，在任意目录中输入"python3"，进入 Python 交互式界面。示例代码如下：

1. from collections import Iterator
2. isinstance((x for x in range(10)), Iterator)
3. isinstance({}, Iterator)
4. isinstance('abc', Iterator)

运行结果如下：

```
>>> from collections import Iterator
>>> isinstance((x for x in range(10)), Iterator)
True
>>> isinstance({}, Iterator)
False
>>> isinstance('abc', Iterator)
False
```

生成器都是迭代器对象，列表、字典、字符串虽然是可迭代的，却不是迭代器。
把列表、字典、字符串等可迭代的对象变成迭代器，就可以使用 iter()了，示例代码如下：

1. isinstance(iter([]), Iterator)
2. isinstance(iter('abc'), Iterator)

运行结果如下：

```
>>> isinstance(iter([]), Iterator)
True
>>> isinstance(iter('abc'), Iterator)
True
```

为什么列表、字典、字符串等数据类型不是迭代器？因为 Python 的迭代器对象表示的是一个数据流，迭代器对象可以被 next()调用并不断返回下一个数据，直到没有数据时抛出 StopIteration 错误。可以把这个数据流看作一个有序序列，但我们却不能提前知道序列的长度，只能不断地通过 next()按需计算下一个数据。

利用迭代器的示例代码如下：

```
1.  list=[1,2,3,4]
2.  i = iter(list)      # 创建迭代器对象，利用 for 循环
3.  for x in i:
4.      print (x, end=" ")
```

运行结果如下：

1. 1 2 3 4

```
1.  import sys          # 引入 sys 模块
2.
3.  list=[1,2,3,4]
4.  i = iter(list)      # 创建迭代器对象，利用 next()
5.
6.  while True:
7.      try:
8.          print (next(i))
9.      except StopIteration:
10.         sys.exit()
```

返回结果如下：

1. 1 2 3 4

15.12 Python 的文件异常、I/O 及常用库

【实验目的】

（1）了解异常的概念及异常抛出的原因。
（2）掌握简单的异常捕获方法。
（3）掌握 Python 中对文件的 I/O 操作。
（4）了解 Python 中的库，使用 pip 命令安装第三方库。

【实验原理】

了解异常及异常抛出的原因，用简单的示例说明异常捕获的过程；操作演示 Python 中文件 I/O 操作的方法；操作演示在线安装库的过程。

【实验环境】

- Linux Ubuntu 16.04。
- Python 3.6。
- PyCharm。

【实验内容】

使用异常的抛出和捕获方法，以及文件的操作方法进行编程。

【实验步骤】

　　1. 异常的抛出

　　程序在运行时，如果 Python 解释器遇到一个错误，就会停止程序的运行，并且显示一些错误信息，这就是抛出异常的过程。下面用示例说明。

　　（1）打开 PyCharm，选择"Create New Project"选项，如图 15-27 所示。

　　（2）在打开的对话框中选择存储路径，完成后单击"Create"按钮，如图 15-28 所示。

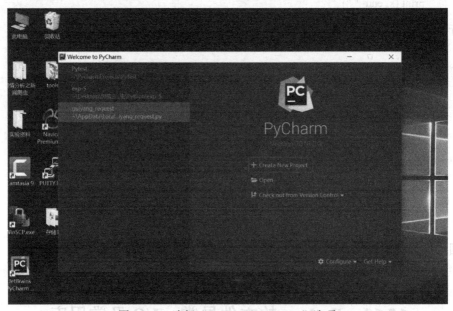

图 15-27　选择"Create New Project"选项

图 15-28　选择存储路径

　　（3）选择新建的"untitled"文件并右击，在弹出的快捷菜单中选择"New"→"Python File"选项，如图 15-29 所示。

第 15 章　基础实验

图 15-29　在快捷菜单中选择 "New" → "Python File" 选项

（4）在打开的对话框中新建一个名为 "Pytest4_1"、类型为 "Python file" 的 Python 文件，如图 15-30 所示。

图 15-30　新建 Python 文件

（5）定义一个变量 num，用 int() 将输入的变量值转换为整型。为了在输入时更为明确，可引入 input() 提示输入整数。单击 "Run" 按钮后，在图 15-31 中标记为③的地方输入整数 "10"，程序运行结果没有出现异常。

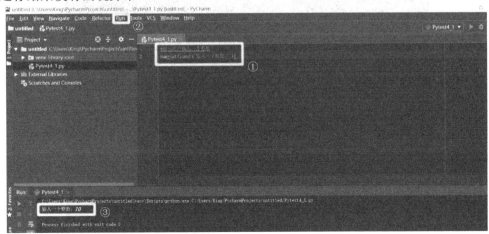

图 15-31　输入整数

（6）再次单击"Run"按钮，此时输入字符"a"，由于 int() 不可转换非纯数字组成的字符串，因此提示"ValueError"，运行结果如图 15-32 所示，程序报错，抛出异常。

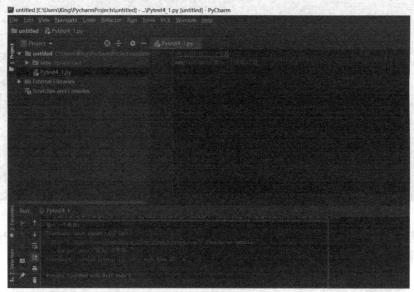

图 15-32　程序报错

2．异常的捕获

上述代码只是一个小示例，在实际开发过程中，代码行数不会只有这一行，出现的异常也是很频繁的。在实际开发过程中，若对某些代码的执行不确定，可以用"try"语句进行异常捕获。在上述代码前加入"try："，并对 try 中的代码进行缩进。使用"except"关键字定义抛出异常后需要执行的代码。修改完成后单击"Run"按钮，输入字母"a"，运行后会得到 except 关键字之后的语句，如图 15-33 所示。

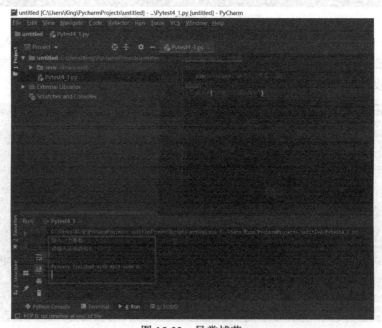

图 15-33　异常捕获

在实际运用过程中,异常捕获是非常适用的技巧,可快速定位开发代码中出现的问题块,方便后期调试和修改。

3. 文件操作

(1) 右击新建的"untitled"文件,在弹出的快捷菜单中选择"New"→"Python File"选项,在打开的对话框中新建一个名为"Pytest4_2"、类型为"Python file"的 Python 文件,如图 15-34 所示。

图 15-34 新建 Python 文件

(2) 在新建工程文件里会默认创建一个"venv library root"目录下的"README"文件,在界面右侧的实现代码中,使用 open()打开此文件,具体操作代码如图 15-35 所示。

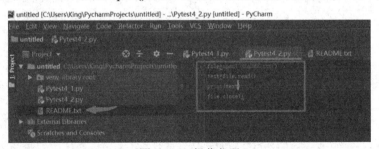

图 15-35 操作代码

(3) 单击"Run"按钮,得到的结果如图 15-36 所示,显示了"README"文件的内容是"HELLO PYTHON!"。

图 15-36 文件的读操作

(4) 新建一个名为"Pytest4_3"、类型为"Python file"的 Python 文件,如图 15-37 所示。

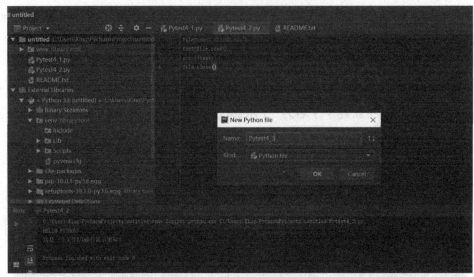

图 15-37　新建 Python 文件

（5）之前读取了"venv library root"目录下"README"文件的内容，这里用代码实现的方式对"README"文件的内容进行改写，具体代码如图 15-38 所示。单击"Run"按钮，查看"README"文件的内容，如图 15-39 所示，出现的内容是改写后的"hello"，说明该文件被重写了。

以上是用 Python 实现简单的文件 I/O 操作过程，在该过程实现中，主要用到的函数是 open()和 write()。

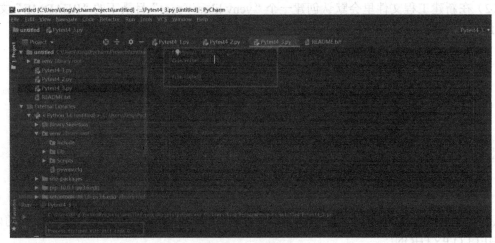

图 15-38　操作代码

4．安装常用库

在 Windows 系统下，同时按住"Windows"键和"R"键，系统弹出"运行"对话框，如图 15-40 所示。

在"打开"文本框中输入"cmd"并按"Enter"键，打开系统命令行窗口，输入"pip --version"命令并按"Enter"键，由于之前安装了环境，因此在此可看到当前 pip 的版本为"pip 19.0.1"，出现版本信息说明 pip 已在计算机中安装完成。输入"pip install numpy"命令，进行"numpy"

第三方库的安装，安装完成后再次输入"pip install numpy"命令，可查看"numpy"库的信息，如图 15-41 所示。

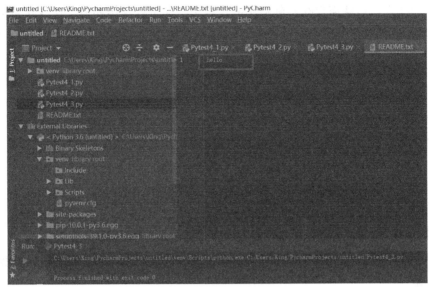

图 15-39　代码运行后"README"文件的内容

图 15-40　"运行"对话框

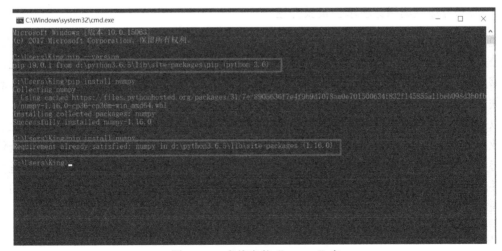

图 15-41　在线安装"numpy"库

本次实验以字符"a"不可被 int() 转换为整数数据类型为例，示范了一个异常抛出的情形，然后在原代码的基础上添加"try:""except"去捕获异常，用最简单的示例说明异常抛出及捕获的过程，使读者加深对上述几个命令的理解。接下来通过 open()、write()调用的方式演示 Python 文件 I/O 操作的过程。在实际编写程序的过程中，会调用很多专业的库来支持代码中相应功能的实现，这就需要在实际运用的过程中将库引入操作环境。在线安装常用库是实际代码编写过程中经常用到的实用技能，这里以简单的"numpy"库安装为例，很好地说明了常用库的安装过程。

15.13 Python 数据爬虫爬取网页数据

【实验目的】

（1）了解基于政务互联网舆情分析新闻爬取项目背景。
（2）掌握 Python 网络爬虫的实现原理。
（3）学习 Python 网络爬虫的具体实现过程。

【实验原理】

首先了解政务互联网舆情分析新闻的项目背景，然后到指定的新闻网站爬取数据，形成所需要的数据报表。

【实验环境】

- Linux Ubuntu 16.04。
- Python 3.6。
- PyCharm。

【实验内容】

通过政务互联网舆情分析项目，掌握数据分析的方法、基本过程及分析的相关技术。

【实验步骤】

1．政务互联网舆情分析项目背景介绍

随着互联网和自媒体的发展，公众可以更加自由地在网络上就公共事务发表言论和看法，反映公众对现实社会中各种现象所持的态度和意见。各级政府部门越来越关注公众舆论，希望能够及时掌握舆论动向，快速分析舆论趋势，并积极引导舆论走向，维护社会稳定，真正做到关注民生、重视民生、保障民生、改善民生。

以一些重点的舆论网站、论坛、微博等作为搜索对象，利用网络爬虫技术在网络上对各类行业相关业务关键字进行搜索，将爬取到的数据内容汇聚到平台进行整合以供分析统计。经过特定的情感算法和规则的筛选把有关正面舆论消息、负面舆论消息、投诉建议等进行整合，并进行分析统计及展示，让相关部门更快、更准确地了解舆情走向。下面以一个简单的示例来说明利用爬虫技术获取网页数据的过程。

2．了解爬取网站的基本信息

爬虫是指向指定网站发起请求，获取资源后分析并提取有用数据的程序。本次实验选取"中国新闻网"的"聚集贵州"网页，爬取实验数据。打开浏览器，在浏览器的地址栏中输入所需要爬取的网站地址，在首页选择"聚集贵州"，进入图 15-42 所示的目标页面。

第 15 章 基础实验

图 15-42 爬取的目标页面

选取第一条新闻标题，进入新闻详情页面，可以查看该新闻的"新闻标题""发表时间""稿件来源""新闻内容"等信息，如图 15-43 所示。

图 15-43 新闻详情页面

3．了解客户端与服务器通信的过程

在图 15-42 所示的页面中，按"F12"键打开浏览器开发者工具，先选择"Network"选项卡，然后在左侧列表中选择"index.shtml"选项，最后在右侧选择"Headers"选项卡，查看请求头的信息，如图 15-44 所示。

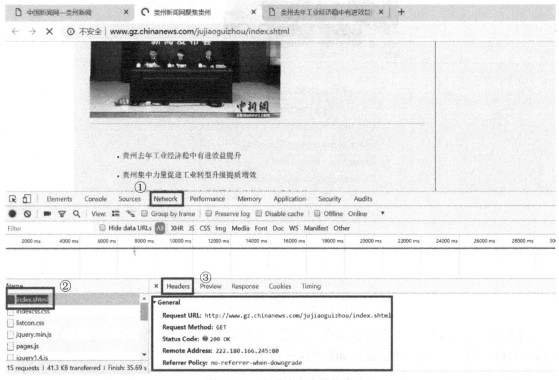

图 15-44　查看请求头的信息

网站服务器在收到请求后，会响应用户端，选择"Response"选项卡可以查看响应内容，是一些 HTML 格式的文件，如图 15-45 所示。

图 15-45　响应信息

浏览器会解析服务器响应的这些 HTML 信息，最终将网页显示出来，最终的显示结果就是被浏览的网页。用户需要通过这些 HTML 信息获得所需的数据，并将数据进行最终的呈现。

4．爬虫代码实现过程

关闭浏览器开发者工具栏，将鼠标指针移动到第一条新闻标题上，页面左下脚会显示该标题链接的 URL 信息，如图 15-46 所示。URL 是统一资源定位符，是因特网上标准的资源地址。

图 15-46　显示 URL 信息

单击第一个新闻标题，进入新闻详情页面，在该页面中按 "F12" 键打开浏览器开发者工具，单击图 15-47 箭头所示的选取工具后，将鼠标指针移动到新闻详情页面，选取新闻详情页面的标题，下方的工具栏中将显示相对应的 HTML 标签信息，如图 15-48 所示。标题 "贵州去年工业经济稳中有进效益提升" 对应的标签是 "class='pagetitle'"。

图 15-47　选取工具

图 15-48　选择标题后显示相应的标签

依照上述方法选择发表时间和稿件来源，可以看到对应的标签是"class='pagetop'"，如图 15-49 所示。

图 15-49　显示发表时间和稿件来源标签

选取稿件内容，可以看到对应的标签是"class='pagecon'"，如图 15-50 所示。

第 15 章 基础实验

图 15-50 显示新闻内容标签

打开 PyCharm，再打开"web_crawler.py"文件，这是事先编写好的爬虫代码。首先了解本次实验需要用到的库，如图 15-51 所示。

- csv：读写 CSV 文件的库。
- requests：Web 通信的库。
- re：正则表达式的库。
- etree：解析 HTML 的库。
- detetime：获取时间的库。

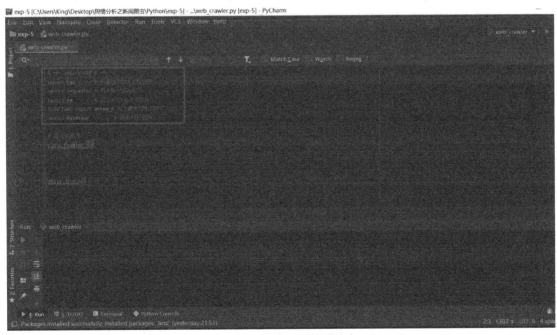

图 15-51 爬虫需要用到的库

进入程序头部，创建爬虫对象，调用 start_request 方法。单击进入该方法，可以看到该方法的内容，如图 15-52 所示。主要实现的功能是获取起始版块链接、判断是否进入正确的网站、打印每次循环时使用的 URL 地址。

图 15-52 start_request 方法的内容

若进入了正确的网站，则调用 get_chinanews_thread 方法，单击进入该方法，内容如图 15-53 所示，该方法实现的功能是抓取列表页并进入抓取内容页。

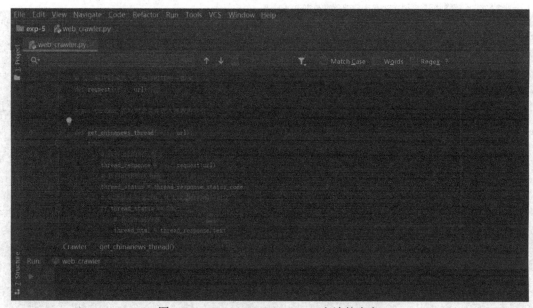

图 15-53 get_chinanews_thread 方法的内容

下面获取 HTML 的内容并且用 etree 库解析 HTML。

打开浏览器，按"F12"键，用选择工具选择列表元素，对应的<li>标签会在开发者工具栏中显示，其中<li>下的<a>标签后的"href"就是对应的相对 URL 地址，如图 15-54 所示。

图 15-54　查找相对 URL 地址

不能使用相对 URL 地址直接访问，需要跟域名拼接成绝对 URL 地址，并输出绝对 URL 地址，之后将获取的内容保存到目标 CSV 文件中。如果状态码不是"200"，就记录错误，将异常保存为 CSV 格式，部分代码实现如图 15-55 所示。

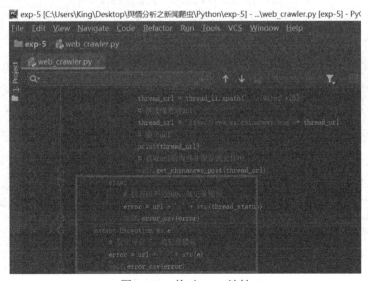

图 15-55　绝对 URL 地址

如果成功获取 URL 地址并保存到文件中，则调用 get_chinanews_post 方法，部分代码实现如图 15-56 所示，该方法实现的功能是抓取内容页。

图 15-56　get_chinanews_post 方法的内容

通过上述代码对获取的内容进行处理后，使用 csv 库将字典内容保存到 CSV 文件中，进入 save_csv 方法，部分代码实现如图 15-57 所示，该方法实现的功能是将抓取到的数据信息保存在本地。

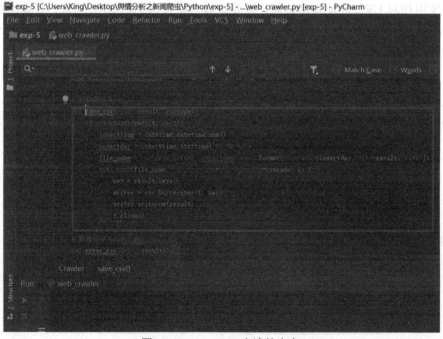

图 15-57　save_csv 方法的内容

接下来运行上述爬虫代码，单击"Run"按钮，程序开始爬取，如图 15-58 所示。

图 15-58　Python 爬取数据

找到存储文件的目录，使用 Notepad 工具打开生成的 CSV 文件，如图 15-59 所示。

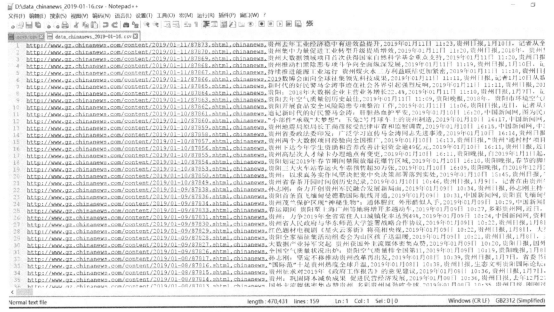

图 15-59　Python 爬虫结果

将新闻网页打开，将爬虫结果与新闻网页信息进行对比，可以对爬取效果加以验证，如图 15-60 所示。

图 15-60　Python 爬取结果与网页信息对比

通过本次实验，了解了政务互联网舆情分析新闻爬取项目背景，掌握所爬取的网站信息；了解 Python 网络爬虫的实现原理，按照发送请求、获取响应内容、解析内容、保存数据的实现流程，掌握数据爬虫的操作步骤；通过对具体实现代码的解析，完成 Python 数据爬虫操作。这些内容只是对数据爬虫基础知识的了解，如果读者需要了解更多数据爬虫的知识，则要进一步深入学习。

第 16 章 功能实验

16.1 绘制多个子图

【实验目的】

熟练掌握绘制多个子图的方法。

【实验原理】

在 Matplotlib 中，有当前的图形（figure）和当前的轴（axes）的概念，整个图像为一个 figure 对象。在 figure 对象中可以包含一个或多个 axes 对象，每个 axes(ax)对象都是一个拥有自己坐标系统的绘图区域。可以通过 gca()获得当前的 axes 绘图区域，通过 gcf()获得当前的图形。如果 figure 对象为空，则自动调用 figure()生成一个图像窗口，严格地讲是生成 subplots(111)。此外，在 Matplotlib 中可以通过 subplot()为一个图形创建多个子图。

在 Matplotlib 中，一个 figure 对象包含多个子图，可以使用 subplot()快速绘制，其调用形式如下：

1. subplot(numRows, numCols, plotNum)

图表的整个绘图区域被分成 numRows 行和 numCols 列。按照从左到右、从上到下的顺序对每个子区域进行编号，左上的子区域的编号为 1。plotNum 参数指定创建的 axes 对象所在的区域。

如果 numRows = 2、numCols = 3，那么整个绘图样式为 2×3 的图像区域，用坐标表示如下：

1. (1, 1), (1, 2), (1, 3)
2. (2, 1), (2, 2), (2, 3)

这时，当 plotNum = 3 时，表示的坐标为(1, 3)，即第一行第三列的子图。

如果 numRows、numCols 和 plotNum 这 3 个数都小于 10，则可以把它们缩写为一个整数，例如 subplot(323)和 subplot(3,2,3)是相同的。

使用 subplot()可以在 plotNum 指定的区域创建一个轴对象。如果新建的轴和之前创建的轴重叠，则之前的轴将被删除。

注意，pyplot 方式中的 plt.subplot()参数的含义和面向对象中的 add_subplot()参数的含义相同。

【实验环境】

- Linux Ubuntu 16.04。

- Python 3.6.1。
- PyCharm。

【实验内容】

（1）使用 matplotlib.pyplot.subplot() 绘制多个子图。
（2）使用 matplotlib.pyplot.subplot2grid() 绘制多个子图。
（3）使用 matplotlib.GridSpec() 绘制多个子图。
（4）使用 matplotlib.pyplot.subplots() 绘制多个子图。

【实验步骤】

（1）打开 PyCharm，选择"Create New Project"选项，如图 16-1 所示。

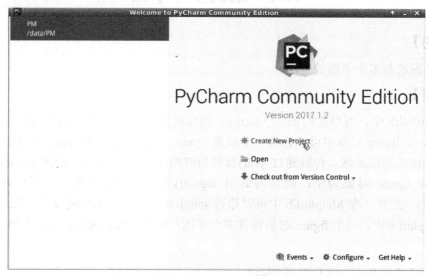

图 16-1　选择"Create New Project"选项

在弹出的"Create Project"对话框中新建名为"matplotlib2"的项目，如图 16-2 所示。

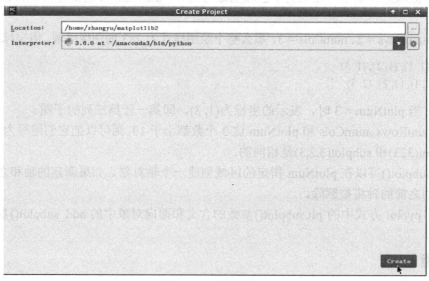

图 16-2　新建项目

单击"Create"按钮后,打开 matplotlib2 项目,在该项目上右击,在弹出的快捷菜单中选择"New"→"Python File"选项,如图 16-3 所示。

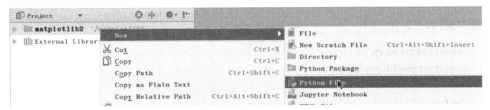

图 16-3 快捷菜单

在弹出的对话框中新建名为"subplot1"的 Python 文件,如图 16-4 所示。

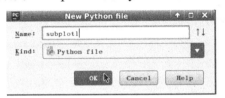

图 16-4 新建 Python 文件

打开 subplot1.py 文件,使用 matplotlib.pyplot.subplot()编写多个子图代码。

导入 matplotlib.pyplot 模块,并用别名 plt 表示;导入 numpy 包,并用别名 np 表示,代码如下:

1. import numpy as np
2. import matplotlib.pyplot as plt

自定义一个函数 f,输入参数 t,返回一个指数表达式,代码如下:

1. def f(t):
2.   return np.exp(-t)*np.cos(2*np.pi*t)

使用 numpy 包中的 arange()生成绘图所需的数据 t1、t2,代码如下:

1. t1=np.arange(0.0,5.0,0.1)
2. t2=np.arange(0.0,5.0,0.02)

创建一个图像窗口,代码如下:

1. plt.figure(1)

创建绘图样式为 2×1 的图像区域,并选中第一个子图,然后使用 plot()传入数据 t1、t2,分别绘制走势为函数 f(t)、颜色为蓝色、形状为点状的图与走势为函数 f(t)、颜色为黑色、形状为默认线条的图。

1. plt.subplot(211)
2. plt.plot(t1,f(t1),'bo',t2,f(t2),'k')

创建绘图样式为 2×1 的图像区域,并选中第二个子图,然后使用 plot()传入数据 t2,绘制走势为 cos(2π×t2)、颜色为红色、形状为默认虚线条的图。

1. plt.subplot(212)
2. plt.plot(t2,np.cos(2*np.pi*t2),'r--')

显示图像，代码如下：

1. plt.show()

完整代码如下：

1. import numpy as np
2. import matplotlib.pyplot as plt
3.
4. def f(t):
5. 　　　return np.exp(-t)*np.cos(2*np.pi*t)
6.
7. t1=np.arange(0.0,5.0,0.1)
8. t2=np.arange(0.0,5.0,0.02)
9.
10. plt.figure(1)
11.
12. plt.subplot(211)
13. plt.plot(t1,f(t1),'bo',t2,f(t2),'k')
14.
15. plt.subplot(212)
16. plt.plot(t2,np.cos(2*np.pi*t2),'r--')
17. plt.show()

代码编写完毕，在 subplot1.py 文件上右击，在弹出的快捷菜单中选择"Run 'subplot1'"选项，如图 16-5 所示，运行 subplot1.py 文件。

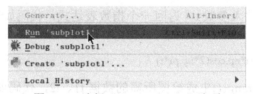

图 16-5　选择"Run 'subplot1'"选项

在屏幕上打印出结果，如图 16-6 所示。

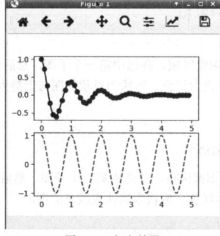

图 16-6　打印结果

（2）打开 matplotlib2 项目，在该项目上右击，在弹出的快捷菜单中选择"New"→"Python File"选项，如图 16-7 所示。

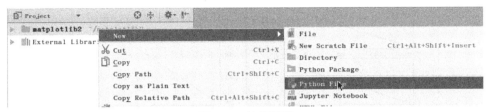

图 16-7 快捷菜单

在弹出的对话框中新建名为"subplot2"的 Python 文件，如图 16-8 所示。

图 16-8 新建 Python 文件

打开 subplot2.py 文件，编写代码，绘制序号分别为 1、2 的两张图。

如果不指定 figure()的轴，则 figure(1)默认会被创建。同样，如果不指定 subplot(numrows, numcols, fignum)的轴，则 subplot(111)也会被自动创建，代码如下：

```
1.  import matplotlib.pyplot as plt
2.  plt.figure(1) # 创建第一个图像窗口（figure）
3.  plt.subplot(211) # 第一个图像窗口的第一个子图
4.  plt.plot([1, 2, 3])
5.  plt.subplot(212) # 第一个图像窗口的第二个子图
6.  plt.plot([4, 5, 6])
7.  plt.figure(2) #创建第二个图像窗口
8.  plt.plot([4, 5, 6]) # 默认子图命令是 subplot(111)
9.  plt.figure(1) # 调取图像窗口 1; subplot(212)仍然被调用中
10. plt.subplot(211) #调用 subplot(211)
11. plt.title('First Axis on Figure 1') # 创建标题
12. plt.show()
```

代码编写完毕，在 subplot2.py 文件上右击，在弹出的快捷菜单中选择"Run 'subplot2'"选项，如图 16-9 所示，运行 subplot2.py 文件。

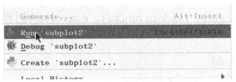

图 16-9 选择"Run 'subplot2'"选项

在屏幕上打印出结果，如图 16-10 所示。

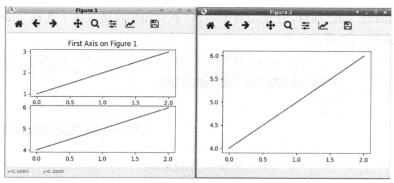

图 16-10　打印结果

（3）打开 matplotlib2 项目，在该项目上右击，在弹出的快捷菜单中选择"New"→"Python File"选项，如图 16-11 所示。

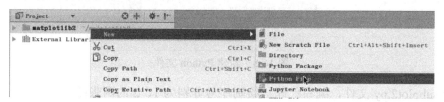

图 16-11　快捷菜单

在弹出的对话框中新建名为"subplot3"的 Python 文件，如图 16-12 所示。

图 16-12　新建 Python 文件

打开 subplot3.py 文件，编写代码，绘制内嵌图。subplot()用于将整个图形平分，而使用 axes()可以在图形上的任意位置画图。

使用 import 导入 matplotlib.pyplot 模块，并简写成 plt，再导入 numpy 包，并简写成 np，代码如下：

```
1.  import matplotlib.pyplot as plt
2.  import numpy as np
```

使用 numpy 包中的 arange()、random.randn()、convolve()创建数据，代码如下：

```
1.  dt = 0.001
2.  t = np.arange(0.0, 10.0, dt)
3.  r = np.exp(-t[:1000]/0.05) # impulse response
4.  x = np.random.randn(len(t))
5.  s = np.convolve(x, r)[:len(x)]*dt # colored noise
```

使用 plt.axis 画出绘图区域，然后使用 plt.plot()绘制高斯有色噪声图，使用 xlabel、ylabel 和 title 来对 x 轴、y 轴和标题命名，默认主轴图 axes 是 subplot(111)，代码如下：

第 16 章 功能实验

```
1.  plt.plot(t, s)
2.  plt.axis([0, 1, 1.1*np.amin(s), 2*np.amax(s)])
3.  plt.xlabel('time (s)')
4.  plt.ylabel('current (nA)')
5.  plt.title('Gaussian colored noise')
```

使用 plt.axis 画出绘图区域,并标记该区域的颜色为红色,用于内嵌一个图,然后在该内嵌图中使用 plt.hist() 绘制一个直方图,用 plt.title() 设置标题,代码如下:

```
1.  a = plt.axes([.65, .6, .2, .2], facecolor='y')
2.  n, bins, patches = plt.hist(s, 400, normed=1)
3.  plt.title('Probability')
4.  plt.xticks([])
5.  plt.yticks([])
```

使用 plt.axis 画出绘图区域,并标记该区域的颜色为红色,用于内嵌另外一个图,然后在该内嵌图中使用 plt.plot() 绘制一个曲线图,用 plt.title() 设置标题,用 plt.xlim() 设置 x 轴刻度范围,代码如下:

```
1.  a = plt.axes([0.2, 0.6, .2, .2], facecolor='y')
2.  plt.plot(t[:len(r)], r)
3.  plt.title('Impulse response')
4.  plt.xlim(0, 0.2)
5.  plt.xticks([])
6.  plt.yticks([])
```

完整代码如下:

```
1.  import matplotlib.pyplot as plt
2.  import numpy as np
3.  # 创建数据
4.  dt = 0.001
5.  t = np.arange(0.0, 10.0, dt)
6.  r = np.exp(-t[:1000]/0.05) # impulse response
7.  x = np.random.randn(len(t))
8.  s = np.convolve(x, r)[:len(x)]*dt # colored noise
9.  # 默认主轴图 axes 是 subplot(111)
10. plt.plot(t, s)
11. plt.axis([0, 1, 1.1*np.amin(s), 2*np.amax(s)])
12. plt.xlabel('time (s)')
13. plt.ylabel('current (nA)')
14. plt.title('Gaussian colored noise')
15. #内嵌图
16. a = plt.axes([.65, .6, .2, .2], facecolor='y')
17. n, bins, patches = plt.hist(s, 400, normed=1)
18. plt.title('Probability')
19. plt.xticks([])
20. plt.yticks([])
21. #另外一个内嵌图
22. a = plt.axes([0.2, 0.6, .2, .2], facecolor='y')
```

23. plt.plot(t[:len(r)], r)
24. plt.title('Impulse response')
25. plt.xlim(0, 0.2)
26. plt.xticks([])
27. plt.yticks([])
28. plt.show()

代码编写完毕，在 subplot3.py 文件上右击，在弹出的快捷菜单中选择"Run 'subplot3'"选项，如图 16-13 所示，运行 subplot3.py 文件。

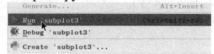

图 16-13　选择"Run 'subplot3'"选项

在屏幕上打印出结果，如图 16-14 所示。

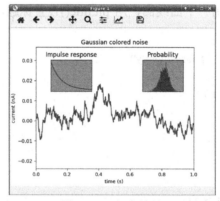

图 16-14　打印结果

（4）打开 matplotlib2 项目，在该项目上右击，在弹出的快捷菜单中选择"New"→"Python File"选项，如图 16-15 所示。

图 16-15　快捷菜单

在弹出的对话框中新建名为"subplot4"的 Python 文件，如图 16-16 所示。

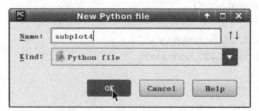

图 16-16　新建 Python 文件

打开 subplot4.py 文件，编写代码，使用 subplot2grid()函数定制 subplot 的坐标。

使用 import 导入 matplotlib.pyplot 模块，并简写成 plt。使用 plt.figure()创建一个图像窗口，代码如下：

```
1.  import matplotlib.pyplot as plt
2.  plt.figure()
```

使用 plt.subplot2grid 创建第 1 个小图，(4,3)表示将整个图像窗口分成 4 行 3 列，(0,0)表示从第 0 行第 0 列开始作图，colspan=3 表示列的跨度为 3。colspan 和 rowspan 默认，默认跨度为 1，代码如下：

```
1.  ax1 = plt.subplot2grid((4,3), (0,0), colspan=3)
```

使用 ax1.scatter()创建一个散点图，使用 ax1.set_xlabel 和 ax1.set_ylabel 来对 x 轴和 y 轴命名，代码如下：

```
1.  ax1.scatter([1, 2, 3, 4], [1, 2, 3, 4])
2.  ax1.set_xlabel('ax1_x')
3.  ax1.set_ylabel('ax1_y')
4.  ax1.set_title('ax1_title')
```

使用 plt.subplot2grid 创建第 2 个小图，(3,3)表示将整个图像窗口分成 3 行 3 列，(1,0)表示从第 1 行第 0 列开始作图，colspan=2 表示列的跨度为 2。同上，创建第 3 个小图，(1,2)表示从第 1 行第 2 列开始作图，rowspan=2 表示行的跨度为 2。再创建第 4 个和第 5 个小图，使用默认的 colspan 值和 rowspan 值，代码如下：

```
1.  ax2 = plt.subplot2grid((3,3), (1,0), colspan=2)
2.  ax3 = plt.subplot2grid((3,3), (1, 2), rowspan=2)
3.  ax4 = plt.subplot2grid((3,3), (2, 0))
4.  ax5 = plt.subplot2grid((3,3), (2, 1))
```

完整代码如下：

```
1.   import matplotlib.pyplot as plt
2.   plt.figure()
3.   ax1 = plt.subplot2grid((4,3), (0,0), colspan=3)
4.   ax1.scatter([1, 2, 3, 4], [1, 2, 3, 4])
5.   ax1.set_xlabel('ax1_x')
6.   ax1.set_ylabel('ax1_y')
7.   ax1.set_title('ax1_title')
8.   ax2 = plt.subplot2grid((3,3), (1,0), colspan=2)
9.   ax3 = plt.subplot2grid((3,3), (1, 2), rowspan=2)
10.  ax4 = plt.subplot2grid((3,3), (2, 0))
11.  ax5 = plt.subplot2grid((3,3), (2, 1))
12.  plt.show()
```

代码编写完毕，在 subplot4.py 文件上右击，在弹出的快捷菜单中选择 "Run 'subplot4'" 选项，如图 16-17 所示，运行 subplot4.py 文件。

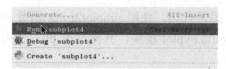

图 16-17 选择"Run 'subplot4'"选项

在屏幕上打印出结果,如图 16-18 所示。

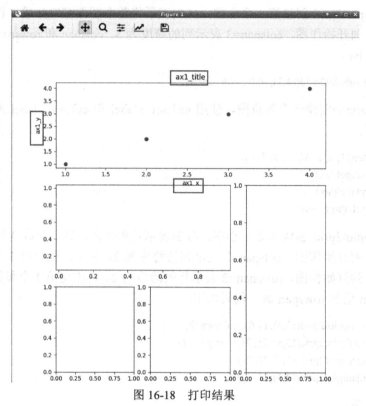

图 16-18 打印结果

(5)打开 matplotlib2 项目,在该项目上右击,在弹出的快捷菜单中选择"New"→"Python File"选项,如图 16-19 所示。

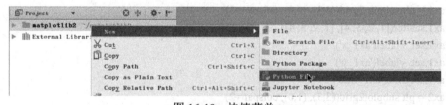

图 16-19 快捷菜单

在打开的对话框中新建名为"subplot5"的 Python 文件,如图 16-20 所示。

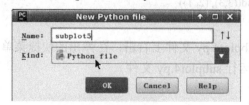

图 16-20 新建 Python 文件

打开 subplot5.py 文件，编写代码，使用 GridSpec()函数定制 subplot 的坐标。

使用 import 导入 matplotlib.pyplot 模块，并简写成 plt，再使用 import 导入 matplotlib.gridspec 模块，并简写成 gridspec，代码如下：

1. import matplotlib.pyplot as plt
2. import matplotlib.gridspec as gridspec

用 plt.figure()创建一个图像窗口，使用 gridspec.GridSpec()函数将整个图像窗口分成 3 行 3 列，代码如下：

1. plt.figure()
2. gs = gridspec.GridSpec(3, 3)

使用 plt.subplot 作图，gs[0, :]表示这个图占第 0 行和所有列，gs[1, :-1]表示这个图占第 1 行和倒数第 1 列前的所有列，gs[1:, -1]表示这个图占第 1 行后的所有行和倒数第 1 列，gs[-1, 0]表示这个图占倒数第 1 行和第 0 列，gs[-1, -2]表示这个图占倒数第 1 行和倒数第 2 列，代码如下：

1. ax1 = plt.subplot(gs[0, :])
2. ax2 = plt.subplot(gs[1,:-1])
3. ax3 = plt.subplot(gs[1:, -1])
4. ax4 = plt.subplot(gs[-1,0])
5. ax5 = plt.subplot(gs[-1,-2])

完整代码如下：

1. import matplotlib.pyplot as plt
2. import matplotlib.gridspec as gridspec
3. plt.figure()
4. gs = gridspec.GridSpec(3, 3)
5. ax1 = plt.subplot(gs[0, :])
6. ax2 = plt.subplot(gs[1,:-1])
7. ax3 = plt.subplot(gs[1:, -1])
8. ax4 = plt.subplot(gs[-1,0])
9. ax5 = plt.subplot(gs[-1,-2])
10. plt.show()

代码编写完毕，在 subplot5.py 文件上右击，在弹出的快捷菜单中选择"Run 'subplot5'"选项，如图 16-21 所示，运行 subplot5.py 文件。

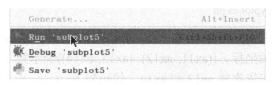

图 16-21　选择"Run 'subplot5'"选项

在屏幕上打印出结果，如图 16-22 所示。

（6）打开 matplotlib2 项目，在该项目上右击，在弹出的快捷菜单中选择"New"→"Python File"选项，如图 16-23 所示。

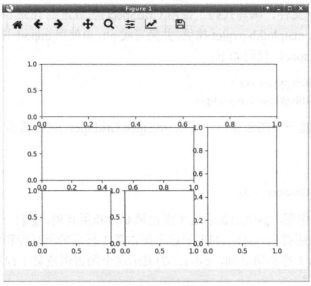

图 16-22　打印结果

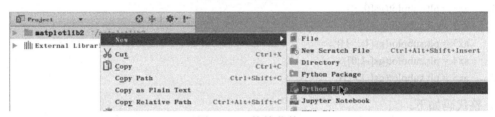

图 16-23　快捷菜单

在弹出的对话框中新建名为"subplot6"的 Python 文件，如图 16-24 所示。

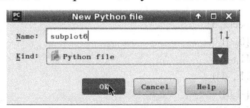

图 16-24　新建 Python 文件

打开 subplot6.py 文件，编写代码，使用 subplots 定制 subplot 的坐标。

使用 import 导入 matplotlib.pyplot 模块，并简写成 plt，代码如下：

1. import matplotlib.pyplot as plt

使用 plt.subplots() 创建一个 2 行 2 列的图像窗口，sharex=True 表示共享 x 轴坐标，sharey=True 表示共享 y 轴坐标。((ax11, ax12), (ax13, ax14)) 表示第 1 行从左至右依次放 ax11 和 ax12，第 2 行从左至右依次放 ax13 和 ax14，代码如下：

1. f, ((ax11, ax12), (ax13, ax14)) = plt.subplots(2, 2, sharex=True, sharey=True)

plt.tight_layout() 表示紧凑显示图像，plt.show() 表示显示图像，代码如下：

1. plt.tight_layout()
2. plt.show()

完整代码如下：

1. import matplotlib.pyplot as plt
2. f, ((ax11, ax12), (ax13, ax14)) = plt.subplots(2, 2, sharex=True, sharey=True)
3. plt.tight_layout()
4. plt.show()

代码编写完毕，在 subplot6.py 文件上右击，在弹出的快捷菜单中选择"Run 'subplot6'"选项，如图 16-25 所示，运行 subplot6.py 文件。

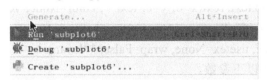

图 16-25　选择"Run 'subplot6'"选项

在屏幕上打印出结果，如图 16-26 所示。

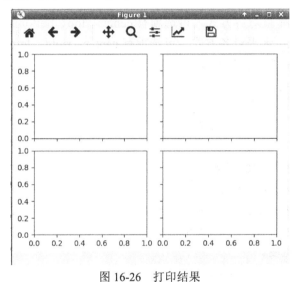

图 16-26　打印结果

16.2　文　本　说　明

【实验目的】

（1）掌握 text、xlabel、ylabel、title、annotate 等函数的使用方法。
（2）掌握使用 matplotlib 进行标注的方法。

【实验原理】

1. 确定坐标范围

- plt.axis([xmin, xmax, ymin, ymax])：axis()命令给定了坐标范围。
- xlim(xmin, xmax)和 ylim(ymin, ymax)：用来调整坐标范围。

2．使用 xlable()和 ylable()添加 x 轴标签和 y 轴标签

matplotlib.pyplot.xlabel(label, fontdict=None, labelpad=None, **kwargs)
matplotlib.pyplot.ylabel(label, fontdict=None, labelpad=None, **kwargs)
在一个图形的子图 axis 区域使用 xlable()和 ylable()设置标签。

3．使用 text()设置文字说明

使用 text()可以在图形中的任意位置添加文字，并支持 LaTex 语法。

text()原型：matplotlib.text.Text(x=0, y=0, text='', color=None, verticalalignment='baseline', horizontalalignment='left', multialignment=None, fontproperties=None, rotation=None, linespacing=None, rotation_mode=None, usetex=None, wrap=False, **kwargs）

通常在开发时会用到以下参数。

x、y：坐标轴上的值。

string：说明文字。

fontsize：字号大小。

verticalalignment：垂直对齐方式，可选项有 center、top、bottom、baseline。

horizontalalignment：水平对齐方式，可选项有 center、right、left。

xycoords：选择指定的坐标轴系统，相关方法如下。

- figure points：点在图左下方。
- figure pixels：图左下角的像素。
- figure fraction：左下角的数字部分。
- axes points：左下角点的坐标。
- axes pixels：轴左下角的像素。
- axes fraction：左下角轴的部分。
- data：使用的坐标系统的对象是 annotated（默认）。
- arrowprops：箭头参数，参数类型为字典。
- width：箭头的宽度。
- headwidth：箭头顶点的宽度。
- headlength：箭头的长度。
- shrink：从两端收缩到总长度的部分。
- facecolor：箭头颜色。

bbox 用于给标题增加外框，常用形式如下：

bbox=dict(boxstyle='round,pad=0.5', fc='yellow', ec='k',lw=1 ,alpha=0.5)

其中，fc 为 facecolor，ec 为 edgecolor，lw 为 lineweight。

- boxstyle：方框外形。
- facecolor（fc）：背景颜色。
- edgecolor（ec）：边框线条颜色。
- edgewidth：边框线条宽度。

4．使用 title()设置图像标题

title()原型：matplotlib.pyplot.title(s, *args, **kwargs)

参数说明如下：

s：String 类型，为图形添加文本标题。

fontdict：Dict 类型，一个控制文本标题外观的字典，默认的字体是{'fontsize': rcParams['axes.titlesize'], 'fontweight' : rcParams['axes.titleweight'], 'verticalalignment': 'baseline', 'horizontalalignment': loc}。

loc：String 字符串类型，用于设置标题的位置，可选项有 center、left、right，默认为 center。

kwargs：其他关键字参数，文本属性，与 text 文本属性相似。

（1）title()其他参数。

string：说明文字。

fontsize：设置字号，默认为 12，可选项有 xx-small、x-small、small、medium、large、x-large、xx-large。

fontweight：设置文字粗细，可选项有 light、normal、medium、semibold、bold、heavy、black。

fontstyle：设置字体，可选项有 normal、italic、oblique。

verticalalignment：设置水平对齐方式，可选项有 center、top、bottom、baseline。

horizontalalignment：设置垂直对齐方式，可选项有 left、right、center。

rotation：设置旋转角度，可选项有 vertical、horizontal，也可以为数字。

alpha：设置透明度，参数值为 0～1。

backgroundcolor：设置标题背景颜色。

bbox：给标题增加外框，常用参数如下。

- boxstyle：设置方框外形。
- facecolor（fc）：设置背景颜色。
- edgecolor（ec）：设置边框线条颜色。
- edgewidth：设置边框线条宽度。

（2）title()例子。

plt.title('Interesting Graph',fontsize='large', fontweight='bold')，设置字号与格式。

plt.title('Interesting Graph',color='blue')，设置文字颜色。

plt.title('Interesting Graph',loc ='left')，设置文字位置。

plt.title('Interesting Graph',verticalalignment='bottom')，设置垂直对齐方式。

plt.title('Interesting Graph',rotation=45)，设置文字旋转角度。

plt.title('Interesting',bbox=dict(facecolor='g', edgecolor='blue', alpha=0.65))，设置标题边框。

返回值：text 类型，表示标题的 matplotlib 文本实例。

5．annotate 标注文字

annotate 语法：annotate(s='str' ,xy=(x,y) ,xytext=(l1,l2) ,..)

其中，s 为注释文本内容，xy 为被注释的坐标点，xytext 为注释文字的坐标位置。

textcoords 用于设置注释文字的偏移量。

在数据可视化的过程中，文字经常被用来注释图中的一些特征。使用 annotate()方法可以很方便地添加此类注释。在使用 annotate()方法时，要考虑两个点的坐标：被注释的地方 xy(x, y)和插入文本的地方 xytext(x, y)。

6．使用 plt.legend()添加图例

使用 plt.legend()添加图例会用到 Matplotlib，它是 Python 的 2D 绘图库，其作用是以各种

硬拷贝格式和跨平台的交互式环境生成出版质量级别的图形。添加图例的语法如下：

matplotlib.legend.DraggableLegend(legend, use_blit=False, update='loc')

位置的可选参数如下：

```
'best'         : 0, (only implemented for axes legends)
'upper right'  : 1,
'upper left'   : 2,
'lower left'   : 3,
'lower right'  : 4,
'right'        : 5,
'center left'  : 6,
'center right' : 7,
'lower center' : 8,
'upper center' : 9,
'center'       : 10,
```

7．设置 axes 脊柱（坐标轴）

（1）去掉脊柱（坐标轴）。

ax.spines['top'].set_visible(False)：去掉上边框。

ax.spines['bottom'].set_visible(False)：去掉下边框。

ax.spines['left'].set_visible(False)：去掉左边框。

ax.spines['right'].set_visible(False)：去掉右边框。

（2）移动脊柱。

ax.spines['right'].set_color('none')：将右边框属性设置为 none。

ax.spines['top'].set_color('none')：将上边框属性设置为 none。

ax.xaxis.set_ticks_position('bottom')：将坐标轴上的数字显示位置设置在底部。

ax.spines['bottom'].set_position(('data',0))：设置底边的移动范围，移动到 y 轴的 0 位置。

ax.yaxis.set_ticks_position('left')：将坐标轴上的数字显示位置设置在左边。

ax.spines['left'].set_position(('data',0)) 设置右边的移动范围，移动到 y 轴的 0 位置。

（3）设置边框颜色。

ax = plt.gca()：获取当前的 axes。

ax.spines['right'].set_color('blue')ax.spines['top'].set_color('none')：设置边框的位置、颜色等属性。

（4）设置边框线宽：ax1.spines['left'].set_linewidth(5)。

（5）设置边框线型：ax.spines['left'].set_linestyle('--')。

【实验环境】

- Linux Ubuntu 16.04。
- Python 3.6.1。
- PyCharm。

【实验内容】

（1）使用 matplotlib.pyplot 中的 title()设置图像标题。

（2）使用 matplotlib.pyplot 中的 annotate()标注文字。

（3）使用 matplotlib.pyplot 中的 text()设置文字说明。

（4）使用 matplotlib.pyplot 中的 legend()和 plot()中的 label 参数一起为图像添加图例。

（5）使用 matplotlib.pyplot 中的 axis()指定坐标范围。

（6）使用 matplotlib.pyplot 中的 grid()添加网格。

（7）使用 matplotlib.pyplot 中的 spines()移动脊柱。

【实验步骤】

（1）打开 PyCharm，选择"Create New Project"选项，如图 16-27 所示。

图 16-27　选择"Create New Project"选项

（2）在弹出的对话框中新建名为"matplotlib3"的项目，如图 16-28 所示。

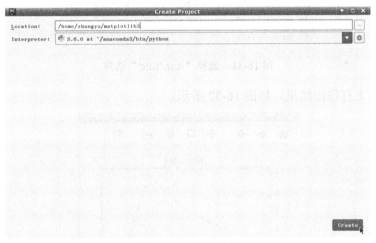

图 16-28　新建项目

（3）单击"Create"按钮后，打开 matplotlib3 项目，在该项目上右击，在弹出的快捷菜单中选择"New"→"Python File"选项，如图 16-29 所示。

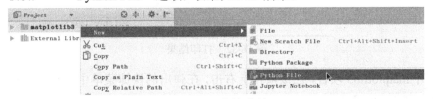

图 16-29　快捷菜单

(4) 在弹出的对话框中新建名为 "title" 的 Python 文件, 如图 16-30 所示。

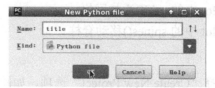

图 16-30　新建 Python 文件

(5) 打开 title.py 文件, 编写代码, 用于绘制有标题的图, 代码如下:

```
view plain copy
1.  import matplotlib.pyplot as plt
2.  x=[1,2,3,4,5]
3.  y=[3,6,7,9,2]
4.
5.  fig,ax=plt.subplots(1,1)
6.  ax.plot(x,y,label='trend')
7.  ax.set_title('title test',fontsize=12,color='r',bbox={'facecolor':'red','alpha':0.5,'pad':10})
8.  plt.show()
```

(6) 代码编写完毕, 在 title.py 文件上右击, 在弹出的快捷菜单中选择 "Run 'title'" 选项, 如图 16-31 所示, 执行 title.py 文件。

图 16-31　选择 "Run 'title'" 选项

(7) 在屏幕上打印出结果, 如图 16-32 所示。

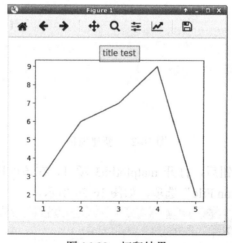

图 16-32　打印结果

(8) 打开 matplotlib3 项目, 在该项目上右击, 在弹出的快捷菜单中选择 "New" → "Python File" 选项, 如图 16-33 所示。

图 16-33　快捷菜单

（9）在弹出的对话框中新建名为"annotate"的 Python 文件，如图 16-34 所示。

图 16-34　新建 Python 文件

（10）打开 annotate.py 文件，编写代码，使用 annotate()为图像标注文字注释，代码如下：

```
view plain copy
1.   import matplotlib.pyplot as plt
2.   import numpy as np
3.   x = np.arange(0, 6)
4.   y = x * x
5.   plt.plot(x, y, marker='o')
6.   for xy in zip(x, y):
7.       plt.annotate("(%s,%s)" % xy, xy=xy, xytext=(-20, 10), textcoords='offset points')
8.   plt.show()
```

（11）代码编写完毕，在 annotate.py 文件上右击，在弹出的快捷菜单中选择"Run 'annotate'"选项，如图 16-35 所示，执行 annotate.py 文件。

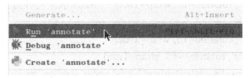

图 16-35　选择"Run 'annotate'"选项

（12）在屏幕上打印出结果，如图 16-36 所示。

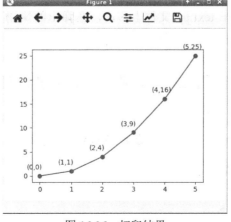

图 16-36　打印结果

（13）打开 matplotlib3 项目，在该项目上右击，在弹出的快捷菜单中选择"New"→"Python File"选项，如图 16-37 所示。

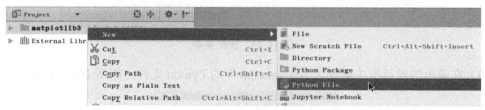

图 16-37　快捷菜单

（14）在弹出的对话框中新建名为"text"的 Python 文件，如图 16-38 所示。

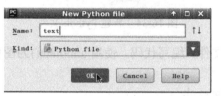

图 16-38　新建 Python 文件

（15）打开 text.py 文件，编写代码，使用 text()为图像设置文字说明，代码如下：

```
view plain copy
1.    import matplotlib.pyplot as plt
2.    fig = plt.figure()
3.    plt.axis([0, 10, 0, 10])    #设置 x、y 轴坐标范围都为 0～10
4.    t = "This is a really long string that I'd rather have wrapped so that it doesn't go outside of the figure, but if it's long enough it will go off the top or bottom!"
5.    plt.text(4, 1, t, ha='left', rotation=15, wrap=True)    #ha 为水平对齐方式，rotation 为逆时针旋转角度，wrap 为是否在图中显示文字说明
6.    plt.text(6, 5, t, ha='left', rotation=15, wrap=True)
7.    plt.text(5, 5, t, ha='right', rotation=-15, wrap=True)
8.    plt.text(5, 10, t, fontsize=18, style='oblique', ha='center',va='top',wrap=True)
9.    plt.text(3, 4, t, family='serif', style='italic', ha='right', wrap=True)
10.   plt.text(-1, 0, t, ha='left', rotation=-15, wrap=True)
11.   plt.show()
```

（16）代码编写完毕，在 text.py 文件上右击，在弹出的快捷菜单中选择"Run 'text'"选项，如图 16-39 所示，执行 text.py 文件。

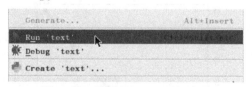

图 16-39　选择"Run 'text'"选项

（17）在屏幕上打印出结果，如图 16-40 所示。

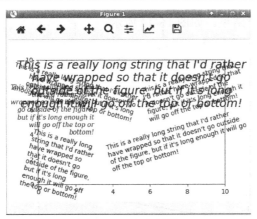

图 16-40　打印结果

（18）打开 matplotlib3 项目，在该项目上右击，在弹出的快捷菜单中选择"New"→"Python File"选项，如图 16-41 所示。

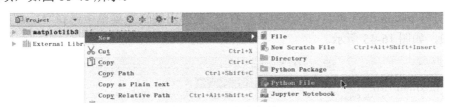

图 16-41　快捷菜单

（19）在弹出的对话框中新建名为"legend"的 Python 文件，如图 16-42 所示。

图 16-42　新建 Python 文件

（20）打开 legend.py 文件，编写代码，使用 legend()和 plot()中的 label 参数一起为图像添加图例，代码如下：

```
view plain copy
1.  import matplotlib.pyplot as plt
2.  plt.plot([1,2,3], [1,2,3], 'go-', label='line 1', linewidth=2)
3.  plt.plot([1,2,3], [1,4,9], 'rs',  label='line 2')
4.  plt.legend(loc='best')
5.  plt.show()
```

（21）代码编写完毕，在 legend.py 文件上右击，在弹出的快捷菜单中选择"Run 'legend'"选项，如图 16-43 所示，执行 legend.py 文件。

图 16-43　选择"Run 'legend'"选项

(22)在屏幕上打印出结果,如图 16-44 所示。

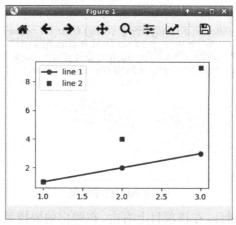

图 16-44　打印结果

(23)打开 matplotlib3 项目,在该项目上右击,在弹出的快捷菜单中选择"New"→"Python File"选项,如图 16-45 所示。

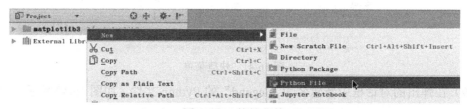

图 16-45　快捷菜单

(24)在弹出的对话框中新建名为"axis"的 Python 文件,如图 16-46 所示。

图 16-46　新建 Python 文件

(25)打开 axis.py 文件,编写代码,使用 axis()为图像指定坐标范围,代码如下:

```
view plain copy
1.   import matplotlib.pyplot as plt
2.   plt.plot([1,2,3], [1,2,3], 'go-', label='line 1', linewidth=2)
3.   plt.plot([1,2,3], [1,4,9], 'rs',    label='line 2')
4.   plt.axis([0, 4, 0, 10])
5.   plt.legend()
6.   plt.show()
```

(26)代码编写完毕,在 axis.py 文件上右击,在弹出的快捷菜单中选择"Run 'axis'"选项,如图 16-47 所示,执行 axis.py 文件。

图 16-47 选择"Run 'axis'"选项

（27）在屏幕上打印出结果，如图 16-48 所示。

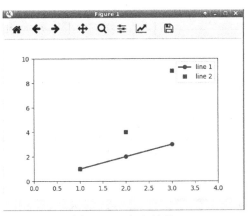

图 16-48 打印结果

（28）打开 matplotlib3 项目，在该项目上右击，在弹出的快捷菜单中选择"New"→"Python File"选项，如图 16-49 所示。

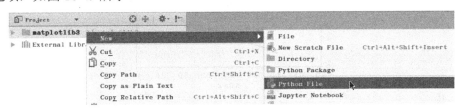

图 16-49 快捷菜单

（29）在弹出的对话框中新建名为"x_y_label"的 Python 文件，如图 16-50 所示。

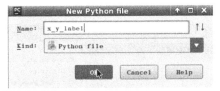

图 16-50 新建 Python 文件

（30）打开 x_y_label.py 文件，编写代码，使用 xlabel()和 ylabel()为图像添加 x 坐标轴说明和 y 坐标轴说明，代码如下：

```
view plain copy
1.   import matplotlib.pyplot as plt
2.   plt.plot([1,2,3], [1,2,3], 'go-', label='line 1', linewidth=2)
3.   plt.plot([1,2,3], [1,4,9], 'rs',   label='line 2')
4.   plt.axis([0, 4, 0, 10])
5.   plt.xlabel('data x')
6.   plt.ylabel('target y')
```

```
7.  plt.title('test plot')
8.  plt.legend()
9.  plt.show()
```

（31）代码编写完毕，在 x_y_label.py 文件上右击，在弹出的快捷菜单中选择"Run 'x_y_label'"选项，如图 16-51 所示，执行 x_y_label.py 文件。

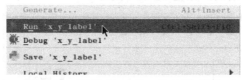

图 16-51　选择"Run 'x_y_label'"选项

（32）在屏幕上打印出结果，如图 16-52 所示。

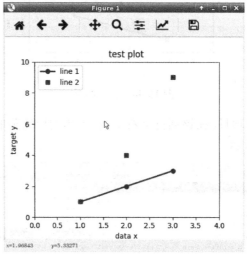

图 16-52　打印结果

（33）打开 matplotlib3 项目，在该项目上右击，在弹出的快捷菜单中选择"New"→"Python File"选项，如图 16-53 所示。

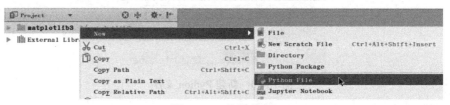

图 16-53　快捷菜单

（34）在弹出的对话框中新建名为"grid"的 Python 文件，如图 16-54 所示。

图 16-54　新建 Python 文件

（35）打开 grid.py 文件，编写代码，使用 grid()为图像添加网格，代码如下：

```
view plain copy
1.   import matplotlib.pyplot as plt
2.   plt.grid()
3.   plt.legend(['3','4','5'], loc='upper right')
4.   plt.show()
```

（36）代码编写完毕，在.grid.py 文件上右击，在弹出的快捷菜单中选择"Run 'grid'"选项，如图 16-55 所示，运行 grid.py 文件。

图 16-55　选择"Run 'grid'"选项

（37）在屏幕上打印出结果，如图 16-56 所示。

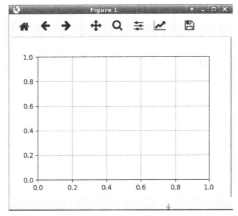

图 16-56　打印结果

（38）打开 matplotlib3 项目，在该项目上右击，在弹出的快捷菜单中选择"New"→"Python File"选项，如图 16-57 所示。

图 16-57　快捷菜单

（39）在弹出的对话框中新建名为"spines"的 Python 文件，如图 16-58 所示。

图 16-58　新建 Python 文件

（40）打开 spines.py 文件，编写代码，使用 spines()为图像移动坐标轴位置，代码如下：

<u>view plain copy</u>
```
1.  import matplotlib.pyplot as plt
2.  fig=plt.figure()
3.  ax1=fig.gca()
4.  ax1.spines['right'].set_color('none')
5.  ax1.spines['top'].set_color('none')
6.  ax1.xaxis.set_ticks_position('bottom')
7.  ax1.spines['bottom'].set_position(('data',0))
8.  ax1.yaxis.set_ticks_position('left')
9.  ax1.spines['left'].set_position(('data',0))
10. 
11. ax1.set_xlim([-3,3])
12. ax1.set_ylim([-3,3])
13. plt.show()
```

（41）代码编写完毕，在 spines.py 文件上右击，在弹出的快捷菜单中选择"Run 'spines'"选项，如图 16-59 所示，执行 spines.py 文件。

图 16-59　选择"Run 'spines'"选项

（42）在屏幕上打印出结果，如图 16-60 所示。

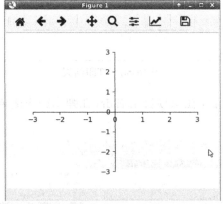

图 16-60　打印结果

（43）打开 matplotlib3 项目，在该项目上右击，在弹出的快捷菜单中选择"New"→"Python File"选项，如图 16-61 所示。

图 16-61　快捷菜单

（44）在弹出的对话框中新建名为"synthetic_test"的 Python 文件，如图 16-62 所示。

图 16-62　新建 Python 文件

（45）打开 synthetic_test.py 文件，编写代码，绘制综合图，代码如下：

```
view plain copy
1.   import matplotlib.pyplot as plt
2.   fig=plt.figure() #创建一张图
3.   fig.suptitle('bold figure suptitle',fontsize=14,fontweight='bold') #为总图设置标题
4.
5.   ax=fig.add_subplot(111) #创建一个子图
6.   fig.subplots_adjust(top=0.85) #调整图的高度
7.   ax.set_title('axes title') #设置子图标题
8.
9.   ax.set_xlabel('xlabel') #设置子图 x 轴标签
10.  ax.set_ylabel('ylabel') #设置子图 y 轴标签
11.
12.  ax.text(3,8,'boxed italics text in data coords',style='italic',
13.       bbox={'facecolor':'red','alpha':0.5,'pad':10}) #设置子图文字标注
14.  ax.text(2,6,r'an equation: $E=mc^2$',fontsize=15)
15.  ax.text(0.95,0.01,'colored text in baxes coords',verticalalignment='bottom',
16.       horizontalalignment='right',transform=ax.transAxes,color='green',fontsize=15)
17.
18.  ax.plot([2],[1],'o') #为子图画(2,1)这个点的图，图形状为点状
19.  ax.annotate('annotate',xy=(2,1),xytext=(3,4),arrowprops=dict(facecolor='yellow',shrink=0.05)) #为(2,1)点添加注释
20.  ax.axis([0,10,0,10]) #为 x、y 轴设置坐标范围
21.  plt.show()
```

（46）代码编写完毕，在 synthetic_test.py 文件上右击，在弹出的快捷菜单中选择"Run 'synthetic_test'"选项，如图 16-63 所示，执行 synthetic_test.py 文件。

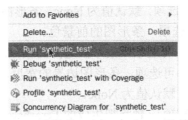

图 16-63　选择"Run 'synthetic_test'"选项

（47）在屏幕上打印出结果，如图 16-64 所示。

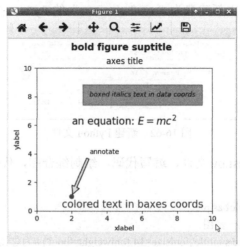

图 16-64　打印结果

16.3　条　形　图

【实验目的】

（1）了解 bar()中每个参数的含义。

（2）掌握使用 Matplotlib 绘制条形图的方法。

【实验原理】

（1）bar()原型：matplotlib.pyplot.bar(left, height, width=0.8, bottom=None, hold=None, **kwargs)。

bar()函数用于创建一个水平条形图。创建一个带有矩形边界的水平条，设置如下：

left, left + width, bottom, bottom + height

(left, right, bottom and top edges)

函数参数如下：

- left：标量序列，是 x 坐标轴数据，即每个块的 x 轴起始位置。
- height：标量或标量序列，是 y 坐标轴数据，即每个块的 y 轴高度。
- width：标量或数组，可选项。默认值为 0.8，每个块显示的宽度。
- bottom：标量或数组，可选项，默认值为 None，条形图 y 坐标，即每个块的底部高度。
- color：标量或数组，可选项，条形图的前景色。
- edgecolor：标量或数组，可选项，条形图边界的颜色。
- linewidth：标量或数组，可选项，条形图边界的宽度。如果为 None，则使用默认值；如果为 0，则不画边界。默认值为 None。
- xerr=1：标量或数组，可选项，x 轴将把生成的 Errorbars 用在条形图上，默认值为 None。
- yerr=1：标量或数组，可选项。如果不是 None，则 y 轴将把生成的 Errorbars 用在条形图上。默认值为 None。
- ecolor：标量或数组，默认值为 None。

- capsize：标量，默认值为 None，从 errorbar.capsize rcParam 获取值。
- orientation='vertical'：设置条形图的方向，包括 horizontal 和 vertical。
- align="center"：块的位置，包括 center、left 和 right。

返回值为 matplotlib.container.BarContainer，包含所有 Bar 与 Errorbar 的容器。

（2）barh()原型：matplotlib.pyplot.barh(bottom, width, height=0.8, left=None, hold=None, **kwargs)。

函数参数如下：
- bottom：标量或数组，条形图的 y 坐标。
- width：标量或数组，条形图的宽度。
- height：标量序列，可选项，默认值为 0.8，条形图的高度。
- left：标量序列，条形图左边的 x 坐标。

返回值为 matplotlib.patches.Rectangle 实例。

【实验环境】

- Linux Ubuntu 16.04。
- Python 3.6.1。
- PyCharm。

【实验内容】

使用 matplotlib.pyplot 中的 bar()函数或 barh()绘制条形图。

【实验步骤】

（1）打开 PyCharm，选择"Create New Project"选项，如图 16-65 所示。

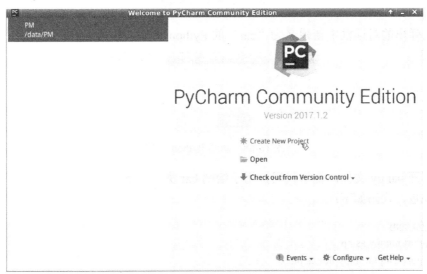

图 16-65　选择"Create New Project"选项

（2）在弹出的对话框中新建名为"matplotlib7"的项目，如图 16-66 所示。

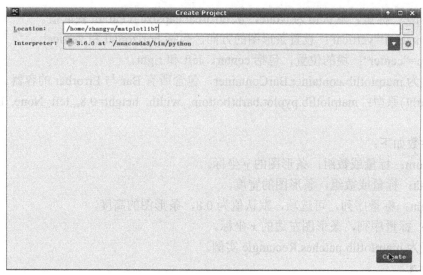

图 16-66 新建项目

（3）打开 matplotlib7 项目，在该项目上右击，在弹出的快捷菜单中选择"New"→"Python File"选项，如图 16-67 所示。

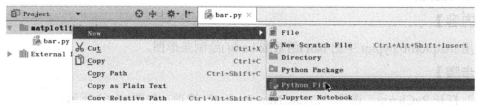

图 16-67 快捷菜单

（4）在弹出的对话框中新建名为"bar"的 Python 文件，如图 16-68 所示。

图 16-68 新建 Python 文件

（5）打开 bar.py 文件，编写代码，用于绘制 bar 类型的条形图。

导入外包，代码如下：

```
view plain copy
1.  import numpy as np
2.  import matplotlib.pyplot as plt
```

（6）创建一个图像窗口，代码如下：

```
1.  fig=plt.figure(1)
```

（7）创建一个子图，代码如下：

```
1.  ax1=plt.subplot(111)
```

（8）使用 numpy 包中的 array() 创建绘图所需的数据，代码如下：

```
1.  data=np.array([15,20,18,25])
```

（9）创建条形图的参数，条形图的宽度 width=0.5，条形图的位置（中心）x_bar=np.arange(4)，代码如下：

```
1.  width=0.5
2.  x_bar=np.arange(4)
```

（10）使用 plt.bar() 绘制条形图的主体，并传入宽度 width、位置 x_bar、高度 data、颜色 lightblue 等参数，代码如下：

```
1.  rect=ax1.bar(left=x_bar,height=data,width=width,color='lightblue')
```

（11）向条形图添加数据标签，代码如下：

```
1.  for rec in rect:
2.      x=rec.get_x()
3.      height=rec.get_height()
4.      ax1.text(x+0.1,1.02*height,str(height))
```

（12）绘制 x 坐标轴和 y 坐标轴的刻度和标签，并设置条形图标题，代码如下：

```
1.  ax1.set_xticks(x_bar)    #x 轴刻度
2.  ax1.set_xticklabels(('first','second','third','fourth')) #x 轴刻度标签
3.  ax1.set_ylabel('Y Axis')    #y 轴标签
4.  ax1.set_title("The Bar Graph")    #子图的标题
5.  ax1.grid(True)    #绘制网格
6.  ax1.set_ylim(0,28)    #绘制 y 轴的刻度范围
7.  plt.show()
```

（13）完整代码如下：

```
1.  import numpy as np
2.  import matplotlib.pyplot as plt
3.
4.  fig=plt.figure(1)
5.  ax1=plt.subplot(111)
6.  data=np.array([15,20,18,25])
7.  width=0.5
8.  x_bar=np.arange(4)
9.
10. rect=ax1.bar(left=x_bar,height=data,width=width,color='lightblue')
11.
12. for rec in rect:
13.     x=rec.get_x()
14.     height=rec.get_height()
15.     ax1.text(x+0.1,1.02*height,str(height))
16.
17. ax1.set_xticks(x_bar)    #x 轴刻度
18. ax1.set_xticklabels(('first','second','third','fourth')) #x 轴刻度标签
```

```
19.  ax1.set_ylabel('Y Axis')    #y 轴标签
20.  ax1.set_title("The Bar Graph")   #子图的标题
21.  ax1.grid(True)    #绘制网格
22.  ax1.set_ylim(0,28)   #绘制 y 轴的刻度范围
23.  plt.show()
```

（14）代码编写完毕，在 bar.py 文件上右击，在弹出的快捷菜单中选择"Run 'bar'"选项，如图 16-69 所示，执行 bar.py 文件。

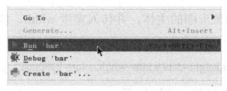

图 16-69　选择"Run 'bar'"选项

（15）在屏幕上打印出结果，如图 16-70 所示。

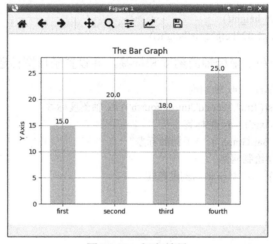

图 16-70　打印结果

（16）下面创建 barh 条形图。打开 matplotlib7 项目，在该项目上右击，在弹出的快捷菜单中选择"New"→"Python File"选项，如图 16-71 所示。

图 16-71　快捷菜单

（17）在弹出的对话框中新建名为"barh"的 Python 文件，如图 16-72 所示。

图 16-72　新建 Python 文件

（18）打开 barh.py 文件，编写代码，用于绘制 barh 类型的条形图。
导入外包，代码如下：

1. import numpy as np
2. import matplotlib.pyplot as plt

（19）创建一个图像窗口，代码如下：

1. fig=plt.figure(1)

（20）创建一个子图，代码如下：

1. ax1=fig.add_subplots(111)

（21）使用 numpy 包中的 array()创建绘图所需的数据，代码如下：

1. data=np.array([30,40,35,50])

（22）创建条形图的参数，条形图的高度 height=0.35，条形图的位置（中心）bottom= np.arange(4)，代码如下：

1. height=0.35
2. bottom=np.arange(4)

（23）通过 plt.barh()绘制条形图的主体，并传入宽度 data、位置 bottom、高度 height、颜色 lightgreen 等参数，代码如下：

1. rect=ax1.barh(bottom=bottom,width=data,height=height,color='lightgreen',align='center')

（24）向条形图添加数据标签，代码如下：

1. for rec in rect:
2.   y=rec.get_y()
3.   width=rec.get_width()
4.   ax1.text(1.02*width,y+0.15,str(width))

（25）绘制 x 坐标轴和 y 坐标轴的刻度和标签，并设置图形标题，代码如下：

1. ax1.set_yticks(bottom)   #y 轴刻度
2. ax1.set_yticklabels(('first','second','third','fourth')) #y 轴刻度标签
3. ax1.set_ylabel('category')   #y 轴标签
4. ax1.set_xlabel('number')
5. ax1.set_title("The Barh Graph")   #子图的标题
6. ax1.set_xlim(0,53)   #绘制 x 轴的刻度范围
7. plt.show()

（26）完整代码如下：

1. import numpy as np
2. import matplotlib.pyplot as plt
3. fig=plt.figure(1)
4. ax1=fig.add_subplot(111)
5. data=np.array([30,40,35,50])
6. height=0.35

```
7.    bottom=np.arange(4)
8.    rect=ax1.barh(bottom=bottom,width=data,height=height,color='lightgreen',align='center')
9.    for rec in rect:
10.       y=rec.get_y()
11.       width=rec.get_width()
12.       ax1.text(1.02*width,y+0.15,str(width))
13.   ax1.set_yticks(bottom)    #y轴刻度
14.   ax1.set_yticklabels(('first','second','third','fourth')) #y轴刻度标签
15.   ax1.set_ylabel('category')    #y轴标签
16.   ax1.set_xlabel('number')
17.   ax1.set_title("The Barh Graph")    #子图的标题
18.   ax1.set_xlim(0,53)    #绘制 x 轴的刻度范围
19.   plt.show()
```

（27）代码编写完毕，在 barh.py 文件上右击，在弹出的快捷菜单中选择"Run 'barh'"选项，如图 16-73 所示，执行 barh.py 文件。

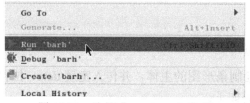

图 16-73　选择"Run 'barh'"选项

（26）在屏幕上打印出结果，如图 16-74 所示。

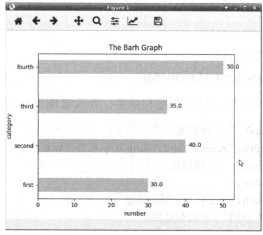

图 16-74　打印结果

16.4　3D 图

【实验目的】

熟练掌握 Matplotlib 中 3D 图像的绘制方法。

第 16 章 功能实验

【实验原理】

在 Matplotlib 中可以绘制 3D 图像，与绘制二维图像不同的是，绘制三维图像主要通过 mplot3d 模块实现。但是，使用 Matplotlib 绘制三维图像实际上是在二维画布上展示的，所以一般在绘制三维图像时，需要载入 pyplot 模块。mplot3d 模块中主要有 4 大类，分别如下：

- mpl_toolkits.mplot3d.axes3d()；
- mpl_toolkits.mplot3d.axis3d()；
- mpl_toolkits.mplot3d.art3d()；
- mpl_toolkits.mplot3d.proj3d()。

其中，axes3d()主要包含各种实现绘图的类和方法；axis3d()主要包含与坐标轴相关的类和方法；art3d()包含一些可将 2D 图像转换并用于 3D 绘制的类和方法；proj3d()包含一些零碎的类和方法，如计算三维向量长度的方法等。

一般情况下，用得最多的就是 mpl_toolkits.mplot3d.axes3d()中的 mpl_toolkits.mplot3d.axes3d.Axes3D()类，而 Axes3D()类下面又有绘制不同类型 3D 图像的方法，读者可以通过下面的方式导入 Axes3D()类。

```
from mpl_toolkits.mplot3d.axes3d import Axes3D
```

或

```
from mpl_toolkits.mplot3d import Axes3D
```

【实验环境】

- Linux Ubuntu 16.04。
- Python 3.6.1。
- PyCharm。

【实验内容】

练习绘制三维图形。

【实验步骤】

1．三维散点图

（1）打开 PyCharm，选择"Create New Project"选项，如图 16-75 所示。

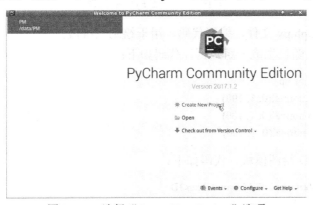

图 16-75　选择"Create New Project"选项

（2）在打开的对话框中新建名为"matplotlib9"的项目，如图16-76所示。

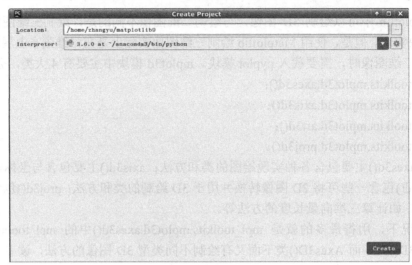

图16-76 新建名为"matplotlib9"的项目

（3）打开matplotlib9项目，在该项目上右击，在弹出的快捷菜单中选择"New"→"Python File"选项，如图16-77所示。

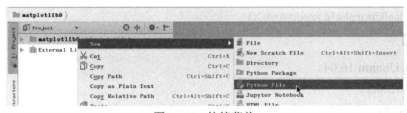

图16-77 快捷菜单

（4）在打开的对话框中新建名为"3d_graph"的Python文件，如图16-78所示。

图16-78 新建Python文件

（5）打开3d_graph.py文件，编写代码，用于绘制三维散点图。

导入numpy包，随机生成一组数据，代码如下：

```
1.  import numpy as np
2.  x = np.random.normal(0, 1, 100)
3.  y = np.random.normal(0, 1, 100)
4.  z = np.random.normal(0, 1, 100)
```

（6）载入2D、3D绘图模块，代码如下：

```
1.  from mpl_toolkits.mplot3d import Axes3D
2.  import matplotlib.pyplot as plt
```

（7）使用 Axes3D()类创建 3D 图形对象，代码如下：

```
1.  fig = plt.figure()
2.  ax = Axes3D(fig)
```

（8）调用散点图绘制方法绘图并将其显示出来，代码如下：

```
1.  ax.scatter(x, y, z)
2.  plt.show()
```

（9）完整代码如下：

```
1.  import numpy as np
2.  from mpl_toolkits.mplot3d import Axes3D
3.  import matplotlib.pyplot as plt
4.
5.  # x、y、z 为 0~1 的 100 个随机数
6.  x = np.random.normal(0, 1, 100)
7.  y = np.random.normal(0, 1, 100)
8.  z = np.random.normal(0, 1, 100)
9.  fig = plt.figure()
10. ax = Axes3D(fig)
11. ax.scatter(x, y, z)
12. plt.show()
```

（10）代码编写完毕，在 3d_graph.py 文件上右击，在弹出的快捷菜单中选择"Run '3d_graph'"选项，如图 16-79 所示，执行 3d_graph.py 文件。

（11）在屏幕上打印出三维散点图，如图 16-80 所示。

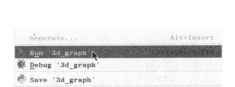

图 16-79　选择"Run '3d_graph'"选项

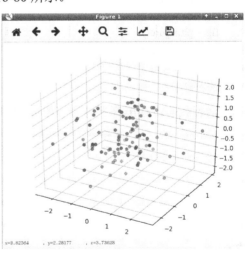

图 16-80　打印三维散点图

2．三维线型图

（1）导入 matplotlib.pyplot 模块，并用别名 plt 表示；导入 numpy 包，并用别名 np 表示；载入 3D 绘图模块 mpl_toolkits.mplot3d 中的 Axes3D()类，代码如下：

```
1.  from mpl_toolkits.mplot3d import Axes3D
2.  import matplotlib.pyplot as plt
```

3. **import** numpy as np

（2）传入 x、y、z 三个坐标的数值，使用 numpy 包中的 linspace()生成 1000 个-6π～6π 的等间距数组 x，将数组 x 映射到 np 中的 sin()、cos()，分别生成数组 y 和数组 z，代码如下：

1. x = np.linspace(-6 * np.pi, 6 * np.pi, 1000)
2. y = np.sin(x)
3. z = np.cos(x)

（3）创建一个图形对象 fig，使用 Axes3D()类将图形对象封装成一个 3D 图形对象 ax，代码如下：

1. fig = plt.figure()
2. ax = Axes3D(fig)

（4）调用线型图绘制方法绘图并显示出来，代码如下：

1. ax.plot(x, y, z)
2. plt.show()

（5）完整代码如下（将代码覆盖写入 3d_graph.py 文件）：

1. from mpl_toolkits.mplot3d **import** Axes3D
2. **import** matplotlib.pyplot as plt
3. **import** numpy as np
4.
5. x = np.linspace(-6 * np.pi, 6 * np.pi, 1000)
6. y = np.sin(x)
7. z = np.cos(x)
8.
9. fig = plt.figure()
10. ax = Axes3D(fig)
11. ax.plot(x, y, z)
12. plt.show()

（6）运行代码，在屏幕上打印三维线型图，如图 16-81 所示。

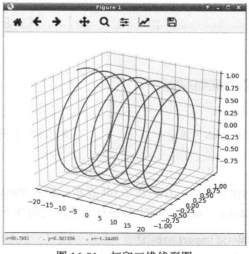

图 16-81　打印三维线型图

3. 三维柱状图

（1）导入 matplotlib.pyplot 模块，并用别名 plt 表示；导入 numpy 包，并用别名 np 表示；载入 3D 绘图模块 mpl_toolkits.mplot3d 中的 Axes3D()类，代码如下：

```
1.  from mpl_toolkits.mplot3d import Axes3D
2.  import matplotlib as mpl
3.  import matplotlib.pyplot as plt
4.  import numpy as np
```

（2）创建一个图形对象 fig，然后创建一个 3D 子图对象 ax，代码如下：

```
1.  fig = plt.figure()
2.  ax = fig.add_subplot(111, projection='3d')
```

（3）传入 x、y、z 三个坐标的数值，使用 range()生成一个 1～12 的数字序列 x，使用 np.random 中的 rand()生成 12 个 0～1000 的浮点数组 y，z 坐标为列表[2011, 2012, 2013, 2014]，使用 plt.cm.Set2()和 random.choice()随机选取序列 range(plt.cm.Set2.N)中的值作为参数，创建颜色集合 color，代码如下：

```
1.  x = range(1,13)
2.  y = 1000 * np.random.rand(12)
3.  color = plt.cm.Set2(np.random.choice(range(plt.cm.Set2.N)))
```

（4）绘制三维柱状图，设置确定 z 轴维度的参数 zdir='y'、颜色参数 color=color、透明度参数 alpha=0.8，从颜色映射集合中随机选择一种颜色，把它和每个 z 轴集合的 "<x,y>对" 关联起来，用 "<x,y>对" 渲染出柱状图序列，代码如下：

```
1.  for z in [2011, 2012, 2013, 2014]:
2.      ax.bar(x, y, zs=z, zdir='y', color=color, alpha=0.8)
```

（5）为坐标轴打印标签并显示图片，代码如下：

```
1.  ax.xaxis.set_major_locator(mpl.ticker.FixedLocator(x))
2.  ax.yaxis.set_major_locator(mpl.ticker.FixedLocator(y))
3.  ax.set_xlabel('X')
4.  ax.set_ylabel('Y')
5.  ax.set_zlabel('Z')
6.  plt.show()
```

（6）完整代码如下（将代码覆盖写入 3d_graph.py 文件）：

```
1.  from mpl_toolkits.mplot3d import Axes3D
2.  import matplotlib as mpl
3.  import matplotlib.pyplot as plt
4.  import numpy as np
5.  fig = plt.figure()
6.  ax = fig.add_subplot(111, projection='3d')
7.  x = range(1,13)
8.  y = 1000 * np.random.rand(12)
9.  color = plt.cm.Set2(np.random.choice(range(plt.cm.Set2.N)))
10. for z in [2011, 2012, 2013, 2014]:
```

```
11.    ax.bar(x, y, zs=z, zdir='y', color=color, alpha=0.8)
12.    ax.xaxis.set_major_locator(mpl.ticker.FixedLocator(x))
13.    ax.yaxis.set_major_locator(mpl.ticker.FixedLocator(y))
14.    ax.set_xlabel('X')
15.    ax.set_ylabel('Y')
16.    ax.set_zlabel('Z')
17.    plt.show()
```

（7）运行代码，在屏幕上打印三维柱状图，如图 16-82 所示。

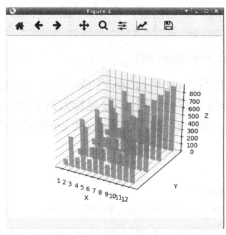

图 16-82　打印三维柱状图

4．三维曲面图

（1）导入 matplotlib.pyplot 模块，并用别名 plt 表示；导入 numpy 包，并用别名 np 表示；载入 3D 绘图模块 mpl_toolkits.mplot3d 中的 Axes3D()类，代码如下：

```
1.    from mpl_toolkits.mplot3d import Axes3D
2.    import matplotlib.pyplot as plt
3.    import numpy as np
```

（2）创建一个图形对象 fig，然后创建一个 3D 子图对象 ax，代码如下：

```
1.    fig = plt.figure()
2.    ax = fig.add_subplot(111, projection='3d')
```

（3）传入 x、y、z 三个坐标的数值，使用 numpy 包中的 arange()生成 40 个-2～2 的等间距数组（x,y），将数组映射到 np 包中的 sqrt()，生成数组 z，代码如下：

```
1.    X = np.arange(-2, 2, 0.1)
2.    Y = np.arange(-2, 2, 0.1)
3.    X, Y = np.meshgrid(X, Y)
4.    Z = np.sqrt(X ** 2 + Y ** 2)
```

（4）绘制曲面图，使用 cmap 着色（cmap=plt.cm.winter 表示采用了 winter 配色方案），并显示图形，代码如下：

```
1.    ax.plot_surface(X, Y, Z, cmap=plt.cm.winter)
2.    plt.show()
```

（5）完整代码如下（将代码覆盖写入 3d_graph.py 文件）：

```
1.  from mpl_toolkits.mplot3d import Axes3D
2.  import matplotlib.pyplot as plt
3.  import numpy as np
4.  fig = plt.figure()
5.  ax = fig.add_subplot(111, projection='3d')
6.  X = np.arange(-2, 2, 0.1)
7.  Y = np.arange(-2, 2, 0.1)
8.  X, Y = np.meshgrid(X, Y)
9.  Z = np.sqrt(X ** 2 + Y ** 2)
10. ax.plot_surface(X, Y, Z, cmap=plt.cm.winter)
11. plt.show()
```

（6）运行代码，在屏幕上打印三维曲面图，如图 16-83 所示。

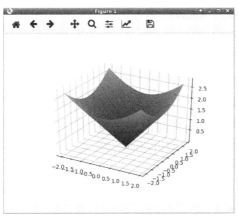

图 16-83　打印三维曲面图

16.5　Redis

【实验目的】

掌握使用 Python 操作 Redis 数据库。

【实验原理】

1．Redis 简介

Redis 是一个开源、支持网络、基于内存的键值对存储数据库，使用 ANSI C 编写。从 2015 年 6 月开始，Redis 的开发由 Redis Labs 赞助；而在 2013 年 5 月—2015 年 6 月，其开发由 Pivotal 赞助；在 2013 年 5 月之前，其开发由 VMware 赞助。根据月度排行网站 DB-Engines.com 的数据显示，Redis 是最流行的键值对存储数据库。

2．Redis 主从同步

Redis 支持主从同步。数据可以从主服务器向任意数量的从服务器同步，从服务器可以是关联其他从服务器的主服务器，这使得 Redis 可执行单层树复制。从盘可以有意无意地对数据进行写操作。由于完全实现了发布/订阅机制，因此使得从数据库在任何地方同步时，都可订阅一个频道并接收主服务器完整的消息发布记录。同步对读取操作的可扩展性和数据冗余很有帮助。

【实验环境】

- Ubuntu14.04。
- Redis 4.0.2。
- Python 3.5。
- redis-py。

【实验内容】

（1）使用 Python 代码读写 Redis 的字符串。
（2）使用 Python 代码读写 Redis 的列表。
（3）使用 Python 代码读写 Redis 的集合。

【实验步骤】

（1）打开终端模拟器，启动 Redis 服务，如图 16-84 所示。

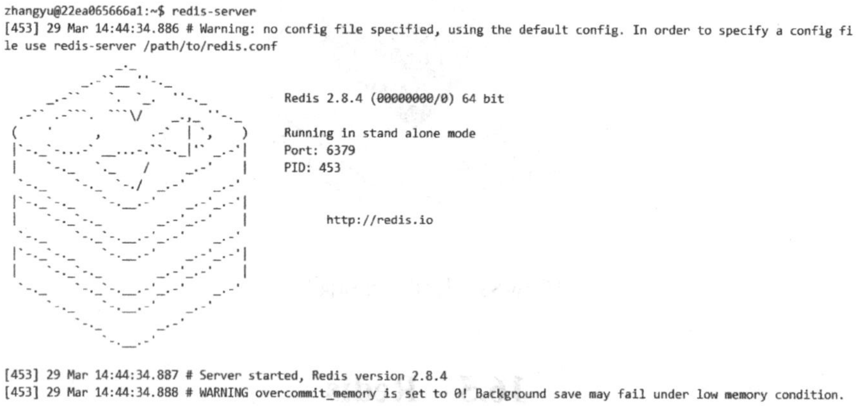

图 16-84　启动 Redis 服务

（2）打开 PyCharm，选择"File"→"New Project"选项，如图 16-85 所示。在弹出的对话框中新建名为"Redis"的项目，然后单击"Create"按钮，如图 16-86 所示。

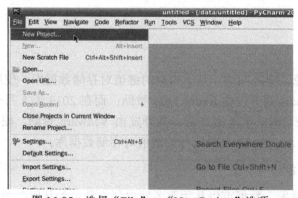

图 16-85　选择"File"→"New Project"选项

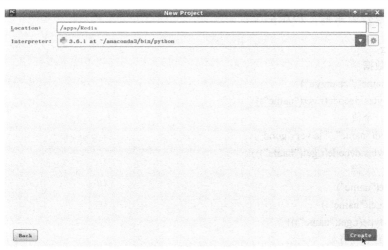

图 16-86　新建项目

（3）在新建的项目上右击，在弹出的快捷菜单中选择"New"→"Python File"选项，如图 16-87 所示。在弹出的对话框中新建 Python 文件，并命名为 TestRedis，如图 16-88 所示。

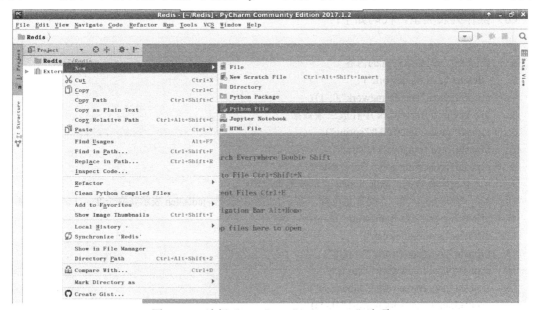

图 16-87　选择"New"→"Python File"选项

图 16-88　新建 Python 文件

（4）编写代码，连接数据库：

```
1.   r = redis.Redis(host='127.0.0.1', port=6379, db=0)
2.   print("LinkSuccess")
3.   print("服务正在运行：" + str(r.ping()))
```

（5）操作字符串类型，代码如下：

```
1.  #String
2.  #添加数据
3.  r.set("name","zhangyu")
4.  print(bytes.decode(r.get("name")))
5.  #添加一个值
6.  r.append("name", " is very good")
7.  print(bytes.decode(r.get("name")))
8.  #删除一个键
9.  r.delete("name")
10. print(r.get("name"))
11. #print(type(r.get("name")))
12. #设置多个键值对
13. r.mset({'name':'liuling', 'age':'23', 'qq':'476777XXX'})
14. #将 key 中存储的数字加一
15. r.incr("age")
16. print(str(r.get("name")) + "-" + str(r.get("age")) + "-" + str(r.get("qq")))
```

（6）操作列表类型，代码如下：

```
1.  #List
2.  #开始前，先移除所有的内容
3.  r.delete("java framework")
4.  print(r.lrange("java framework",0,-1))
5.  #向 key java framework 中存放三条数据
6.  r.lpush("java framework","spring")
7.  r.lpush("java framework","struts")
8.  r.lpush("java framework","hibernate")
9.  #再取出所有数据，jedis.lrange 表示按范围取出
10. #第一个是 key，第二个是起始位置，第三个是结束位置，jedis.llen 表示获取长度，-1 表示取得所有
11. print(r.lrange("java framework",0,-1))
12. r.delete("java framework")
13. r.rpush("java framework","spring")
14. r.rpush("java framework","struts")
15. r.rpush("java framework","hibernate")
16. print(r.lrange("java framework",0,-1))
```

（7）操作集合类型，代码如下：

```
1.  #SET
2.  #添加数据
3.  r.sadd("user","liuling")
4.  r.sadd("user","xinxin")
5.  r.sadd("user","ling")
6.  r.sadd("user","zhangxinxin")
7.  r.sadd("user","who")
8.  r.srem("user","who")
9.  print(r.smembers("user"))
10. #判断 who 是否是 user 集合的元素
```

```
11.  print(r.sismember("user", "who"))
12.  print(bytes.decode(r.srandmember("user")))
13.  #返回集合的元素个数
14.  print(r.scard("user"))
```

（8）完整代码如下：

```
1.   #!/usr/bin/env python
2.   # -*- coding:utf-8 -*-
3.   import redis
4.   r = redis.Redis(host='127.0.0.1', port=6379, db=0)
5.   print("LinkSuccess")
6.   print("服务正在运行：" + str(r.ping()))
7.   #String
8.   #添加数据
9.   r.set("name","zhangyu")
10.  print(bytes.decode(r.get("name")))
11.  #添加一个值
12.  r.append("name", " is very good")
13.  print(bytes.decode(r.get("name")))
14.  #删除一个键
15.  r.delete("name")
16.  print(r.get("name"))
17.  #print(type(r.get("name")))
18.  #设置多个键值对
19.  r.mset({'name':'liuling', 'age':'23', 'qq':'476777XXX'})
20.  #将 key 中存储的数字加一
21.  r.incr("age")
22.  print(str(r.get("name")) + "-" + str(r.get("age")) + "-" + str(r.get("qq")))
23.  #List
24.  #开始前，先移除所有的内容
25.  r.delete("java framework")
26.  print(r.lrange("java framework",0,-1))
27.  #向 key java framework 中存放三条数据
28.  r.lpush("java framework","spring")
29.  r.lpush("java framework","struts")
30.  r.lpush("java framework","hibernate")
31.  #再取出所有数据，jedis.lrange 表示按范围取出
32.  #第一个是 key，第二个是起始位置，第三个是结束位置，jedis.llen 表示获取长度，-1 表示取得所有
33.  print(r.lrange("java framework",0,-1))
34.  r.delete("java framework")
35.  r.rpush("java framework","spring")
36.  r.rpush("java framework","struts")
37.  r.rpush("java framework","hibernate")
38.  print(r.lrange("java framework",0,-1))
39.  #SET
40.  #添加数据
41.  r.sadd("user","liuling")
42.  r.sadd("user","xinxin")
```

```
43.    r.sadd("user","ling")
44.    r.sadd("user","zhangxinxin")
45.    r.sadd("user","who")
46.    r.srem("user","who")
47.    print(r.smembers("user"))
48.    #判断 who 是否是 user 集合的元素
49.    print(r.sismember("user", "who"))
50.    print(bytes.decode(r.srandmember("user")))
51.    #返回集合的元素个数
52.    print(r.scard("user"))
```

（9）在代码上右击，在弹出的快捷菜单中选择"Run 'TestRedis'"选项运行代码，如图 16-89 所示。

图 16-89　运行代码

（10）代码运行结果如图 16-90 所示。

图 16-90　代码运行结果

16.6　Series 操作

【实验目的】

熟练掌握 pandas 中 Series 的创建、查询和简单的运算方法。

【实验原理】

Series 是一种类似一维数组的对象，它由一组数据（各种 NumPy 数据类型）及一组与之相关的数据标签（索引）组成。由于 Series 对象本质上是一个 NumPy 数组，因此使用 NumPy 数组处理函数可以直接对 Series 进行处理。Series 除可以使用位置作为下标存取元素外，还可以使用标签下标存取元素，这一点和字典相似。每个 Series 对象实际上都由以下两个数组组成。
- index：它是从 NumPy 数组继承的 Index 对象，用于保存标签信息。
- values：用于保存值的 NumPy 数组。

注意以下几点：

（1）Series 是一种类似一维数组（Ndarray）的对象。

（2）它的数据类型没有限制（各种 NumPy 数据类型）。

（3）它有索引，把索引当作数据的标签（key）看待，这样就类似字典了（只是类似，实质上是数组）。

（4）Series 同时具有数组和字典的功能，因此也支持一些字典的方法。

【实验环境】

- Linux Ubuntu 16.04。
- Python 3.6.1。

【实验内容】

练习 Series 的创建、数据查询与简单的运算操作。

【实验步骤】

打开终端模拟器，在命令行输入"ipython notebook --ip='127.0.0.1'"，在浏览器中打开主界面，切换到/home/zhangyu 目录下，单击"New"下拉按钮，在弹出的下拉列表中选择"Python 3"选项，如图 16-91 所示。

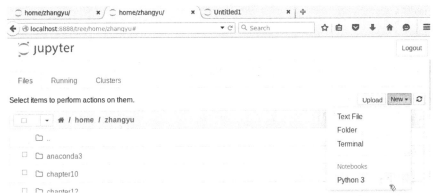

图 16-91　在"New"下拉列表中选择"Python 3"选项

新建一个 ipynb 文件，用于编写并执行代码，如图 16-92 所示。

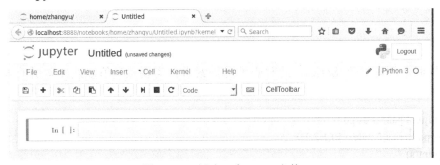

图 16-92　新建一个 ipynb 文件

1. 创建 Series

(1) 创建一个空的 Series，代码如下：

```
1.  import pandas as pd
2.  s=pd.Series()
3.  print(s)
```

运行结果如下：

```
In [1]: import pandas as pd
        s=pd.Series()
        print(s)
        Series([], dtype: float64)
```

(2) 从 Ndarray 创建一个 Series，并规定索引为[100,101,102,103]，代码如下：

```
1.  import pandas as pd
2.  import numpy as np
3.  data=np.array(['a','b','c','d'])
4.  s=pd.Series(data,index=[100,101,102,103])
5.  print(s)
```

运行结果如下：

```
In [4]: import pandas as pd
        import numpy as np
        data=np.array(['a','b','c','d'])
        s=pd.Series(data,index=[100,101,102,103])
        print(s)
        100    a
        101    b
        102    c
        103    d
        dtype: object
```

(3) 从字典创建一个 Series，字典键用于构建索引，代码如下：

```
1.  import pandas as pd
2.  data={'a':0,'b':1,'c':2,'d':3}
3.  s=pd.Series(data)
4.  print(s)
```

运行结果如下：

```
In [5]: import pandas as pd
        data={'a':0,'b':1,'c':2,'d':3}
        s=pd.Series(data)
        print(s)
        a    0
        b    1
        c    2
        d    3
        dtype: int64
```

(4) 从标量创建一个 Series，此时必须提供索引，需要重复值以匹配索引的长度，代码如下：

```
1.  import pandas as pd
2.  s=pd.Series(5,index=[0,1,2,3])
3.  print(s)
```

运行结果如下：

```
In [6]: import pandas as pd
        s=pd.Series(5,index=[0,1,2,3])
        print(s)

        0    5
        1    5
        2    5
        3    5
        dtype: int64
```

2. 从具体位置的 Series 中访问数据

（1）检索 Series 中的第一个元素，代码如下：

1. **import** pandas as pd
2. s=pd.Series([1,2,3,4,5],index=['a','b','c','d','e'])
3. print(s[0])

运行结果如下：

```
In [9]: import pandas as pd
        s=pd.Series([1,2,3,4,5],index=['a','b','c','d','e'])
        print(s[0])

        1
```

（2）检索 Series 中的前三个元素，代码如下：

1. **import** pandas as pd
2. s = pd.Series([1,2,3,4,5],index = ['a','b','c','d','e'])
3. print(s[:3])

运行结果如下：

```
In [10]: import pandas as pd
         s = pd.Series([1,2,3,4,5],index = ['a','b','c','d','e'])
         print(s[:3])

         a    1
         b    2
         c    3
         dtype: int64
```

（3）检索 Series 中的最后三个元素，代码如下：

1. **import** pandas as pd
2. s= pd.Series([1,2,3,4,5],index = ['a','b','c','d','e'])
3. print(s[-3:])

运行结果如下：

```
In [12]: import pandas as pd
         s= pd.Series([1,2,3,4,5],index = ['a','b','c','d','e'])
         print(s[-3:])

         c    3
         d    4
         e    5
         dtype: int64
```

3. 使用标签检索数据（索引）

一个 Series 就像一个固定大小的字典，可以通过索引标签获取和设置值。

（1）使用索引标签检索单个元素，代码如下：

```
1. import pandas as pd
2. s = pd.Series([1,2,3,4,5],index = ['a','b','c','d','e'])
3. print(s['a'])
```

运行结果如下:

```
In [134]: import pandas as pd
          s = pd.Series([1,2,3,4,5],index = ['a','b','c','d','e'])
          print(s['a'])
          1
```

(2) 使用索引标签列表检索多个元素,代码如下:

```
1. import pandas as pd
2. s = pd.Series([1,2,3,4,5],index = ['a','b','c','d','e'])
3. print(['a','b','c','d'])
```

运行结果如下:

```
In [14]: import pandas as pd
         s = pd.Series([1,2,3,4,5],index = ['a','b','c','d','e'])
         print(['a','b','c','d'])
['a', 'b', 'c', 'd']
```

(3) 如果不包含标签,则检索会出现异常,代码如下:

```
1. import pandas as pd
2. s = pd.Series([1,2,3,4,5],index = ['a','b','c','d','e'])
3. print(s['f'])
```

运行结果如下:

```
In [15]: import pandas as pd
         s = pd.Series([1,2,3,4,5],index = ['a','b','c','d','e'])
         print(s['f'])
---------------------------------------------------------------------------
TypeError                                 Traceback (most recent call last)
/home/zhangyu/anaconda3/lib/python3.6/site-packages/pandas/indexes/base.py in get_value(sel
f, series, key)
   2174            try:
-> 2175                return tslib.get_value_box(s, key)
   2176            except IndexError:
```

4. 简单运算

在 pandas 的 Series 中,会保留 NumPy 数组操作(用布尔数组过滤数据、标量乘法,以及使用数学函数),并同时使用引用,代码如下:

```
1. import numpy as np
2. import pandas as pd
3. ser2 = pd.Series(range(4),index = ["a","b","c","d"])
4. ser2[ser2 > 2]
5. ser2 * 2
6. np.exp(ser2)
```

运行结果如下:

```
In [17]: import numpy as np
         import pandas as pd
         ser2 = pd.Series(range(4),index = ["a","b","c","d"])
         ser2[ser2 > 2]
```

```
Out[17]:  d    3
          dtype: int64

In [18]:  ser2 * 2

Out[18]:  a    0
          b    2
          c    4
          d    6
          dtype: int64

In [19]:  np.exp(ser2)

Out[19]:  a     1.000000
          b     2.718282
          c     7.389056
          d    20.085537
          dtype: float64
```

5．Series 的自动对齐

Series 的一个重要功能就是能够自动对齐，看一个示例就明白了，大致就是不同 Series 对象在运算的时候根据其索引进行匹配计算。

创建两个 Series，名称分别为 ser3 与 ser4，代码如下：

1. **import** pandas as pd
2. sdata = {'Ohio': 35000, 'Texas': 71000, 'Oregon': 16000, 'Utah': 5000}
3. ser3 = pd.Series(sdata)
4. states = ['California', 'Ohio', 'Oregon', 'Texas']
5. ser4 = pd.Series(sdata,index = states)
6. print(ser3)
7. print(ser4)
8. ser3+ser4

运行结果如下：

```
In [21]:  import pandas as pd
          sdata = {'Ohio': 35000, 'Texas': 71000, 'Oregon': 16000, 'Utah': 5000}
          ser3 = pd.Series(sdata)
          states = ['California', 'Ohio', 'Oregon', 'Texas']
          ser4 = pd.Series(sdata,index = states)
          print(ser3)

          Ohio      35000
          Oregon    16000
          Texas     71000
          Utah       5000
          dtype: int64

In [22]:  print(ser4)

          California        NaN
          Ohio          35000.0
          Oregon        16000.0
          Texas         71000.0
          dtype: float64

In [23]:  ser3+ser4

Out[23]:  California         NaN
          Ohio           70000.0
          Oregon         32000.0
          Texas         142000.0
          Utah               NaN
          dtype: float64
```

6. Series 的增、删、改

（1）Series 的 add()方法是加法计算，而不是增加 Series 元素，可以使用 append 连接其他 Series，代码如下：

```
1.  import pandas as pd
2.  sdata = {'Ohio': 35000, 'Texas': 71000, 'Oregon': 16000, 'Utah': 5000}
3.  ser3 = pd.Series(sdata)
4.  states = ['California', 'Ohio', 'Oregon', 'Texas']
5.  ser4 = pd.Series(sdata,index = states)
6.  print(ser3)
7.  print(ser4)
8.  ser3.append(ser4)
```

运行结果如下：

```
In [24]: import pandas as pd
         sdata = {'Ohio': 35000, 'Texas': 71000, 'Oregon': 16000, 'Utah': 5000}
         ser3 = pd.Series(sdata)
         states = ['California', 'Ohio', 'Oregon', 'Texas']
         ser4 = pd.Series(sdata,index = states)
         print(ser3)

         Ohio      35000
         Oregon    16000
         Texas     71000
         Utah       5000
         dtype: int64

In [25]: print(ser4)

         California      NaN
         Ohio        35000.0
         Oregon      16000.0
         Texas       71000.0
         dtype: float64

In [26]: ser3.append(ser4)
Out[26]: Ohio        35000.0
         Oregon      16000.0
         Texas       71000.0
         Utah         5000.0
         California      NaN
         Ohio        35000.0
         Oregon      16000.0
         Texas       71000.0
         dtype: float64
```

（2）Series 的 drop()方法可以对 Series 进行删除操作，返回一个被删除后的 Series，原来的 Series 不改变，代码如下：

```
1.  import pandas as pd
2.  s = pd.Series([1,2,3,4,5],index = ['a','b','c','d','e'])
3.  s.drop('a')
4.  s
```

运行结果如下：

```
In [27]: import pandas as pd
         s = pd.Series([1,2,3,4,5],index = ['a','b','c','d','e'])
         s.drop('a')
Out[27]: b    2
         c    3
         d    4
         e    5
         dtype: int64
```

（3）通过索引的方式查找某个元素，之后通过"="赋予新的值，代码如下：

1. **import** pandas as pd
2. s = pd.Series([1,2,3,4,5],index = ['a','b','c','d','e'])
3. s['a']=5
4. print(s)

运行结果如下：

```
In [29]: import pandas as pd
         s = pd.Series([1,2,3,4,5],index = ['a','b','c','d','e'])
         s['a']=5
         print(s)
a    5
b    2
c    3
d    4
e    5
dtype: int64
```

16.7　DataFrame 基本操作

【实验目的】

熟练掌握 pandas 中 DataFrame 的基本操作。

【实验原理】

DataFrame 提供的是一个类似表的结构，由多个 Series 组成，而 Series 在 DataFrame 中被叫作 column，如图 16-93 所示。

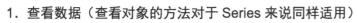

图 16-93　DataFrame 存储结构

1. 查看数据（查看对象的方法对于 Series 来说同样适用）

（1）查看 DataFrame 前 x 行和后 x 行。
a=DataFrame(data);
a.head(6)表示显示前 6 行数据，若 head()中不带参数，则会显示全部数据。
a.tail(6)表示显示后 6 行数据，若 tail()中不带参数，则会显示全部数据。
（2）查看 DataFrame 的 index、columns 及 values。
使用 a.index、a.columns、a.values 即可进行查看。
（3）使用 describe()对数据快速统计汇总。
a.describe()对每一列数据进行统计，包括计数、求标准差均值、求标准差、求各个分位数等。
（4）数据的转置。
使用 a.T 即可进行数据的转置。
（5）对轴进行排序。
a.sort_index(axis=1,ascending=False);

其中，axis=1 表示对所有的 columns 进行排序，后面的数也跟着发生移动。ascending=False 表示按降序排列，参数缺失时默认按升序排列。

（6）对 DataFrame 中的值进行排序。

a.sort(columns='x');

上述代码对 a 中的 x 这一列从小到大进行排序。注意，仅仅是对 x 这一列，而前面在按轴进行排序时会对所有的 columns 进行操作。

2．选择对象

（1）选择特定列和行的数据。

a['x']将会返回 columns 为 x 的列，注意这种方式一次只能返回一列。a.x 的含义与 a['x'] 的含义一样。取行数据是通过切片（[]）来选择的，如 a[0:3]会返回前三行的数据。

（2）使用 loc 通过标签选择数据。

a.loc['one']表示选取 one 行。

a.loc[:,['a','b']]表示选取所有的行及 columns 为 a、b 的列。

a.loc[['one','two'],['a','b']] 表示选取 one 和 two 这两行及 columns 为 a、b 的列。

a.loc['one','a']与 a.loc[['one'],['a']]的作用是一样的，只不过前者显示对应的值，而后者显示对应的行和列标签。

（3）使用 iloc 通过位置选择数据。

通过位置选择数据与通过标签选择数据类似。

a.iloc[1:2,1:2]显示第一行第一列的数据（切片后面的值取不到）。

a.iloc[1:2]表示列的值没有，默认选取行位置为 1 的数据。

a.iloc[[0,2],[1,2]]表示可以自由选取行位置和列位置对应的数据。

（4）使用条件选择数据。

● 使用单独的列选择数据。

a[a.c>0] 表示选择 c 列中大于 0 的数据。

● 使用 where 选择数据。

a[a>0]表示选择 a 中所有大于 0 的数据。

● 使用 isin()选出特定列中包含特定值的行。

a1=a.copy();
a1[a1['one'].isin(['2','3'])]

以上代码表示选出 one 列中的值包含 2、3 的所有行。

3．设置值（赋值）

赋值操作在上述选择操作的基础上直接赋值即可。例如，a.loc[:,['a','c']]=9 表示将 a 列和 c 列的所有行中的值设置为 9。a.iloc[:,[1,3]]=9 表示将 1 列和 3 列的所有行中的值设置为 9。同时，依然可以用条件来直接赋值，a[a>0]=-a 表示将 a 中所有大于 0 的数转换为负值。

【实验环境】

● Linux Ubuntu 16.04。

● Python 3.6.1。

【实验内容】

练习 pandas 中 DataFrame 的创建与查询操作。

【实验步骤】

打开终端模拟器，在命令行输入"ipython notebook --ip='127.0.0.1'"，在浏览器中打开主界面，切换到/home/zhangyu 目录下，单击"New"下拉按钮，在弹出的下拉列表中选择"Python 3"选项，如图 16-94 所示。

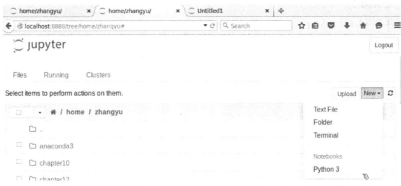

图 16-94　在"New"下拉列表中选择"Python 3"选项

新建一个 ipynb 文件，用于编写并执行代码，如图 16-95 所示。

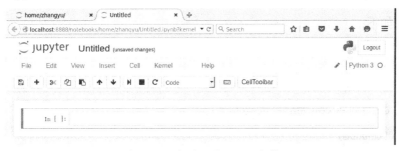

图 16-95　新建一个 ipynb 文件

1．创建 DataFrame

通过字典对象创建一个 DataFrame，代码如下：

```
1.  import numpy as np
2.  import pandas as pd
3.  dates = pd.date_range('20130101', periods=6)
4.  df = pd.DataFrame(np.random.randn(6,4), index=dates, columns=list('ABCD'))
5.  print(df)
```

运行结果如下：

```
In [1]: import numpy as np
        import pandas as pd
        dates = pd.date_range('20130101', periods=6)
        df = pd.DataFrame(np.random.randn(6,4), index=dates, columns=list('ABCD'))
        print(df)
```

```
                   A         B         C         D
2013-01-01  -1.360395   0.041197   1.183393  -0.136928
2013-01-02  -0.346203   0.569360  -1.756045  -1.541305
2013-01-03  -2.981830   0.291155  -1.426282  -1.962407
2013-01-04  -0.066849  -1.174058  -0.004734  -0.709905
2013-01-05  -0.105077  -1.059627   1.359445   0.070941
2013-01-06   0.208748   1.042917   1.055183   0.503039
```

2. 基础操作

（1）查看 df 的前 5 行和后 3 行，代码如下：

1. print(df.head(5))
2. print(df.tail(3))

运行结果如下：

```
In [2]: print(df.head(5))
        print(df.tail(3))
                   A         B         C         D
2013-01-01  -1.360395   0.041197   1.183393  -0.136928
2013-01-02  -0.346203   0.569360  -1.756045  -1.541305
2013-01-03  -2.981830   0.291155  -1.426282  -1.962407
2013-01-04  -0.066849  -1.174058  -0.004734  -0.709905
2013-01-05  -0.105077  -1.059627   1.359445   0.070941
                   A         B         C         D
2013-01-04  -0.066849  -1.174058  -0.004734  -0.709905
2013-01-05  -0.105077  -1.059627   1.359445   0.070941
2013-01-06   0.208748   1.042917   1.055183   0.503039
```

（2）查看 df 的索引名 index，代码如下：

1. print(df.index)

运行结果如下：

```
In [3]: print(df.index)

DatetimeIndex(['2013-01-01', '2013-01-02', '2013-01-03', '2013-01-04',
               '2013-01-05', '2013-01-06'],
              dtype='datetime64[ns]', freq='D')
```

（3）查看 df 的列名 columns，代码如下：

1. print(df.columns)

运行结果如下：

```
In [3]: print(df.index)

DatetimeIndex(['2013-01-01', '2013-01-02', '2013-01-03', '2013-01-04',
               '2013-01-05', '2013-01-06'],
              dtype='datetime64[ns]', freq='D')
```

（4）查看 df 的值 values，代码如下：

1. df.values

运行结果如下：

```
In [4]: df.values
Out[4]: array([[-1.3603948 ,  0.04119747,  1.1833932 , -0.13692774],
               [-0.34620257,  0.56935977, -1.75604471, -1.54130459],
               [-2.98183035,  0.291155  , -1.42628193, -1.96240675],
               [-0.0668494 , -1.17405775, -0.00473404, -0.70990521],
               [-0.1050771 , -1.05962685,  1.35944512,  0.07094057],
               [ 0.20874793,  1.04291705,  1.05518299,  0.50303857]])
```

（5）查看 df 的数据统计描述，代码如下：

1. df.describe()

运行结果如下：

In [5]: df.describe()

Out[5]:

	A	B	C	D
count	6.000000	6.000000	6.000000	6.000000
mean	-0.775268	-0.048176	0.068493	-0.629428
std	1.209520	0.892817	1.374901	0.962329
min	-2.981830	-1.174058	-1.756045	-1.962407
25%	-1.106847	-0.784421	-1.070895	-1.333455
50%	-0.225640	0.166176	0.525224	-0.423416
75%	-0.076406	0.499809	1.151341	0.018973
max	0.208748	1.042917	1.359445	0.503039

（6）对 df 进行转置，代码如下：

1. print(df.T)

运行结果如下：

In [6]: print(df.T)

```
   2013-01-01  2013-01-02  2013-01-03  2013-01-04  2013-01-05  2013-01-06
A   -1.360395   -0.346203   -2.981830   -0.066849   -0.105077    0.208748
B    0.041197    0.569360    0.291155   -1.174058   -1.059627    1.042917
C    1.183393   -1.756045   -1.426282   -0.004734    1.359445    1.055183
D   -0.136928   -1.541305   -1.962407   -0.709905    0.070941    0.503039
```

（7）按 axis 对 df 数据进行排序，axis=1 表示按行排序，axis=0 表示按列排序，代码如下：

1. df.sort_index(axis=1,ascending=False)

运行结果如下：

In [7]: df.sort_index(axis=1,ascending=False)

Out[7]:

	D	C	B	A
2013-01-01	-0.136928	1.183393	0.041197	-1.360395
2013-01-02	-1.541305	-1.756045	0.569360	-0.346203
2013-01-03	-1.962407	-1.426282	0.291155	-2.981830
2013-01-04	-0.709905	-0.004734	-1.174058	-0.066849
2013-01-05	0.070941	1.359445	-1.059627	-0.105077
2013-01-06	0.503039	1.055183	1.042917	0.208748

（8）按 value 对 df 数据进行排序，代码如下：

1. df.sort_values(by='B')

运行结果如下：

In [8]: df.sort_values(by='B')

Out[8]:

	A	B	C	D
2013-01-04	-0.066849	-1.174058	-0.004734	-0.709905
2013-01-05	-0.105077	-1.059627	1.359445	0.070941
2013-01-01	-1.360395	0.041197	1.183393	-0.136928
2013-01-03	-2.981830	0.291155	-1.426282	-1.962407
2013-01-02	-0.346203	0.569360	-1.756045	-1.541305
2013-01-06	0.208748	1.042917	1.055183	0.503039

3．Selection 查看操作

（1）查看 df 中的 A 列，返回一个 Series，代码如下：

1. print(df['A'])

运行结果如下：

```
In [9]: print(df['A'])
2013-01-01   -1.360395
2013-01-02   -0.346203
2013-01-03   -2.981830
2013-01-04   -0.066849
2013-01-05   -0.105077
2013-01-06    0.208748
Freq: D, Name: A, dtype: float64
```

（2）通过[]查看 df 的行片段，代码如下：

1. print(df[0:3])

运行结果如下：

```
In [10]: print(df[0:3])
                   A         B         C         D
2013-01-01 -1.360395  0.041197  1.183393 -0.136928
2013-01-02 -0.346203  0.569360 -1.756045 -1.541305
2013-01-03 -2.981830  0.291155 -1.426282 -1.962407
```

4．通过 label 查看 df 数据

（1）使用 loc 查看 df 中 dates[0]部分，代码如下：

1. df.loc[dates[0]]

运行结果如下：

```
In [11]: df.loc[dates[0]]
Out[11]: A   -1.360395
         B    0.041197
         C    1.183393
         D   -0.136928
Name: 2013-01-01 00:00:00, dtype: float64
```

（2）使用 loc 查看 A、B 两列的值，代码如下：

1. print(df.loc[:,['A','B']])

运行结果如下：

```
In [12]: print(df.loc[:,['A','B']])
                   A         B
2013-01-01 -1.360395  0.041197
2013-01-02 -0.346203  0.569360
2013-01-03 -2.981830  0.291155
2013-01-04 -0.066849 -1.174058
2013-01-05 -0.105077 -1.059627
2013-01-06  0.208748  1.042917
```

（3）使用 loc 查看指定日期区间的 A、B 两列的值，代码如下：

1. print(df.loc['20130102':'20130104',['A','B']])

运行结果如下：

```
In [13]: print(df.loc['20130102':'20130104',['A','B']])
                   A         B
2013-01-02 -0.346203  0.569360
2013-01-03 -2.981830  0.291155
2013-01-04 -0.066849 -1.174058
```

（4）减少维度，查看指定日期的 A、B 两列的值，代码如下：

1. df.loc['20130102',['A','B']]

运行结果如下：

```
In [14]: df.loc['20130102',['A','B']]
Out[14]: A   -0.346203
         B    0.569360
         Name: 2013-01-02 00:00:00, dtype: float64
```

（5）得到一个标量值，使用 loc 查看 df 中[dates[0],'A']列的值，代码如下：

1. print(df.loc[dates[0],'A'])

运行结果如下：

```
In [16]: print(df.loc[dates[0],'A'])
        -1.36039479895
```

（6）使用 at 快速查找 df 中[dates[0],'A']列的值，代码如下：

1. print(df.at[dates[0],'A'])

运行结果如下：

```
In [17]: print(df.at[dates[0],'A'])
        -1.36039479895
```

5．通过位置查看 df 数据

（1）使用 iloc 查看 df 的第 4 行数据，代码如下：

1. print(df.iloc[3])

运行结果如下：

```
In [18]: print(df.iloc[3])
        A   -0.066849
        B   -1.174058
        C   -0.004734
        D   -0.709905
        Name: 2013-01-04 00:00:00, dtype: float64
```

（2）使用 iloc 查看 df 中行下标为[3:5]，列下标为[0:2]的数据（不包含行下标为 5 的行，也不包含列下标为 2 的列），代码如下：

1. print(df.iloc[3:5,0:2])

运行结果如下：

```
In [19]: print(df.iloc[3:5,0:2])
                       A         B
        2013-01-04 -0.066849 -1.174058
        2013-01-05 -0.105077 -1.059627
```

（3）使用 iloc 查看 df 中行下标为[1,2,4]，列下标为[0,2]的数据，代码如下：

1. print(df.iloc[[1,2,4],[0,2]])

运行结果如下：

```
In [21]: print(df.iloc[[1,2,4],[0,2]])
                       A         C
        2013-01-02 -0.346203 -1.756045
        2013-01-03 -2.981830 -1.426282
        2013-01-05 -0.105077  1.359445
```

（4）使用 iloc 查看 df 行下标为[1:3]的数据（不包含行下标为 3 的行），代码如下：

```
1.    print(df.iloc[1:3,:])
```

运行结果如下：

```
In [22]: print(df.iloc[1:3,:])
                    A         B         C         D
2013-01-02  -0.346203  0.569360 -1.756045 -1.541305
2013-01-03  -2.981830  0.291155 -1.426282 -1.962407
```

（5）使用 iloc 查看 df 行下标和列下标都为 1 的值，代码如下：

```
1.    print(df.iloc[1,1])
```

运行结果如下：

```
In [23]: print(df.iloc[1,1])
0.569359768443
```

（6）使用 iat 方法快速查看 df 中行下标和列下标均为 1 的值，代码如下：

```
1.    print(df.iat[1,1])
```

运行结果如下：

```
In [24]: print(df.iat[1,1])
0.569359768443
```

6. 使用布尔索引查看 df 的数据

（1）查看 df 中满足 df.A>0 布尔条件的值，代码如下：

```
1.    print(df[df.A>0])
```

运行结果如下：

```
In [25]: print(df[df.A>0])
                   A         B         C         D
2013-01-06  0.208748  1.042917  1.055183  0.503039
```

（2）查看 df 中满足 df>0 布尔条件的值，代码如下：

```
1.    print(df[df>0])
```

运行结果如下：

```
In [26]: print(df[df>0])
                 A         B         C         D
2013-01-01     NaN  0.041197  1.183393       NaN
2013-01-02     NaN  0.569360       NaN       NaN
2013-01-03     NaN  0.291155       NaN       NaN
2013-01-04     NaN       NaN       NaN       NaN
2013-01-05     NaN       NaN  1.359445  0.070941
2013-01-06  0.208748  1.042917  1.055183  0.503039
```

（3）使用 copy 方法给 df2 赋值 df，为 df2 添加列名为 E、值为['one', 'one', 'two', 'three', 'four','three']的列，再使用 isin()方法过滤 df 中满足 df2.E 在['two','four']的数据，代码如下：

```
1.    df2=df.copy()
2.    df2['E']=['one', 'one','two','three','four','three']
3.    df[df2['E'].isin(['two','four'])]
```

运行结果如下：

```
In [32]: df2=df.copy()
         df2['E']=['one','one','two','three','four','three']
         df[df2['E'].isin(['two','four'])]
```

Out[32]:

	A	B	C	D
2013-01-03	-2.981830	0.291155	-1.426282	-1.962407
2013-01-05	-0.105077	-1.059627	1.359445	0.070941

16.8 可视化

【实验目的】

熟练使用 pandas 中的 plot 方法绘制图形。

【实验原理】

绘制默认的线图和其他绘图样式的方法由 plot() 的关键字参数 kind 提供。
- bar、barh：绘制条形图。
- hist：绘制直方图。
- box：绘制箱型图。
- kde、density：绘制密度图。
- area：绘制面积图。
- scatter：绘制散点图。
- hexbin：绘制菱形图。
- pie：绘制饼图。

【实验环境】

- Linux Ubuntu 16.04。
- Python 3.6.0。
- Jupyter。

【实验内容】

使用 pandas 中的 plot 方法绘制图形。

【实验步骤】

（1）打开 PyCharm，选择"Create New Project"选项，如图 16-96 所示。

图 16-96　选择"Create New Project"选项

在打开的对话框中新建名为"pandas_visualization"的项目,如图 16-97 所示。

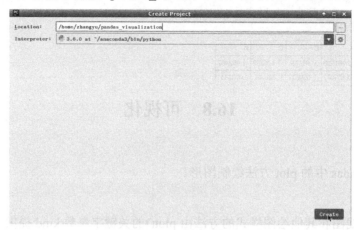

图 16-97 新建项目

(2) 右击 pandas_visualization 项目,在弹出的快捷菜单中选择"New"→"Python File"选项,如图 16-98 所示。

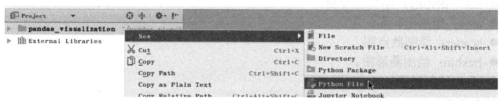

图 16-98 快捷菜单

在打开的对话框中新建名为"test_plot"的 Python 文件,如图 16-99 所示。

图 16-99 新建 Python 文件

(3) 打开 test_plot.py 文件,编写代码,使用 Series 的 plot()方法绘制 Series 中数据的分布图,代码如下:

```
1.  import numpy as np
2.  import pandas as pd
3.  import matplotlib.pyplot as plt
4.  ts = pd.Series(np.random.randn(1000), index=pd.date_range('1/1/2000', periods=1000))  #创建一个 Series
5.  ts = ts.cumsum()    #对 Series 数据进行累加求和
6.  ts.plot()           #使用 plot()方法绘制 Series 中数据的分布图
7.  plt.show()
```

(4) 代码编写完毕,在 test_plot.py 文件上右击,在弹出的快捷菜单中选择"Run'test_plot'"选项,如图 16-100 所示,执行 test_plot.py 文件。

(5) 在屏幕上打印结果，如图 16-101 所示。

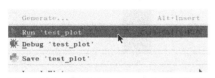

图 16-100　选择 "Run'test_plot'" 选项

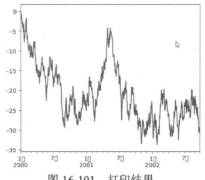

图 16-101　打印结果

(6) 新建一个 DataFrame，命名为 "df"，使用 df 的 plot()方法绘制 df 中数据的分布图，代码如下（将代码覆盖写入 test_plot.py 文件）：

1. **import** numpy as np
2. **import** pandas as pd
3. **import** matplotlib.pyplot as plt
4.
5. ts = pd.Series(np.random.randn(1000), index=pd.date_range('1/1/2000', periods=1000)) #新建一个 Series
6. df = pd.DataFrame(np.random.randn(1000, 4), index=ts.index, columns=list('ABCD')) #新建一个 DataFrame
7. df = df.cumsum() #对 df 数据进行累加求和
8.
9. df.plot()
10. plt.show()

(7) 运行代码，在屏幕上打印结果，如图 16-102 所示。

(8) 新建一个 DataFrame，命名为 "df"，使用 df 的 plot()方法绘制 df 中第 6 行数据的条形图，代码如下（将代码覆盖写入 test_plot.py 文件）：

1. **import** numpy as np
2. **import** pandas as pd
3. **import** matplotlib.pyplot as plt
4. ts = pd.Series(np.random.randn(1000), index=pd.date_range('1/1/2000', periods=1000)) #新建一个 Series
5. df = pd.DataFrame(np.random.randn(1000, 4), index=ts.index, columns=list('ABCD')) #新建一个 DataFrame
6. df = df.cumsum() #对 df 数据进行累加求和
7. df.iloc[5].plot(kind='bar')
8. plt.axhline(0, color='k')
9. plt.show()

(9) 运行代码，在屏幕上打印结果，如图 16-103 所示。

(10) 新建一个 DataFrame，命名为 "df2"，使用 df2 的 plot.bar()方法绘制 df2 数据的条形图，代码如下（将代码覆盖写入 test_plot.py 文件）：

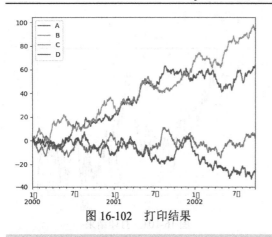

图 16-102 打印结果

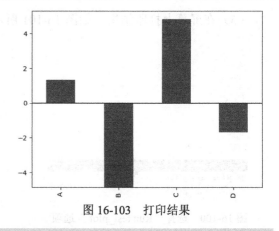

图 16-103 打印结果

1. **import** numpy as np
2. **import** pandas as pd
3. **import** matplotlib.pyplot as plt
4. df2 = pd.DataFrame(np.random.rand(10, 4), columns=['a', 'b', 'c', 'd'])
5. df2.plot.bar()
6. plt.show()

（11）运行代码，在屏幕上打印结果，如图 16-104 所示。

（12）使用 plot.bar() 方法为上述 df2 数据绘制一个堆叠条形图，设置参数 stacked=True，代码如下（将代码覆盖写入 test_plot.py 文件）：

1. **import** numpy as np
2. **import** pandas as pd
3. **import** matplotlib.pyplot as plt
4. df2 = pd.DataFrame(np.random.rand(10, 4), columns=['a', 'b', 'c', 'd'])
5. df2.plot.bar(stacked=True)
6. plt.show()

（13）运行代码，在屏幕上打印结果，如图 16-105 所示。

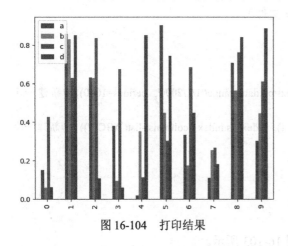

图 16-104 打印结果

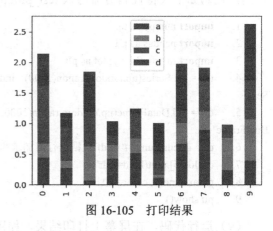

图 16-105 打印结果

（14）使用 plot.barh() 方法为上述 df2 数据绘制一个水平堆叠条形图，设置参数 stacked=True，代码如下（将代码覆盖写入 test_plot.py 文件）：

```
1.  import numpy as np
2.  import pandas as pd
3.  import matplotlib.pyplot as plt
4.  df2 = pd.DataFrame(np.random.rand(10, 4), columns=['a', 'b', 'c', 'd'])
5.  df2.plot.barh(stacked=True)
6.  plt.show()
```

（15）运行代码，在屏幕上打印结果，如图 16-106 所示。

（16）新建一个 DataFrame，命名为"df3"，使用 df3 的 plot.hist()方法绘制 df3 数据的直方图，代码如下（将代码覆盖写入 test_plot.py 文件）：

```
1.  import numpy as np
2.  import pandas as pd
3.  import matplotlib.pyplot as plt
4.  df3 = pd.DataFrame({'a': np.random.randn(1000) + 1, 'b': np.random.randn(1000),'c': np.random.randn(1000) -1},columns=['a', 'b', 'c'])
5.  df3.plot.hist(alpha=0.5)
6.  plt.show()
```

（17）运行代码，在屏幕上打印结果，如图 16-107 所示。

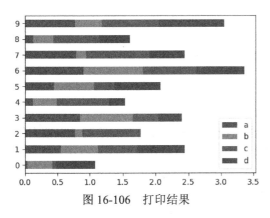

图 16-106 打印结果

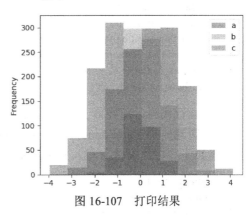

图 16-107 打印结果

（18）使用 plot.hist()方法为上述 df3 数据绘制一个堆叠直方图，设置堆叠参数 stacked=True、条数大小参数 bins=20，代码如下（将代码覆盖写入 test_plot.py 文件）：

```
1.  import numpy as np
2.  import pandas as pd
3.  import matplotlib.pyplot as plt
4.  df3 = pd.DataFrame({'a': np.random.randn(1000) + 1, 'b': np.random.randn(1000),'c': np.random.randn(1000) - 1}, columns=['a', 'b', 'c'])
5.  df3.plot.hist(stacked=True, bins=20)
6.  plt.show()
```

（19）运行代码，在屏幕上打印结果，如图 16-108 所示。

（20）新建一个 DataFrame，命名为"df4"，使用 df4 的 plot.box()方法绘制 df4 数据的箱型图，代码如下（将代码覆盖写入 test_plot.py 文件）：

```
1.  import numpy as np
2.  import pandas as pd
3.  import matplotlib.pyplot as plt
4.  df4 = pd.DataFrame(np.random.rand(10, 5), columns=['A', 'B', 'C', 'D', 'E'])
```

```
5.    df4.plot.box()
6.    plt.show()
```

（21）运行代码，在屏幕上打印结果，如图 16-109 所示。

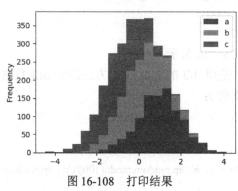

图 16-108　打印结果

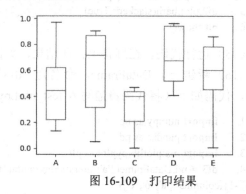

图 16-109　打印结果

（22）新建一个 DataFrame，命名为"df5"，使用 df5 的 plot.scatter()方法绘制 df5 数据的散点图，代码如下（将代码覆盖写入 test_plot.py 文件）：

```
1.    import numpy as np
2.    import pandas as pd
3.    import matplotlib.pyplot as plt
4.    df5 = pd.DataFrame(np.random.rand(50, 4), columns=['a', 'b', 'c', 'd'])
5.    df5.plot.scatter(x='a', y='b');
6.    plt.show()
```

（23）运行代码，在屏幕上打印结果，如图 16-110 所示。

（24）新建一个 DataFrame，命名为"df6"，使用 df6 的 plot.pie()方法绘制 df6 数据的饼图，代码如下（将代码覆盖写入 test_plot.py 文件）：

```
1.    import numpy as np
2.    import pandas as pd
3.    import matplotlib.pyplot as plt
4.    df6 = pd.DataFrame(3 * np.random.rand(4, 2), index=['a', 'b', 'c', 'd'], columns=['x', 'y'])
5.    df6.plot.pie(subplots=True, figsize=(8, 4))
6.    plt.show()
```

（25）运行代码，在屏幕上打印结果，如图 16-111 所示。

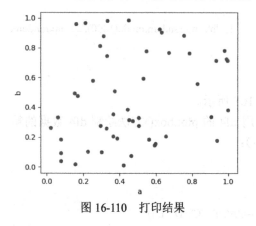

图 16-110　打印结果

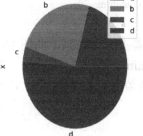
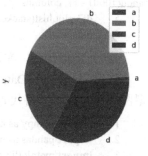

图 16-111　打印结果

第 17 章 数据分析

17.1 linalg 线性代数函数

【实验目的】

熟练掌握 numpy.linalg 模块中的常用函数。

【实验原理】

numpy.linalg 模块中包含线性代数函数。使用这个模块，可以计算逆矩阵、求特征值、解线性方程组及求解行列式等。

numpy.linalg 模块中的函数及其说明如表 17-1 所示。

表 17-1 numpy.linalg 模块中的函数及其说明

函　　数	说　　明
det(ndarray)	计算矩阵行列式
eig(ndarray)	计算方阵的本征值和本征向量
inv(ndarray)	计算方阵的逆
pinv(ndarray)	计算方阵的 Moore-Penrose 伪逆
qr(ndarray)	计算 QR 分解
svd(ndarray)	计算奇异值分解
solve(ndarray)	解线性方程 $Ax=b$，其中 A 为方阵
lstsq(ndarray)	计算 $Ax=b$ 的最小二乘解

【实验环境】

- Linux Ubuntu 16.04。
- Python 3.6.1。
- Jupyter。

【实验内容】

练习使用 numpy.linalg 模块中的常用函数。

【实验步骤】

打开终端模拟器，在命令行输入"ipython notebook --ip='127.0.0.1'"，代码如下：

1. cd /home/zhangyu
2. ipython notebook --ip='127.0.0.1'

在浏览器中打开主界面，切换到/home/zhangyu 目录下，单击"New"下拉按钮，在弹出的下拉列表中选择"Python 3"选项，如图 17-1 所示。

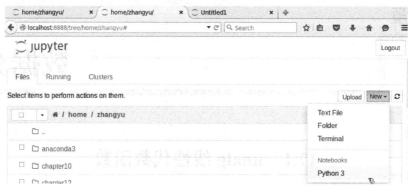

图 17-1　在"New"下拉列表中选择"Python 3"选项

新建一个 ipynb 文件，用于编写并执行代码，如图 17-2 所示。

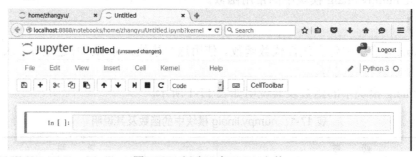

图 17-2　新建一个 ipynb 文件

1．计算逆矩阵

创建矩阵 A，代码如下：

```
1.  import numpy as np
2.  A=np.mat("0 1 2;1 0 3;4 -3 8")
3.  print(A)
```

运行结果如下：

```
In [183]: import numpy as np
          A=np.mat("0 1 2;1 0 3;4 -3 8")
          print(A)
          [[ 0  1  2]
           [ 1  0  3]
           [ 4 -3  8]]
```

使用 inv() 计算 A 的逆矩阵，代码如下：

```
1.  inv = np.linalg.inv(A)
2.  print(inv)
```

运行结果如下：

```
In [2]: inv = np.linalg.inv(A)
        print(inv)
        [[-4.5  7.  -1.5]
         [-2.   4.  -1. ]
         [ 1.5 -2.   0.5]]
```

检查原矩阵与求得的逆矩阵相乘的结果是否为单位矩阵（矩阵必须是方阵且可逆，否则会抛出 LinAlgError 异常），代码如下：

1. print(A*inv)

运行结果如下：

```
In [3]: print(A*inv)
        [[ 1.  0.  0.]
         [ 0.  1.  0.]
         [ 0.  0.  1.]]
```

2. 求解线性方程组

numpy.linalg 模块中的 solve()可以求解形如 $Ax = b$ 的线性方程，其中 A 为矩阵，b 为一维或二维的数组，x 是未知变量。

创建矩阵 B 和数组 b，代码如下：

1. **import** numpy as np
2. B = np.mat("1 -2 1;0 2 -8;-4 5 9")
3. b = np.array([0,8,-9])

运行结果如下：

```
In [4]: import numpy as np
        B = np.mat("1 -2 1;0 2 -8;-4 5 9")
        b = np.array([0,8,-9])
```

调用 solve()求解线性方程，代码如下：

1. x = np.linalg.solve(B,b)
2. print (x)

运行结果如下：

```
In [5]: x = np.linalg.solve(B,b)
        print (x)
        [ 29.  16.   3.]
```

使用 dot()检查求得的解是否正确，代码如下：

1. print (np.dot(B , x))

运行结果如下：

```
In [6]: print (np.dot(B , x))
        [[ 0.  8. -9.]]
```

3. 特征值和特征向量

特征值（Eigenvalue）即方程 $Ax=ax$ 的根，是一个标量。其中，A 是一个二维矩阵，x 是一个一维向量。特征向量（Eigenvector）是关于特征值的向量。

在 numpy.linalg 模块中，eigvals()可以计算矩阵的特征值，而 eig()可以返回一个包含特征值和对应特征向量的元组。

创建一个矩阵，代码如下：

```
1.  import numpy as np
2.  C = np.mat("3 -2;1 0")
```

运行结果如下:

```
In [7]: import numpy as np
        C = np.mat("3 -2;1 0")
```

调用 eigvals()求解特征值，代码如下：

```
1.  c0 = np.linalg.eigvals(C)
2.  print (c0)
```

运行结果如下:

```
In [8]: c0 = np.linalg.eigvals(C)
        print (c0)
        [ 2.  1.]
```

使用 eig()求解特征值和特征向量（该函数将返回一个元组，按列排放特征值和对应的特征向量，其中第 1 列为特征值，第 2 列为特征向量），代码如下：

```
1.  c1,c2 = np.linalg.eig(C)
2.  print (c1)
3.  print (c2)
```

运行结果如下:

```
In [9]:  c1,c2 = np.linalg.eig(C)
         print (c1)
         [ 2.  1.]

In [10]: print (c2)
         [[ 0.89442719  0.70710678]
          [ 0.4472136   0.70710678]]
```

使用 dot()验证求得的解是否正确，代码如下：

```
1.  for i in range(len(c1)):
2.      print ("left:",np.dot(C,c2[:,i]))
3.      print ("right:",c1[i] * c2[:,i])
```

运行结果如下:

```
In [11]: for i in range(len(c1)):
             print ("left:",np.dot(C,c2[:,i]))
             print ("right:",c1[i] * c2[:,i])
         left: [[ 1.78885438]
          [ 0.89442719]]
         right: [[ 1.78885438]
          [ 0.89442719]]
         left: [[ 0.70710678]
          [ 0.70710678]]
         right: [[ 0.70710678]
          [ 0.70710678]]
```

4．奇异值分解

奇异值分解（Singular Value Decomposition，SVD）是一种因子分解运算，将一个矩阵分解为 3 个矩阵的乘积。

使用 numpy.linalg 模块中的 svd() 可以对矩阵进行奇异值分解。svd() 返回 3 个矩阵——*U*、*Sigma* 和 *V*，其中 *U* 和 *V* 是正交矩阵，*Sigma* 是包含输入矩阵的奇异值矩阵。

创建一个矩阵，代码如下：

1. **import** numpy as np
2. D = np.mat("4 11 14;8 7 -2")

运行结果如下：

```
In [12]: import numpy as np
         D = np.mat("4 11 14;8 7 -2")
```

使用 svd() 分解矩阵，代码如下：

1. U,Sigma,V = np.linalg.svd(D,full_matrices=False)
2. print ("U:",U)
3. print ("Sigma:",Sigma)
4. print ("V",V)

运行结果如下：

```
In [13]: U,Sigma,V = np.linalg.svd(D,full_matrices=False)
         print ("U:",U)
         print ("Sigma:",Sigma)
         print ("V",V)

U: [[-0.9486833  -0.31622777]
 [-0.31622777  0.9486833 ]]
Sigma: [ 18.97366596   9.48683298]
V [[-0.33333333 -0.66666667 -0.66666667]
 [ 0.66666667  0.33333333 -0.66666667]]
```

注意：结果包含两个正交矩阵 *U* 和 *V*，以及中间的奇异值矩阵 *Sigma*。

使用 diag() 生成完整的奇异值矩阵，并将分解出的 3 个矩阵相乘，代码如下：

1. print (U * np.diag(Sigma) * V)

运行结果如下：

```
In [14]: print (U * np.diag(Sigma) * V)
         [[ 4. 11. 14.]
          [ 8.  7. -2.]]
```

5．广义逆矩阵

使用 numpy.linalg 模块中的 pinv() 求解广义逆矩阵，inv() 只接收方阵作为输入矩阵，而 pinv() 没有这个限制。

创建一个矩阵，代码如下：

1. **import** numpy as np
2. E = np.mat("4 11 14;8 7 -2")

运行结果如下：

```
In [15]: import numpy as np
         E = np.mat("4 11 14;8 7 -2")
```

使用 pinv() 计算广义逆矩阵，代码如下：

```
1.  pseudoinv = np.linalg.pinv(E)
2.  print (pseudoinv)
```

运行结果如下:

```
In [16]: pseudoinv = np.linalg.pinv(E)
         print (pseudoinv)
         [[-0.00555556  0.07222222]
          [ 0.02222222  0.04444444]
          [ 0.05555556 -0.05555556]]
```

将原矩阵和得到的广义逆矩阵相乘,代码如下:

```
1.  print (E * pseudoinv)
```

运行结果如下:

```
In [17]: print (E * pseudoinv)
         [[  1.00000000e+00  -5.55111512e-16]
          [  0.00000000e+00   1.00000000e+00]]
```

6. 行列式

使用 numpy.linalg 模块中的 det() 可以计算矩阵的行列式。

创建一个矩阵,代码如下:

```
1.  import numpy as np
2.  F = np.mat("3 4;5 6")
```

运行结果如下:

```
In [18]: import numpy as np
         F = np.mat("3 4;5 6")
```

使用 det() 计算矩阵的行列式,代码如下:

```
1.  print (np.linalg.det(F))
```

运行结果如下:

```
In [19]: print (np.linalg.det(F))
         -2.0
```

17.2　random 类

【实验目的】

熟练掌握 numpy.random(np.random) 模块中常用函数的使用方法。

【实验原理】

numpy.random 模块中常用函数及其说明如下。

（1）numpy.random.rand(d0, d1, ..., dn):创建一个给定形状的、值从 0~1 均匀分布中随机抽取的浮点数组,其中 d0, d1, ..., dn 为数组的维数,若参数为空,则返回一个 0~1 的浮点数。

（2）numpy.random.randn(d0, d1, ..., dn):创建一个给定形状的、值从标准正态分布($\mu=0$, σ=1）中随机抽取的浮点数组，其中 d0, d1, ..., dn 为数组的维数，若参数为空，则返回一个该正态分布上的随机浮点数。

（3）numpy.random.standard_normal(size=None)：生成一个浮点数或 N 维浮点数组，取数范围是标准正态分布随机样本。

（4）numpy.random.randint(low, high=None, size=None, dtype='l')：生成一个整数或 N 维整数数组。取数范围是，若 high 不为 None，则取[low,high)的随机整数；否则取[0,low)的随机整数。

（5）numpy.random.random_integers(low, high=None, size=None)：生成一个整数或一个 N 维整数数组。取值范围是，若 high 不为 None，则取[low,high]的随机整数；否则取[1,low]的随机整数。

（6）numpy.random.random_sample(size=None)：生成一个[0,1)的随机浮点数或 N 维浮点数组。

（7）numpy.random.choice(a, size=None, replace=True, p=None)：从序列中获取元素，若 a 为整数，则元素取值为 np.range(a)中的随机数；若 a 为数组，则取值为 a 数组元素中的随机元素。

（8）numpy.random.shuffle(x)：对 x 重新进行排序，如果 x 为多维数组，则只沿第一条轴洗牌，输出为 None。

（9）numpy.random.permutation(x)：与 numpy.random.shuffle(x)功能相同，两者的区别是，permutation(x)不会修改 x 的顺序。

（10）numpy.random.normal(loc=0.0, scale=1.0, size=None)：生成一个标量或多维数组，取值范围是从高斯分布中随机抽取数值。其中，loc 为方差，scale 为标准差，size 为数组的形状。

（11）numpy.random.uniform(low=0.0, high=1.0, size=None)：生成一个标量或多维数组，取值范围是从 p(x)=1/(high-low)的均匀分布中随机抽取数值。其中，low 是浮点数或浮点型数组，为输出间隔的下界；high 是浮点数或浮点型数组，为输出间隔的上界；size 是整型或元组，为数组的形状。

（12）numpy.random.binomial(n, p, size=None)：二项分布采样。其中，size 是采样的次数，n 为成功的次数，p 为成功的概率。

$$P(N) = \binom{n}{N} p^N (1-p)^{n-N},$$

这里的 N=size。

【实验环境】

- Linux Ubuntu 16.04。
- Python 3.6.0。
- Jupyter。

【实验内容】

练习使用 numpy.random 中的常用函数。

【实验步骤】

（1）打开终端模拟器，在命令行输入"ipython notebook --ip='127.0.0.1'"，在浏览器中打

开主界面,切换到/home/zhangyu 目录下,单击"New"下拉按钮,在弹出的下拉列表中选择"Python 3"选项,如图 17-3 所示。

图 17-3 在"New"下拉列表中选择"Python 3"选项

(2)新建一个 ipynb 文件,用于编写并执行代码,如图 17-4 所示。

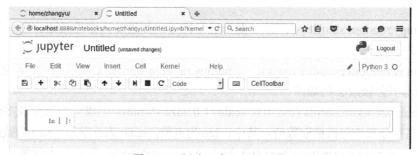

图 17-4 新建一个 ipynb 文件

(3)使用 np.random.rand()创建一个 0~1 的随机浮点数,代码如下:

1. **import** numpy as np
2. np.random.rand() #参数为空

运行结果如下:

```
In [87]:  np.random.rand()
Out[87]:  0.547322020279456
```

(4)使用 np.random.rand()创建一个大小为 5 的一维随机浮点数组,代码如下:

1. np.random.rand(5)

运行结果如下:

```
In [89]:  np.random.rand(5)
Out[89]:  array([ 0.47228911,  0.8063019 ,  0.31450766,  0.05117814,  0.60483068])
```

(5)使用 np.random.rand()创建一个 3 行 4 列的二维随机浮点数组,代码如下:

1. np.random.rand(3,4)

运行结果如下:

```
In [88]: np.random.rand(3,4)
Out[88]: array([[ 0.03302343,  0.52997556,  0.97235923,  0.53944472],
                [ 0.61832333,  0.04364208,  0.2947158 ,  0.2055948 ],
                [ 0.17479655,  0.88317999,  0.51162858,  0.03753256]])
```

（6）使用 np.random.randn() 创建一个正态分布中的随机浮点数（不一定是[0,1]的随机数），代码如下：

1. np.random.randn()

运行结果如下：

```
In [90]: np.random.randn()
Out[90]: -0.7161800318766035
```

（7）使用 np.random.randn() 创建一个有 5 个元素、值是从标准正态分布（$\mu=0$，$\sigma=1$）中随机抽取的一维浮点数组，代码如下：

1. np.random.randn(5)

运行结果如下：

```
In [91]: np.random.randn(5)
Out[91]: array([-1.1485556 ,  0.99234009,  1.00326667, -0.93929093,  0.16736789])
```

（8）使用 np.random.randn() 创建一个 2 行 3 列、值是从标准正态分布（$\mu=0$，$\sigma=1$）中随机抽取的二维浮点数组，代码如下：

1. np.random.randn(2,3)

运行结果如下：

```
In [92]: np.random.randn(2,3)
Out[92]: array([[ 0.01795216,  0.34665745, -0.81579879],
                [-1.09104088, -0.34444073,  0.22515199]])
```

（9）使用 np.random.standard_normal() 创建一个正态分布中的随机浮点数，代码如下：

1. np.random.standard_normal(size=None)

运行结果如下：

```
In [93]: np.random.standard_normal(size=None)
Out[93]: -0.6780257860808713
```

（10）使用 np.random.standard_normal() 创建一个有 3 个元素、值是从标准正态分布（$\mu=0$，$\sigma=1$）中随机抽取的一维浮点数组，代码如下：

1. np.random.standard_normal(size=3)

运行结果如下：

```
In [94]: np.random.standard_normal(size=3)
Out[94]: array([-0.42242872, -0.00635636,  1.29375991])
```

（11）使用 np.random.standard_normal() 创建一个 2 行 3 列、值是从标准正态分布（$\mu=0$，$\sigma=1$）中随机抽取的二维浮点数组，代码如下：

1. np.random.standard_normal((2,3))

运行结果如下:

```
In [95]: np.random.standard_normal((2,3))
Out[95]: array([[-0.43110066,  0.77360249,  0.99893714],
                [ 1.08711365, -0.216775  , -0.49364894]])
```

（12）使用 np.random.randint()创建一个[0,2)的随机整数，代码如下：

1. np.random.randint(2)

运行结果如下:

```
In [96]: np.random.randint(2)
Out[96]: 1
```

（13）使用 np.random.randint()创建一个[0,2)的随机整数，设置数字类型参数 dtype=np.int32，代码如下：

1. np.random.randint(2,dtype=np.int32)

运行结果如下:

```
In [97]: np.random.randint(2,dtype=np.int32)
Out[97]: 1
```

（14）使用 np.random.randint()创建一个有 5 个元素、值是从[0,2)中随机抽取的整数构成的一维数组，代码如下：

1. np.random.randint(2,size=5)

运行结果如下:

```
In [98]: np.random.randint(2,size=5)
Out[98]: array([1, 0, 1, 1, 0])
```

（15）使用 np.random.randint()创建一个有 5 个元素、值是从[2,6)中随机抽取的整数构成的一维数组，代码如下：

1. np.random.randint(2,6,size=5)

运行结果如下:

```
In [99]: np.random.randint(2,6,size=5)
Out[99]: array([5, 5, 4, 5, 5])
```

（16）使用 np.random.randint()创建一个 2 行 3 列、值是从[2,6)中随机抽取的整数构成的二维数组，代码如下：

1. np.random.randint(2,6,size=(2,3))

运行结果如下:

```
In [161]: np.random.randint(2,6,size=(2,3))
Out[161]: array([[4, 2, 3],
                 [5, 4, 2]])
```

（17）使用 np.random.random_integers()创建一个[1,2]的随机整数，代码如下：

1. np.random.random_integers(2)

运行结果如下：

```
In [101]: np.random.random_integers(2)
/home/zhangyu/anaconda3/lib/python3.6/site-packages/ipykernel/_
recated. Please call randint(1, 2 + 1) instead
  if __name__ == '__main__':
Out[101]: 1
```

（18）使用 np.random.random_integers()创建一个[2,6]的随机整数，代码如下：

1. np.random.random_integers(2,6)

运行结果如下：

```
In [102]: np.random.random_integers(2,6)
/home/zhangyu/anaconda3/lib/python3.6/site-pacl
recated. Please call randint(2, 6 + 1) instead
  if __name__ == '__main__':
Out[102]: 5
```

（19）使用 np.random.random_integers()创建一个有 5 个元素、值是从[1,2]中随机抽取的整数构成的一维数组，代码如下：

1. np.random.random_integers(2,size=5)

运行结果如下：

```
In [164]: np.random.random_integers(2,size=5)
/home/zhangyu/anaconda3/lib/python3.6/site-packages/ipykernel/__main__.py:1: DeprecationWarning: This
function is deprecated. Please call randint(1, 2 + 1) instead
  if __name__ == '__main__':
Out[164]: array([2, 2, 1, 1, 2])
```

（20）使用 np.random.random_integers()创建一个有 5 个元素、值是从[2,6]中随机抽取的整数构成的一维数组，代码如下：

1. np.random.random_integers(2,6,size=5)

运行结果如下：

```
In [165]: np.random.random_integers(2,6,size=5)
/home/zhangyu/anaconda3/lib/python3.6/site-packages/ipykernel/__main__.py:1: DeprecationWarning: This
function is deprecated. Please call randint(2, 6 + 1) instead
  if __name__ == '__main__':
Out[165]: array([4, 4, 2, 3, 5])
```

（21）使用 np.random.random_integers()创建一个 2 行 3 列、值是从[1,2]中随机抽取的整数构成的二维数组，代码如下：

1. np.random.random_integers(2,size=(2,3))

运行结果如下：

```
In [105]: np.random.random_integers(2,size=(2,3))
/home/zhangyu/anaconda3/lib/python3.6/site-packa
recated. Please call randint(1, 2 + 1) instead
  if __name__ == '__main__':
Out[105]: array([[2, 1, 1],
                [1, 1, 1]])
```

（22）使用 np.random.random_integers()创建一个 2 行 3 列、值是从[2,7]中随机抽取的整数构成的二维数组，代码如下：

1. np.random.random_integers(2,7,(2,3))

运行结果如下：

```
In [106]: np.random.random_integers(2,7,(2,3))
/home/zhangyu/anaconda3/lib/python3.6/site-pa
recated. Please call randint(2, 7 + 1) instea
  if __name__ == '__main__':
Out[106]: array([[7, 6, 2],
                [3, 7, 6]])
```

（23）使用 np.random.random_sample(size=None)创建一个[0,1)的随机浮点数，代码如下：

1. np.random.random_sample()

运行结果如下：

```
In [107]: np.random.random_sample()
Out[107]: 0.6480610944091525
```

（24）使用 np.random.random_sample()创建一个有 2 个元素、值是从[0,1)中随机抽取的浮点数构成的一维数组，代码如下：

1. np.random.random_sample(2)

运行结果如下：

```
In [108]: np.random.random_sample(2)
Out[108]: array([ 0.09560326,  0.23618064])
```

（25）使用 np.random.random_sample()创建值是从[0,1)中随机抽取的浮点数构成的 2 行 3 列的二维数组，代码如下：

1. np.random.random_sample((2,3))

运行结果如下：

```
In [110]: np.random.random_sample((2,3))
Out[110]: array([[ 0.70388753,  0.15168712,  0.25702085],
                [ 0.3373324 ,  0.33588809,  0.22607042]])
```

（26）使用 np.random.random_sample()创建值是从[0,1)中随机抽取的浮点数构成的 3×2×2 的三维数组，代码如下：

1. np.random.random_sample((3,2,2))

运行结果如下：

第17章 数据分析

```
In [113]: np.random.random_sample((3,2,2))
Out[113]: array([[[ 0.03075295,  0.33069164],
                  [ 0.79999157,  0.79202708]],

                 [[ 0.84517216,  0.90165598],
                  [ 0.86847386,  0.07126079]],

                 [[ 0.89819547,  0.29864626],
                  [ 0.15463372,  0.70757252]]])
```

（27）使用 np.random.choice()创建一个 range(2)的随机数，代码如下：

1. np.random.choice(2)

运行结果如下：

```
In [114]: np.random.choice(2)
Out[114]: 1
```

（28）使用 np.random.choice()创建一个 shape=2、值为 range(2)的随机数构成的一维数组，代码如下：

1. np.random.choice(2,2)

运行结果如下：

```
In [115]: np.random.choice(2,2)
Out[115]: array([1, 0])
```

（29）使用 np.random.choice()创建值为 range(5)的随机数构成的 3 行 2 列的二维数组，代码如下：

1. np.random.choice(5,(3,2))

运行结果如下：

```
In [174]: np.random.choice(5,(3,2))
Out[174]: array([[4, 1],
                 [1, 2],
                 [2, 0]])
```

（30）使用 np.random.choice()创建一个 np.array(['a','b','c','f'])中的随机元素，代码如下：

1. np.random.choice(np.array(['a','b','c','f']))

运行结果如下：

```
In [117]: np.random.choice(np.array(['a','b','c','f']))
Out[117]: 'a'
```

（31）使用 np.random.shuffle(x)对 x 重新进行排序，如果 x 为多维数组，则只沿第一条轴洗牌，输出为 None，代码如下：

1. arr = np.arange(9).reshape(3,3)
2. arr
3. np.random.shuffle(arr)
4. arr

运行结果如下：

```
In [119]: arr = np.arange(9).reshape(3,3)
          arr
Out[119]: array([[0, 1, 2],
                 [3, 4, 5],
                 [6, 7, 8]])

In [120]: np.random.shuffle(arr)
          arr
Out[120]: array([[6, 7, 8],
                 [0, 1, 2],
                 [3, 4, 5]])
```

（32）np.random.permutation()的功能与 numpy.random.shuffle()的功能相同，两者的区别是，permutation(x)不会修改 x 的顺序，代码如下：

1. arr = np.arange(9)
2. np.random.permutation(arr)

运行结果如下：

```
In [121]: arr = np.arange(9)
          np.random.permutation(arr)
Out[121]: array([0, 1, 8, 4, 3, 6, 7, 2, 5])
```

（33）使用 np.random.permutation()对数组重新进行排序，对于多维数组，只会沿着第一条轴打乱顺序，即按行打乱行序，代码如下：

1. arr2 = np.arange(9).reshape(3,3)
2. np.random.permutation(arr2)

运行结果如下：

```
In [122]: arr2 = np.arange(9).reshape(3,3)
          np.random.permutation(arr2)
Out[122]: array([[3, 4, 5],
                 [0, 1, 2],
                 [6, 7, 8]])
```

（34）使用 np.random.normal()，从均值为 0、标准差为 1 的高斯分布中随机抽取 10 个数，创建一个一维数组，代码如下：

1. np.random.normal(loc=0,scale=1,size=10)

运行结果如下：

```
In [124]: np.random.normal(loc=0,scale=1,size=10)
Out[124]: array([-1.18606298,  0.98598279,  0.41708863,  1.05122241,  1.11836766,
                  0.91146099,  1.55790203, -1.3333263 , -1.07734711,  3.52617268])
```

（35）使用 np.random.uniform()，从下界为-1、上界为 0 的均匀分布中随机抽取 6 个数，创建一个 3 行 2 列的二维数组，代码如下：

1. np.random.uniform(-1,0,(3,2))

运行结果如下：

```
In [125]: np.random.uniform(-1,0,(3,2))
Out[125]: array([[-0.67144035, -0.10694364],
                 [-0.62957572, -0.93864874],
                 [-0.92569813, -0.56472704]])
```

（36）使用 np.random.binomial()，从成功次数 n=10、成功概率 p=0.5 的二项分布中随机抽取 10 个数，创建一个一维数组，代码如下：

1. np.random.binomial(n=10, p=0.5, size=10)

运行结果如下：

```
In [129]: np.random.binomial(n=10, p=0.5, size=10)
Out[129]: array([5, 5, 3, 5, 6, 4, 6, 8, 4, 4])
```

17.3 电影数量增长可视化

【实验目的】

（1）熟悉 ECharts 折线图组件、接口、配置项等。
（2）了解 ECharts 折线图的特性。
（3）掌握 JDBC 连接数据库可视化过程。

【实验原理】

排列在工作表的列或行中的数据可以绘制到折线图中。折线图可以显示随时间（根据常用比例设置）变化的连续数据，因此非常适合显示在相等时间间隔下数据的趋势。在折线图中，类别数据沿水平轴均匀分布，所有值数据沿垂直轴均匀分布。常用的折线图样式如图 17-5 所示。

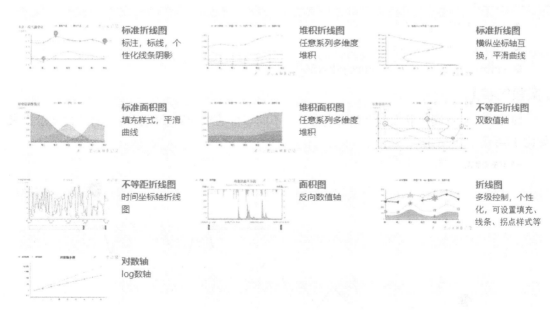

图 17-5　常用的折线图样式

用户可以根据自己的实际需求和审美选择不同的折线图样式。

常用配置参数如下。
- title：标题组件，包含主标题和副标题。
- title.show boolean[default: true]：是否显示标题组件。
- title.text string[default: '']：主标题文本，支持使用\n 换行。
- title.target string[default: 'blank']：指定窗口打开主标题超链接。可选项有两个，self 表示用当前窗口打开，blank 表示用新窗口打开。
- title.textStyle.color Color[default: '#333']：主标题文字的颜色。
- title.textStyle.fontStyle string[default: 'normal']：主标题文字字体。可选项有 normal、italic、oblique。
- title.textStyle.verticalAlign string：文字垂直对齐方式，默认自动。可选项有 top、middle、bottom。
- title.subtext string[default: '']：副标题文本，支持使用\n 换行。
- legend：图例组件。
- grid：直角坐标系内的绘图网格，单个 grid 内最多可以放置上下两个 x 轴、左右两个 y 轴。可以在网格上绘制折线图、柱状图、散点图（气泡图）。
- xAxis：直角坐标系 grid 中的 x 轴，一般情况下单个 grid 组件最多只能放上下两个 x 轴，多于两个 x 轴需要通过设置 offset 属性防止同一个位置多个 x 轴重叠。
- yAxis：直角坐标系 grid 中的 y 轴，一般情况下单个 grid 组件最多只能放左右两个 y 轴，多于两个 y 轴需要通过设置 offset 属性防止同一个位置多个 y 轴重叠。
- color：调色盘颜色列表。如果没有给系列设置颜色，则会依次从该列表中取颜色作为系列颜色。

【实验环境】

- Linux Ubuntu 16.04。
- jdk-7u75-linux-x64。
- eclipse-java-juno-SR2-linux-gtk-x86_64。

【实验内容】

将 WebMagic 爬虫获取的"豆瓣电影"中不同年份的电影数量以折线图的形式展示出来，如图 17-6 所示。

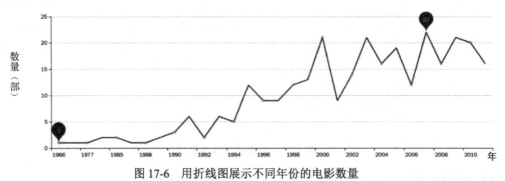

图 17-6　用折线图展示不同年份的电影数量

第 17 章 数据分析

【实验步骤】

1. 下载所需的资源

（1）打开终端模拟器，新建一个目录/data/java/echarts_line，代码如下：

1. sudo mkdir -p /data/java/echarts_line

（2）切换到/data/java/echarts_line 目录下，使用 wget 命令从网页中下载文件，代码如下：

1. cd /data/java/echarts_line
2. sudo wget http://192.168.1.100:60000/allfiles/java/mydata.tar.gz

（3）在/data/java/echarts_line 目录下，将 mydata.tar.gz 解压到当前目录，代码如下：

1. sudo tar -zxvf mydata.tar.gz

2. 将数据导入数据库

在终端模拟器中输入以下命令，进入 MySQL 交互界面：

1. sudo service mysql start
2. mysql -uroot -pstrongs

如果 MySQL 中不存在 movies 数据库，则创建数据库，代码如下：

1. create database movies;

如果 movies 数据库已经存在，则将数据导入数据库，代码如下：

1. use movies;
2. source /data/java/echarts_line/mydata/movies.sql;

查看数据是否已经被成功导入，代码如下：

1. select * from movies;

3. 打开 eclipse，新建 Java Web 项目

在新建的 Java Web 项目上右击，在弹出的快捷菜单中选择"New"→"Dynamic Web Project"选项，如图 17-7 所示。

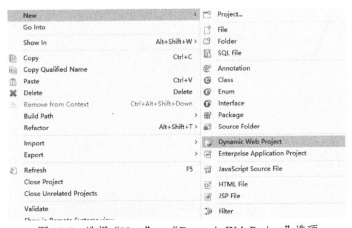

图 17-7 选择"New"→"Dynamic Web Project"选项

4. 将项目名称设置为"MovieEchartsLine"

在弹出的对话框中将项目名称设置为"Movie EchartsLine",如图 17-8 所示。

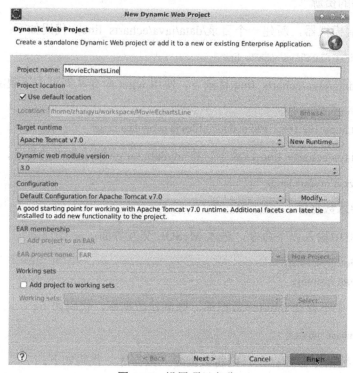

图 17-8　设置项目名称

依次单击"Next"按钮,在"New Dynamic Web Project"对话框中勾选"Generate web.xml deployment descriptor"复选框,如图 17-9 所示。完成后单击"Finish"按钮。

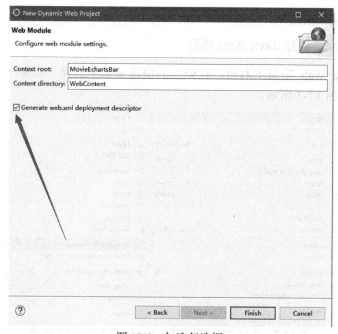

图 17-9　勾选复选框

5. 复制目录

将 Linux 系统/data/java/echarts_line/mydata 目录下的 JAR 包复制到 WebContent/WEB-INF/lib 文件夹，然后在 WebContent 文件夹中新建 js 目录，如图 17-10 所示。

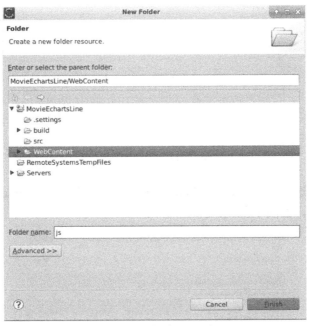

图 17-10　新建 js 目录

将 echarts.min.js 和 jquery-2.1.4.min.js 复制到 js 文件夹中，如图 17-11 所示。

图 17-11　复制文件

6. 新建一个 JSP 页面，命名为 line.jsp

（1）打开 WebContent 文件夹，如图 17-12 所示。

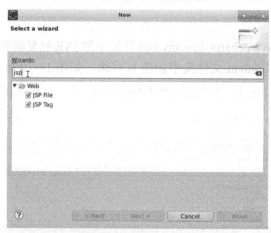

图 17-12　打开文件夹

（2）在文件夹中选择 JSP File，在 File name 文本框中输入名称 line.jsp，单击 "Finish" 按钮，新建 JSP 页面，如图 17-13 所示。

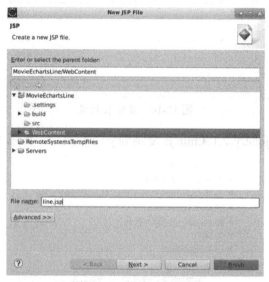

图 17-13　新建 JSP 页面

（3）打开 line.jsp 页面，编写前端代码。

第一步：新建<script>标签，引入符合 AMD 规范的加载器，代码如下：

```
1.    <script type="text/javascript" src="js/jquery-2.1.4.min.js"></script>
2.    <script type="text/javascript" src="js/echarts.min.js"></script>
```

第二步：为 Echarts 准备一个具有一定大小（宽高）的 Dom，代码如下：

```
1.    <body>
2.        <div id="main" style="width: 1600px; height: 400px;"></div>
3.    </body>
```

第三步：基于准备好的 Dom，初始化 Echarts 实例，代码如下：

```
1.    var myChart = echarts.init(document.getElementById('main'));
```

第四步：定义图表 option，代码如下：

```
1.   option = {
2.
3.           title : {
4.
5.                   text : '电影年份走势图',
6.                   subtext : ''
7.           },
8.           tooltip : {
9.                   trigger : 'axis'
10.          },
11.          xAxis : {
12.                  data : []
13.          },
14.          yAxis : {},
15.          series : [ {
16.                  type : 'line',
17.                  data : data,
18.                  markPoint : {
19.                          data : [ {
20.                                  type : 'max',
21.                                  name : 'maximum value'
22.                          }, {
23.                                  type : 'min',
24.                                  name : 'minimum value'
25.                          } ]
26.                  },
27.                  markLine : {
28.                          smooth : true,
29.                          effect : {
30.                                  show : true
31.                          },
32.                          distance : 10,
33.                          label : {
34.                                  normal : {
35.                                          position : 'middle'
36.                                  }
37.                          },
38.                          symbol : [ 'none', 'none' ],
39.                          data : markLineData
40.                  }
41.          } ]
42.  };
```

第五步：为 Echarts 对象异步加载数据，代码如下：

```
1.   myChart.setOption(option);
2.   var mapOnlyKey = [];
```

```
3.      var mapKeyValue = [];
4.      var mapOnlyValue = [];
5.      var info = {
6.          "opt" : "line"
7.      };
8.      $.post("./GetLineData", info, function(data) {
9.
10.         mapOnlyKey.length = 0;
11.         mapKeyValue.length = 0;
12.         mapOnlyValue.length = 0;
13.
14.         for ( var i = 0; i < data.length; i++) {
15.             mapOnlyKey.push(data[i].m_time);
16.             mapKeyValue.push({
17.                 "value" : Math.round(data[i].count_title),
18.                 "name" : data[i].m_time
19.             });
20.             mapOnlyValue.push(data[i].count_title);
21.         }
22.         myChart.setOption({
23.             legend : {
24.
25.                 data : mapOnlyKey
26.             },
27.             xAxis : [ {
28.                 data : mapOnlyKey
29.             } ],
30.             series : [ {
31.                 name : 'temperature',
32.                 data : mapKeyValue
33.             } ]
34.         });
35.
36.     }, 'json');
```

（4）line.jsp 完整代码如下：

```
1.  <%@ page language="java" import="java.util.*" pageEncoding="UTF-8"%>
2.  <%
3.      String path = request.getContextPath();
4.      String basePath = request.getScheme() + "://"
5.              + request.getServerName() + ":" + request.getServerPort()
6.              + path + "/";
7.  %>
8.  <!DOCTYPE HTML PUBLIC "-//W3C//DTD HTML 4.01 Transitional//EN">
9.  <html>
10. <head>
11.     <base href="<%=basePath%>">
12.     <title>DouBanMovieLine</title>
```

```
13.    <script type="text/javascript" src="js/jquery-2.1.4.min.js"></script>
14. </head>
15.    <script type="text/javascript" src="js/echarts.min.js"></script>
16. <body>
17.    <div id="main" style="width: 1200px; height: 400px;"></div>
18.    </body>
19.    </html>
20. <script type="text/javascript">
21.     var data = [];
22.     var markLineData = [];
23.     for ( var i = 1; i < data.length; i++) {
24.         markLineData.push([ {
25.             xAxis : i - 1,
26.             yAxis : data[i - 1],
27.             value : (data[i] + data[i - 1]).toFixed(2)
28.         }, {
29.             xAxis : i,
30.             yAxis : data[i]
31.         } ]);
32.     }
33.     option = {
34.         title : {
35.             text : '电影年份走势图',
36.             subtext : ''
37.         },
38.         tooltip : {
39.             trigger : 'axis'
40.         },
41.         xAxis : {
42.             data : []
43.         },
44.         yAxis : {},
45.         series : [ {
46.             type : 'line',
47.             data : data,
48.             markPoint : {
49.                 data : [ {
50.                     type : 'max',
51.                     name : 'maximum value'
52.                 }, {
53.                     type : 'min',
54.                     name : 'minimum value'
55.                 } ]
56.             },
57.             markLine : {
58.                 smooth : true,
59.                 effect : {
60.                     show : true
```

```
61.                    },
62.                    distance : 10,
63.                    label : {
64.                        normal : {
65.                            position : 'middle'
66.                        }
67.                    },
68.                    symbol : [ 'none', 'none' ],
69.                    data : markLineData
70.                }
71.            } ]
72.        };
73.        var myChart = echarts.init(document.getElementById('main'));
74.        myChart.setOption(option);
75.        var mapOnlyKey = [];
76.        var mapKeyValue = [];
77.        var mapOnlyValue = [];
78.        var info = {
79.            "opt" : "line"
80.        };
81.        $.post("./GetLineData", info, function(data) {
82.            mapOnlyKey.length = 0;
83.            mapKeyValue.length = 0;
84.            mapOnlyValue.length = 0;
85.            for ( var i = 0; i < data.length; i++) {
86.                mapOnlyKey.push(data[i].m_time);
87.                mapKeyValue.push({
88.                    "value" : Math.round(data[i].count_title),
89.                    "name" : data[i].m_time
90.                });
91.                mapOnlyValue.push(data[i].count_title);
92.            }
93.            myChart.setOption({
94.                legend : {
95.                    data : mapOnlyKey
96.                },
97.                xAxis : [ {
98.                    data : mapOnlyKey
99.                } ],
100.                series : [ {
101.                    name : '电影数量',
102.                    data : mapKeyValue
103.                } ]
104.            });
105.        }, 'json');
106.    </script>
```

7. 打开项目，新建一个包，并命名为 my.line

（1）右击该项目下的 src 文件夹，在弹出的快捷菜单中选择"New"→最后一个"other"选项，打开如图 17-14 所示的对话框。选择"Package"选项后，单击"Next"按钮。

图 17-14 "New"对话框

（2）在打开的对话框中输入包名 my.line，单击"Finish"按钮即可新建一个包，如图 17-15 所示。

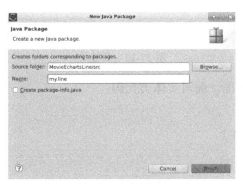

图 17-15 新建包

8．在 my.line 包中，新建一个实体类，并命名为 LineEntity

（1）右击包名，在弹出的快捷菜单中选择"New"→最后一个"other"选项，在打开的对话框中进行设置，如图 17-16 所示。

图 17-16 "New"对话框

307

（2）单击"Next"按钮，打开如图 17-17 所示的对话框，输入类名"LineEntity"，单击"Finish"按钮新建一个类。

图 17-17　新建类

（3）打开 LineEntity 页面，编写实体类代码：

```
1.    package my.line;
2.    public class LineEntity {
3.        private int m_id;
4.        private String m_title;
5.        private String m_urls;
6.        private Float m_ratings;
7.        private String m_dir;
8.        private String m_actor;
9.        private String m_type;
10.       private String m_time;
11.
12.       //?????-??
13.       private int count_type;
14.       //?????-???
15.       private int count_title;
16.
17.       public LineEntity() {
18.           // TODO Auto-generated constructor stub
19.       }
20.       public LineEntity(String m_type, int count_type) {
21.           super();
22.           this.m_type = m_type;
23.           this.count_type = count_type;
24.       }
25.       public LineEntity(int m_id, String m_time, int count_title) {
```

```
26.        super();
27.        this.m_id = m_id;
28.        this.m_time = m_time;
29.        this.count_title = count_title;
30.    }
31.    public LineEntity(String m_title, String m_urls, Float m_ratings, String m_dir, String m_actor, String m_type,
32.            String m_time) {
33.        super();
34.        this.m_title = m_title;
35.        this.m_urls = m_urls;
36.        this.m_ratings = m_ratings;
37.        this.m_dir = m_dir;
38.        this.m_actor = m_actor;
39.        this.m_type = m_type;
40.        this.m_time = m_time;
41.    }
42.    public LineEntity(int m_id, String m_title, String m_urls, Float m_ratings, String m_dir, String m_actor, String m_type,
43.            String m_time) {
44.        super();
45.        this.m_id = m_id;
46.        this.m_title = m_title;
47.        this.m_urls = m_urls;
48.        this.m_ratings = m_ratings;
49.        this.m_dir = m_dir;
50.        this.m_actor = m_actor;
51.        this.m_type = m_type;
52.        this.m_time = m_time;
53.    }
54.    public int getM_id() {
55.        return m_id;
56.    }
57.    public void setM_id(int m_id) {
58.        this.m_id = m_id;
59.    }
60.    public String getM_title() {
61.        return m_title;
62.    }
63.    public void setM_title(String m_title) {
64.        this.m_title = m_title;
65.    }
66.    public String getM_urls() {
67.        return m_urls;
68.    }
69.    public void setM_urls(String m_urls) {
70.        this.m_urls = m_urls;
71.    }
```

```java
72.     public Float getM_ratings() {
73.         return m_ratings;
74.     }
75.     public void setM_ratings(Float m_ratings) {
76.         this.m_ratings = m_ratings;
77.     }
78.     public String getM_dir() {
79.         return m_dir;
80.     }
81.     public void setM_dir(String m_dir) {
82.         this.m_dir = m_dir;
83.     }
84.     public String getM_actor() {
85.         return m_actor;
86.     }
87.     public void setM_actor(String m_actor) {
88.         this.m_actor = m_actor;
89.     }
90.     public String getM_type() {
91.         return m_type;
92.     }
93.     public void setM_type(String m_type) {
94.         this.m_type = m_type;
95.     }
96.     public String getM_time() {
97.         return m_time;
98.     }
99.     public void setM_time(String m_time) {
100.        this.m_time = m_time;
101.    }
102.
103.    public int getCount_type() {
104.        return count_type;
105.    }
106.    public void setCount_type(int count_type) {
107.        this.count_type = count_type;
108.    }
109.    public int getCount_title() {
110.        return count_title;
111.    }
112.    public void setCount_title(int count_title) {
113.        this.count_title = count_title;
114.    }
115.    @Override
116.    public String toString() {
117.        return "Movie [m_id=" + m_id + ", m_title=" + m_title + ", m_urls=" + m_urls + ", m_ratings=" + m_ratings
118.                + ", m_dir=" + m_dir + ", m_actor=" + m_actor + ", m_type=" + m_type + ",
```

```
m_time=" + m_time
119.                       + ", count_type=" + count_type + ", count_title=" + count_title + "]";
120.         }
121. }
```

9. 在 my.line 包中，新建一个类，并命名为"GetLineData"，实现与数据库的交互

第一步：设置返回时的编码格式，代码如下：

```
1.    response.setContentType("text/html;charset=utf-8");
```

第二步：连接数据库，获取 Echarts 图表中所需要的数据。

（1）与本地数据库连接（注意：user 为数据库用户名，password 为密码，这里需要根据实际应用的数据库的用户名和密码进行修改），代码如下：

```
1.    String driver = "com.mysql.jdbc.Driver";
2.    String url = "jdbc:mysql://localhost:3306/movies?zeroDateTimeBehavior=convertToNull&characterEncoding=utf8";
3.    String user = "root";
4.    String password = "strongs";
```

（2）加载驱动，创建数据库连接对象，获取所需数据，代码如下：

```
1.    Connection conn = null;
2.    Class.forName(driver);
3.    conn = DriverManager.getConnection(url, user, password);
4.    String sql = "SELECT m_time,COUNT(m_title) as count_title FROM movies  GROUP BY m_type limit 20;";
5.    ResultSet set = null;
6.    Statement stmt = null;
7.    List<LineEntity> list = new ArrayList<LineEntity>();
8.        stmt = conn.createStatement();
9.        set = stmt.executeQuery(sql);
10.       while (set.next()) {
11.           LineEntity bean = new LineEntity();
12.           bean.setM_time(set.getString("m_time"));
13.           bean.setCount_title(set.getInt("count_title"));
14.           list.add(bean);
15.       }
```

第三步：把 array 中的对象转换为 JSON 格式的数组，并返回给前端页面，代码如下：

```
1.    String jsonString = JSON.toJSONString(list);
2.    PrintWriter out = response.getWriter();
3.    out.print(jsonString);
4.    out.flush();
5.    out.close();
```

GetLineData.java 文件完整代码如下：

```
1.    package my.line;
2.    import java.io.IOException;
```

```java
3.    import java.io.PrintWriter;
4.    import java.sql.Connection;
5.    import java.sql.DriverManager;
6.    import java.sql.ResultSet;
7.    import java.sql.SQLException;
8.    import java.sql.Statement;
9.    import java.util.ArrayList;
10.   import java.util.List;
11.   import javax.servlet.ServletException;
12.   import javax.servlet.http.HttpServlet;
13.   import javax.servlet.http.HttpServletRequest;
14.   import javax.servlet.http.HttpServletResponse;
15.   import com.alibaba.fastjson.JSON;
16.   public class GetLineData extends HttpServlet {
17.       public void doGet(HttpServletRequest request, HttpServletResponse response)
18.             throws ServletException, IOException {
19.           response.setContentType("text/html;charset=utf-8");
20.           String driver = "com.mysql.jdbc.Driver";
21.           String url = "jdbc:mysql://localhost:3306/movies?zeroDateTimeBehavior=convertToNull&characterEncoding=utf8";
22.           String user = "root";
23.           String password = "strongs";
24.           Connection conn = null;
25.           try {
26.               Class.forName(driver);
27.               conn = DriverManager.getConnection(url, user, password);
28.           } catch (SQLException e) {
29.               System.err.println(e.getMessage());
30.           } catch (ClassNotFoundException e) {
31.               System.err.println(e.getMessage());
32.           }
33.           String sql = "SELECT m_time,COUNT(m_title) as count_title FROM movies   GROUP BY m_time limit 30";
34.           ResultSet set = null;
35.           Statement stmt = null;
36.           List<LineEntity> list = new ArrayList<LineEntity>();
37.       try {
38.       stmt = conn.createStatement();
39.       set = stmt.executeQuery(sql);
40.           while (set.next()) {
41.               LineEntity bean = new LineEntity();
42.               bean.setM_time(set.getString("m_time"));
43.               bean.setCount_title(set.getInt("count_title"));
44.               list.add(bean);
45.           }
46.       } catch (SQLException e) {
47.           System.err.println(e.getMessage());
48.       }
```

```
49.     String jsonString = JSON.toJSONString(list);
50.     System.err.println(jsonString);
51.     PrintWriter out = response.getWriter();
52.     out.print(jsonString);
53.     out.flush();
54.     out.close();
55.   }
56.   public void doPost(HttpServletRequest request, HttpServletResponse response)
57.     throws ServletException, IOException {
58.     doGet(request, response);
59.   }
60. }
```

10. 打开 web.xml 页面，设置以下映射

（1）在向 Servlet 或 JSP 页面指定初始化参数或定制 URL 时，用 Servlet 元素分配名称，代码如下：

```
1. <servlet>
2.     <servlet-name>GetLineData</servlet-name>
3.     <servlet-class>my.line.GetLineData</servlet-class>
4. </servlet>
```

（2）servlet-mapping 元素包含两个子元素：servlet-name 和 url-pattern。<servlet-name></servlet-name>用来定义 Servlet 的名称，<url-pattern></url-pattern>用来定义 Servlet 对应的 URL。

```
1. <servlet-mapping>
2.     <servlet-name>GetLineData</servlet-name>
3.     <url-pattern>/GetLineData</url-pattern>
4. </servlet-mapping>
```

（3）web.xml 文件完整代码如下：

```
1.  <?xml version="1.0" encoding="UTF-8"?>
2.  <web-app xmlns:xsi="http://www.w3.org/2001/XMLSchema-instance"
3.      xmlns="http://java.sun.com/xml/ns/javaee" xmlns:web="http://java.sun.com/xml/ns/javaee/web-app_2_5.xsd"
4.      xsi:schemaLocation="http://java.sun.com/xml/ns/javaee http://java.sun.com/xml/ns/javaee/web-app_3_0.xsd"
5.      version="3.0">
6.      <display-name></display-name>
7.      <servlet>
8.          <servlet-name>GetLineData</servlet-name>
9.          <servlet-class>my.line.GetLineData</servlet-class>
10.     </servlet>
11.     <servlet-mapping>
12.         <servlet-name>GetLineData</servlet-name>
13.         <url-pattern>/GetLineData</url-pattern>
14.     </servlet-mapping>
15. </web-app>
```

11. 编译项目

选择"Project"→"Clean"菜单项,如图 17-18 所示。打开"Clean"对话框,按照图 17-19 所示进行设置,完成后单击"OK"按钮。

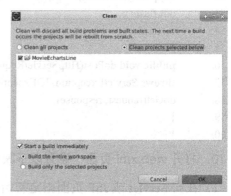

图 17-18　选择"Project"→"Clean"菜单项　　　　图 17-19　"Clean"对话框

12. 将该项目部署到 Tomcat 服务器

在 Tomcat 服务器上右击,在弹出的快捷菜单中选择"Add and Remove"选项,如图 17-20 所示。

打开如图 17-21 所示的对话框,将对话框左侧列表框中的"MovieEchartsLine"添加到右侧列表框中。

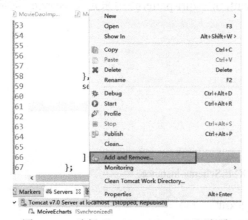

图 17-20　选择"Add and Remove"选项　　　　图 17-21　"Add and Remove"对话框

13. 启动服务器,运行项目

在该项目上右击,在弹出的快捷菜单中选择"Run As"→"1 Run On Server"选项,如图 17-22 所示。打开"Run On Server"对话框,按照图 17-23 所示进行设置。

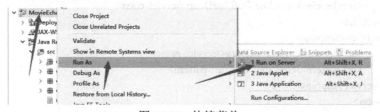

图 17-22　快捷菜单

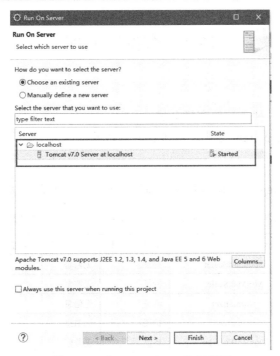

图 17-23 "Run On Server" 对话框

14．显示折线图

打开火狐浏览器，输入网址 http://localhost:8080/MovieEchartsLine/line.jsp，然后按"Enter"键，会显示折线图，如图 17-24 所示。

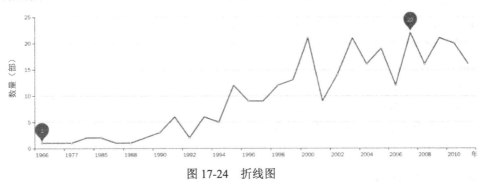

图 17-24 折线图

至此，实验结束！
参考代码请下载：

1. cd /data/java/echarts_line
2. sudo wget http://192.168.1.100:60000/allfiles/java/MovieEchartsLine.tar.gz

解压后，用 Eclipse 打开即可查看，代码如下：

1. sudo tar -zxvf MovieEchartsLine.tar.gz

17.4　数据预处理

【实验目的】

（1）了解预处理中各种方法的变换公式。

（2）熟练掌握 sklearn.preprcessing 包中各种函数的使用方法。

【实验原理】

在 sklearn.preprcessing 包中有很多数据预处理的方法，部分方法如表 17-2 所示。

表 17-2　sklearn.preprcessing 包中的部分数据预处理方法

包	类	参 数 列 表	类　别	Fit方法是否有用	说　　明
sklearn.preprocessing	StandardScaler	特征	无监督	Y	标准化
sklearn.preprocessing	MinMaxScaler	特征	无监督	Y	区间缩放
sklearn.preprocessing	Normalizer	特征	无信息	N	正则化
sklearn.preprocessing	Binarizer	特征	无信息	N	定量特征二值化
sklearn.preprocessing	OneHotEncoder	特征	无监督	Y	特性特征编码
sklearn.preprocessing	Imputer	特征	无监督	Y	缺失值计算
sklearn.preprocessing	PloynomialFeature	特征	无监督	N	多项式变换
sklearn.preprocessing	FunctionTransformer	特征	无信息	N	自定义函数变换

（1）规范化。

MinMaxScaler：最大值和最小值规范化。

Normalizer：使每条数据各特征值的和为 1。

StandardScaler：使每条数据各特征的均值为 0、方差为 1。

（2）编码。

LabelEncoder：把字符串类型的数据转换为整型。

OneHotEncoder：特征用一个二进制数来表示。

Binarizer：将数值型特征二值化。

MultiLabelBinarizer：多标签二值化。

【实验环境】

- Linux Ubuntu 16.04。
- Python 3.6.1。
- Jupyter。

【实验内容】

练习使用 scikit_learn 中数据预处理的方法。

【实验步骤】

打开终端模拟器，输入下面的命令，更新 scikit-learn 库：

1. conda update scikit-learn

在终端模拟器的命令行输入"ipython notebook --ip='127.0.0.1'",在浏览器中打开主界面,切换到/home/zhangyu 目录下,单击"New"下拉按钮,在弹出的下拉列表中选择"Python 3"选项,如图 17-25 所示。

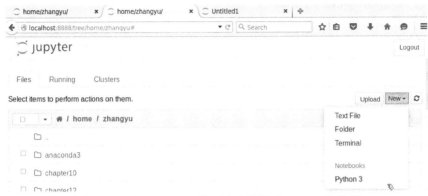

图 17-25　在"New"下拉列表中选择"Python 3"选项

新建一个 ipynb 文件,用于编写并执行代码,如图 17-26 所示。

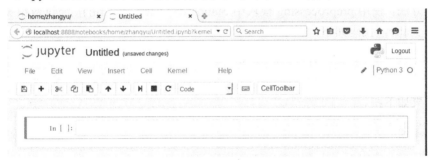

图 17-26　新建一个 ipynb 文件

1. 标准化

第一种方法,导入 sklearn 库中的 preprocessing 模块,再导入 numpy 包,并用别名 np 表示,代码如下:

```
1.  from sklearn import preprocessing
2.  import numpy as np
```

使用 numpy 包中的 array(),创建一个 3 行 3 列的二维数组 x_train,代码如下:

```
1.  x_train=np.array([[ 1.0,-1.0,2.0],[ 2.0,0.0,2.0],[ 0.0,1.0 ,-1.0]])
2.  x_train
```

运行结果如下:

```
In [7]: x_train=np.array([[ 1.0,-1.0,2.0],[ 2.0,0.0,2.0],[ 0.0,1.0 ,-1.0]])
        x_train
Out[7]: array([[ 1., -1.,  2.],
               [ 2.,  0.,  2.],
               [ 0.,  1., -1.]])
```

使用 preprocessing 模块中的 scale(),对 x_train 数组进行标准化,将返回值赋给 x_scaled,代码如下:

```
1. x_scaled=preprocessing.scale(x_train)
2. x_scaled
```

运行结果如下：

```
In [4]: x_scaled=preprocessing.scale(x_train)
        x_scaled
Out[4]: array([[ 0.        , -1.22474487,  0.70710678],
               [ 1.22474487,  0.        ,  0.70710678],
               [-1.22474487,  1.22474487, -1.41421356]])
```

x_scaled 具有零均值和单位方差，代码如下：

```
1. x_scaled.mean(axis=0)
2. x_scaled.std(axis=0)
```

运行结果如下：

```
In [5]: x_scaled.mean(axis=0)
Out[5]: array([ 0.,  0.,  0.])

In [6]: x_scaled.std(axis=0)
Out[6]: array([ 1.,  1.,  1.])
```

第二种方法，使用 preprocessing 模块中 StandardScaler()类的 fit()，通过数组 x_train 构建标准化模型 scaler，代码如下：

```
1. scaler=preprocessing.StandardScaler().fit(x_train)
2. scaler
```

运行结果如下：

```
In [9]: scaler=preprocessing.StandardScaler().fit(x_train)
        scaler
Out[9]: StandardScaler(copy=True, with_mean=True, with_std=True)
```

查看训练集中每列特征的平均值和数据的相对缩放比例，代码如下：

```
1. scaler.mean_
2. scaler.scale_
```

运行结果如下：

```
In [10]: scaler.mean_
Out[10]: array([ 1.,  0.,  1.])

In [11]: scaler.scale_
Out[11]: array([ 0.81649658,  0.81649658,  1.41421356])
```

调用模型 scaler 的 transform()对 x_train 数组进行标准化，代码如下：

```
1. scaler.transform(x_train)
```

运行结果如下：

```
In [12]: scaler.transform(x_train)
Out[12]: array([[ 0.        , -1.22474487,  0.70710678],
                [ 1.22474487,  0.        ,  0.70710678],
                [-1.22474487,  1.22474487, -1.41421356]])
```

创建一个测试数据 x_test，使用 scaler 模型的 transform()对 x_test 数据进行标准化，代码如下：

```
1.  x_test=[[-1.,1,0]]
2.  scaler.transform(x_test)
```

运行结果如下：

```
In [13]: x_test=[[-1.,1,0]]
         scaler.transform(x_test)
Out[13]: array([[-2.44948974,  1.22474487, -0.70710678]])
```

2．区间缩放

使用 preprocessing 模块中的 MinMaxScaler()，创建一个实例对象 min_max_scaler，使用实例对象的 fit_transform 方法将 x_train 中的元素缩放到 0～1，将缩放的结果返回给 x_train_minmax，代码如下：

```
1.  min_max_scaler=preprocessing.MinMaxScaler()
2.  x_train_minmax=min_max_scaler.fit_transform(x_train)
3.  x_train_minmax
```

运行结果如下：

```
In [14]: min_max_scaler=preprocessing.MinMaxScaler()
         x_train_minmax=min_max_scaler.fit_transform(x_train)
         x_train_minmax
Out[14]: array([[ 0.5, 0. , 1. ],
                [ 1. , 0.5, 1. ],
                [ 0. , 1. , 0. ]])
```

使用 np.array()创建元素值为[-3.,-1.,4.]的一维数组 x_test，然后使用实例对象 min_max_scaler 的 fit_transform 方法将 x_test 数组中的元素缩放到[0,1]，将缩放的结果返回给 x_test_minmax，代码如下：

```
1.  x_test=np.array([ -3.,-1.,4.]).reshape(1,-1)
2.  x_test_minmax=min_max_scaler.fit_transform(x_test)
3.  x_test_minmax
```

运行结果如下：

```
In [16]: x_test=np.array([ -3.,-1.,4.]).reshape(1,-1)
         x_test_minmax=min_max_scaler.fit_transform(x_test)
         x_test_minmax
Out[16]: array([[ 0., 0., 0.]])
```

使用 preprocessing 模块中的 MaxAbsScaler()，创建一个实例对象 max_abs_scaler，使用实例对象的 fit_transform 方法将 x_train 中的元素缩放到 0～1，将缩放的结果返回给 X_train_maxabs，代码如下：

```
1.  max_abs_scaler = preprocessing.MaxAbsScaler()
2.  X_train_maxabs = max_abs_scaler.fit_transform(x_train)
3.  X_train_maxabs
```

运行结果如下：

```
In [27]: max_abs_scaler = preprocessing.MaxAbsScaler()
         X_train_maxabs = max_abs_scaler.fit_transform(x_train)
         X_train_maxabs
Out[27]: array([[ 0.5, -1. ,  1. ],
                [ 1. ,  0. ,  1. ],
                [ 0. ,  1. , -0.5]])
```

使用实例对象 max_abs_scaler 的 fit_transform 方法将 x_test 数组中的元素缩放到[-1,1]，代码如下：

1. X_test_maxabs = max_abs_scaler.fit_transform(x_test)
2. X_test_maxabs

运行结果如下：

```
In [114]: X_test_maxabs = max_abs_scaler.fit_transform(x_test)
          X_test_maxabs
Out[114]: array([[-1., -1.,  1.]])
```

3. 正则化

使用 preprocessing 模块中的 normalize()，对 x_train 数组进行正则化，将返回值赋给 x_normalized，代码如下：

1. x_normalized = preprocessing.normalize(x_train, norm='l2')
2. x_normalized

运行结果如下：

```
In [32]: x_normalized = preprocessing.normalize(x_train, norm='l2')
         x_normalized
Out[32]: array([[ 0.40824829, -0.40824829,  0.81649658],
                [ 0.70710678,  0.        ,  0.70710678],
                [ 0.        ,  0.70710678, -0.70710678]])
```

使用 preprocessing 模块中 Binarizer() 类的 fit()，通过 x_train 数组创建二值化模型 binarizer，代码如下：

1. binarizer = preprocessing.Binarizer().fit(x_train)
2. binarizer

运行结果如下：

```
In [21]: binarizer = preprocessing.Binarizer().fit(x_train)
         binarizer
Out[21]: Binarizer(copy=True, threshold=0.0)
```

之后使用 transform 方法对 x_train 数组进行二值化，代码如下：

1. binarizer.transform(x_train)

运行结果如下：

```
In [9]: binarizer.transform(x_train)
Out[9]: array([[ 1.,  0.,  1.],
               [ 1.,  0.,  0.],
               [ 0.,  1.,  0.]])
```

定量特征二值化 sklearn.preprocessing.Binarizer(threshold=0.0, copy=True) 根据阈值将数据设置为 0 或 1 的特征值。

调整 Binarizer() 的阈值 threshold=1.1，创建二值化模型 binarizer1，代码如下：

1. binarizer1 = preprocessing.Binarizer(threshold=1.1)
2. binarizer1

运行结果如下：

```
In [10]: binarizer1 = preprocessing.Binarizer(threshold=1.1)
         binarizer1
Out[10]: Binarizer(copy=True, threshold=1.1)
```

使用 binarizer1 模型的 transform 方法对 x_train 数组进行二值化，代码如下：

1. binarizer1.transform(x_train)

运行结果如下：

```
In [11]: binarizer1.transform(x_train)
Out[11]: array([[ 0., 0., 1.],
                [ 1., 0., 0.],
                [ 0., 0., 0.]])
```

4．定性特征编码

使用 preprocessing 模块中的 OneHotEncoder()，创建一个实例对象 enc，使用 enc 对象的 fit 方法，通过[[0, 0, 3], [1, 1, 0], [0, 2, 1], [1, 0, 2]]数组创建一个特征编码模型，代码如下：

1. enc = preprocessing.OneHotEncoder()
2. enc.fit([[0, 0, 3], [1, 1, 0], [0, 2, 1], [1, 0, 2]])

运行结果如下：

```
In [12]: enc = preprocessing.OneHotEncoder()
         enc.fit([[0, 0, 3], [1, 1, 0], [0, 2, 1], [1, 0, 2]])
Out[12]: OneHotEncoder(categorical_features='all', dtype=<class 'numpy.float64'>,
                handle_unknown='error', n_values='auto', sparse=True)
```

使用 transform()对[[0,1,3]]二维数组进行特性特征编码，并将结果通过 toarray()转换为数组，代码如下：

1. enc.transform([[0, 1, 3]]).toarray()

运行结果如下：

```
In [13]: enc.transform([[0, 1, 3]]).toarray()
Out[13]: array([[ 1., 0., 0., 1., 0., 0., 0., 0., 1.]])
```

使用 preprocessing 模块中的 OneHotEncoder()，创建一个实例对象 enc，设置每个特征值的数量为 n_values=[2,3,4]，通过[[1, 2, 3], [0, 2, 0]]数组创建一个特征编码模型，代码如下：

1. enc = preprocessing.OneHotEncoder(n_values=[2, 3, 4])
2. enc.fit([[1, 2, 3], [0, 2, 0]])

运行结果如下：

```
In [20]: enc = preprocessing.OneHotEncoder(n_values=[2, 3, 4])
         enc.fit([[1, 2, 3], [0, 2, 0]])
Out[20]: OneHotEncoder(categorical_features='all', dtype=<class 'numpy.float64'>,
                handle_unknown='error', n_values=[2, 3, 4], sparse=True)
```

使用 transform()对[[1,0,0]]二维数组进行特性特征编码，并将结果通过 toarray()函数转换为数组，代码如下：

1. enc.transform([[1, 0, 0]]).toarray()

运行结果如下：

```
In [21]: enc.transform([[1, 0, 0]]).toarray()
Out[21]: array([[ 0.,  1.,  1.,  0.,  0.,  1.,  0.,  0.,  0.]])
```

5．缺失值计算

使用 preprocessing 模块中的 Imputer()，设置缺失值参数 missing_values='NaN'，填充缺失值的类型参数 strategy='mean'，轴参数 axis=0，创建一个实例对象 imp，使用实例对象 imp 的 fit 方法，通过[[1, 2], [np.nan, 3], [7, 6]]数组创建一个缺失值模型，代码如下：

1. imp=preprocessing.Imputer(missing_values='NaN',strategy='mean',axis=0)
2. imp.fit([[1,2],[np.nan,3],[7,6]])

运行结果如下：

```
In [24]: imp = preprocessing.Imputer(missing_values='NaN',strategy='mean',axis=0)
         imp.fit([[1,2],[np.nan,3],[7,6]])
Out[24]: Imputer(axis=0, copy=True, missing_values='NaN', strategy='mean', verbose=0)
```

创建一个二维列表 X，使用实例对象 imp 中的 transform()，用上面数组每列的平均值对 X 的缺失值进行填充，代码如下：

1. X=[[np.nan,2],[6,np.nan],[7,6]]
2. imp.transform(X)

运行结果如下：

```
In [25]: X=[[np.nan,2],[6,np.nan],[7,6]]
         imp.transform(X)
Out[25]: array([[ 4.        ,  2.        ],
                [ 6.        ,  3.66666667],
                [ 7.        ,  6.        ]])
```

6．生成多项式特征

使用 numpy 包中的 arange()创建一个值由 0～5 的整数组成的 3 行 2 列的数组 X，代码如下：

1. X = np.arange(6).reshape(3, 2)
2. X

运行结果如下：

```
In [27]: X = np.arange(6).reshape(3, 2)
         X
Out[27]: array([[0, 1],
                [2, 3],
                [4, 5]])
```

使用 preprocessing 模块中的 PolynomialFeatures()创建一个多项特征程度为 2 的多项式对象 poly，然后使用 poly 的 fit_transform 方法生成 X 的多项式特征，X 的特征已经从（X1，X2）变成（1，X1，X2，X1**2，X1*X2，X2**2），代码如下：

1. poly = preprocessing.PolynomialFeatures(2)
2. poly.fit_transform(X)

运行结果如下：

```
In [29]: poly = preprocessing.PolynomialFeatures(2)
         poly.fit_transform(X)
Out[29]: array([[  1.,   0.,   1.,   0.,   0.,   1.],
                [  1.,   2.,   3.,   4.,   6.,   9.],
                [  1.,   4.,   5.,  16.,  20.,  25.]])
```

在某些情况下，若只需要特征之间的交互项，则可以设定参数 interaction_only=True。

使用 numpy 包中的 arange()创建一个值由 0～8 连续的 9 个整数组成的 3 行 3 列的数组 X，代码如下：

1. X = np.arange(9).reshape(3, 3)
2. X

运行结果如下：

```
In [31]: X = np.arange(9).reshape(3, 3)
         X
Out[31]: array([[0, 1, 2],
                [3, 4, 5],
                [6, 7, 8]])
```

使用 preprocessing 模块中的 PolynomialFeatures()创建一个多项特征程度为 3 的多项式对象 poly，设置参数 interaction_only=True，然后使用 poly 的 fit_transform 方法生成 X 的多项式特征，X 的特征已经从（X_1,X_2,X_3）变成（$1,X_1,X_2,X_3,X_1*X_2,X_1*X_3,X_2*X_3,X_1*X_2*X_3$），代码如下：

1. poly=preprocessing.PolynomialFeatures(degree=3,interaction_only=True)
2. poly.fit_transform(X)

运行结果如下：

```
In [32]: poly=preprocessing.PolynomialFeatures(degree=3,interaction_only=True)
         poly.fit_transform(X)
Out[32]: array([[  1.,   0.,   1.,   2.,   0.,   0.,   2.,   0.],
                [  1.,   3.,   4.,   5.,  12.,  15.,  20.,  60.],
                [  1.,   6.,   7.,   8.,  42.,  48.,  56., 336.]])
```

7．自定义函数变换

可以使用 FunctionTransformer()从任意函数中实现变换。例如，要构建一个在管道中应用 log 转换的变压器，可以使用 preprocessing 模块中的 FunctionTransformer()，创建一个自定义函数变换实例对象 transformer，设置变换函数参数为 func=np.loglp，代码如下：

1. transformer = preprocessing.FunctionTransformer(np.log1p)
2. transformer

运行结果如下：

```
In [37]: transformer = preprocessing.FunctionTransformer(np.log1p)
         transformer
Out[37]: FunctionTransformer(accept_sparse=False, func=<ufunc 'log1p'>,
                 inv_kw_args=None, inverse_func=None, kw_args=None, pass_y=False,
                 validate=True)
```

使用 numpy 包中的 array()创建一个由 0～3 连续整数组成的 2 行 2 列的二维数组 X，使用 transformer 对象的 transform 方法，将变换后的函数作用于数组 X，代码如下：

1. X = np.array([[0, 1], [2, 3]])
2. transformer.transform(X)

运行结果如下：

```
In [38]: X=np.array([[0,1],[2,3]])
         transformer.transform(X)
Out[38]: array([[ 0.        ,  0.69314718],
                [ 1.09861229,  1.38629436]])
```

17.5 特 征 选 择

【实验目的】

（1）了解特征选择的方法。
（2）熟练掌握 sklearn.feature 中特征选择函数的使用方法。

【实验原理】

特征选择的原因如下：
（1）降低复杂度；
（2）降低噪声；
（3）增加模型可读性。
- VarianceThreshold：删除特征值的方差达不到最低标准的特征。
- SelectKBest：返回 k 个最佳特征。
- SelectPercentile：返回表现最佳的前 $r\%$ 个特征。

单个特征和某个类别之间相关性的计算方法有很多，最常用的是卡方检验（χ^2），其他方法还有互信息和信息熵。
- chi2：卡方检验（χ^2）

sklearn 函数表如表 17-3 所示。

表 17-3 sklearn 函数表

包	类	参 数 列 表	类 别	Fit 方法是否有用	说　　明
sklearn.feature_select	VarianceThreshold	特征	无监督	N	方差选择法
sklearn.feature_select	SelectKBest	特征	无监督	Y	自定义特征评分选择法
sklearn.feature_select	Chi2	特征	无监督	Y	卡方检验选择法
sklearn.feature_select	RFE	特征	无监督	Y	递归特征消除法
sklearn.feature_select	SelectFromModel	特征+目标值	无监督	Y	自定义模型训练选择法

【实验环境】

- Linux Ubuntu 16.04。
- Python 3.6.1。
- Jupyter。

【实验内容】

练习使用 sklearn.feature 中的特征选择函数或方法。

【实验步骤】

打开终端模拟器，在命令行输入"ipython notebook --ip='127.0.0.1'"，在浏览器中打开主界面，切换到/home/zhangyu 目录下，单击"New"下拉按钮，在弹出的下拉列表中选择"Python 3"选项，如图 17-27 所示。

新建一个 ipynb 文件，用于编写并执行代码，如图 17-28 所示。

第 17 章 数据分析

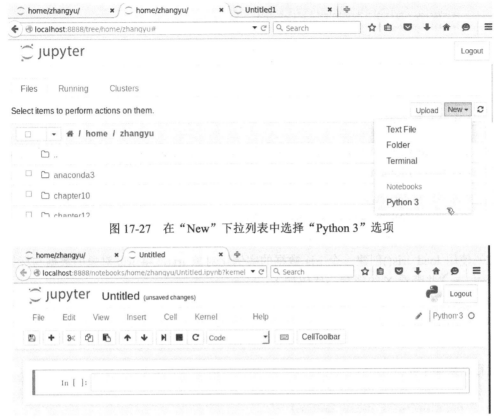

图 17-27 在"New"下拉列表中选择"Python 3"选项

图 17-28 新建一个 ipynb 文件

1. 去掉取值变化小的特征

(1)导入 sklearn 库中 feature_selection 模块的 VarianceThreshold 类,创建一个二维列表 X,代码如下:

view plain copy
1. from sklearn.feature_selection **import** VarianceThreshold
2. X=[[0, 0, 1], [0, 1, 0], [1, 0, 0], [0, 1, 1], [0, 1, 0], [0, 1, 1]]
3. X

运行结果如下:

```
In [1]: from sklearn.feature_selection import VarianceThreshold
        X=[[0, 0, 1], [0, 1, 0], [1, 0, 0], [0, 1, 1], [0, 1, 0], [0, 1, 1]]
        X
Out[1]: [[0, 0, 1], [0, 1, 0], [1, 0, 0], [0, 1, 1], [0, 1, 0], [0, 1, 1]]
```

(2)使用 VarianceThreshold()创建一个方差选择对象 sel,设置阈值参数 threshold= (0.8*(1-0.8)),使用 sel 对象的 fit_transform 方法,删除 X 中每个特征值的方差小于阈值的特征,代码如下:

1. sel=VarianceThreshold(threshold=(0.8*(1-0.8)))
2. sel.fit_transform(X)

运行结果如下:

```
In [2]:  sel=VarianceThreshold(threshold=(0.8*(1-0.8)))
         sel.fit_transform(X)
Out[2]:  array([[0, 1],
                [1, 0],
                [0, 0],
                [1, 1],
                [1, 0],
                [1, 1]])
```

2. 单变量特征选择

（1）导入 sklearn 库中 feature_selection 模块的 SelectKBest 类和 chi2 类，并导入 sklearn 库中 datasets 模块的 load_iris 类，代码如下：

```
1.  from sklearn.datasets import load_iris
2.  from sklearn.feature_selection import SelectKBest
3.  from sklearn.feature_selection import chi2
```

（2）使用 load_iris()创建一个 iris 数据的实例化对象 iris，将 iris 对象的数据与标签分别赋值给 X、y，并查看 X 的形状，代码如下：

```
1.  iris=load_iris()
2.  X,y=iris.data,iris.target
3.  X.shape
```

运行结果如下：

```
In [7]:  from sklearn.datasets import load_iris
         from sklearn.feature_selection import SelectKBest
         from sklearn.feature_selection import chi2
         iris=load_iris()
         X,y=iris.data,iris.target
         X.shape
Out[7]:  (150, 4)
```

（3）使用 SelectKBase()创建一个自定义特征评分选择对象，设置评分参数 score_func=chi2，选择评分最高特征数量参数 k=2，然后使用 fir_transform 方法，通过卡方检验选择法选择（X,y）数据中评分最高的 2 的特征，并检查返回数据的形状，代码如下：

```
1.  X_new=SelectKBest(chi2,k=2).fit_transform(X,y)
2.  X_new.shape
```

运行结果如下：

```
In [8]:  X_new=SelectKBest(chi2,k=2).fit_transform(X,y)
         X_new.shape
Out[8]:  (150, 2)
```

4．基于树的特征选择（Tree-based Feature Selection）

（1）导入 sklearn 库中 ensemble 模块的 ExtraTreesClassifier 类，代码如下：

```
1.  from sklearn.ensemble import ExtraTreesClassifier
```

（2）使用 ExtraTreesClassifier()创建一个基于树的特征选择对象 clf，使用 clf 对象的 fit 方法通过（X,y）数据创建基于树的特征选择模型，查看每个特征的重要性，代码如下：

```
1.  clf=ExtraTreesClassifier()
2.  X_new=clf.fit(X,y)
3.  clf.feature_importances_
```

运行结果如下：

```
In [99]: from sklearn.ensemble import ExtraTreesClassifier
         clf=ExtraTreesClassifier()
         X_new=clf.fit(X,y)
         clf.feature_importances_
Out[99]: array([ 0.12102844,  0.05544351,  0.34854751,  0.47498054])
```

5．递归特征消除

（1）导入 sklearn 库中 feature_selection 模块的 RFE 类、datasets 模块的 make_friedman1 类、svm 模块的 SVR 类，代码如下：

1. from sklearn.datasets **import** make_friedman1
2. from sklearn.feature_selection **import** RFE
3. from sklearn.svm **import** SVR

（2）使用 make_friedman1()创建训练数据 X、标签数据 y，设置样本个数参数 n_samples=50、特征个数参数 n_features=10、随机状态参数 random_state=0，代码如下：

1. X, y = make_friedman1(n_samples=50, n_features=10, random_state=0)

（3）使用 SVR()创建一个支持向量机回归模型实例对象，设置该函数的参数 kernel='linear'，代码如下：

1. estimator=SVR(kernel='linear')

（4）使用 RFE()创建一个递归消除对象 selector，设置估计量参数 estimator=estimator、n_features_to_select=5，使用对象的 fit 方法通过（X,y）数据创建递归特征消除模型，代码如下：

1. selector = RFE(estimator, 5, step=1)
2. selector=selector.fit(X,y)

（5）使用 support_类获取训练数据 X 中特征是否被选择的布尔值。

1. selector.support_

运行结果如下：

```
In [17]: from sklearn.datasets import make_friedman1
         from sklearn.feature_selection import RFE
         from sklearn.svm import SVR
         X, y = make_friedman1(n_samples=50, n_features=10, random_state=0)
         estimator = SVR(kernel="linear")
         selector = RFE(estimator, 5, step=1)
         selector = selector.fit(X, y)
         selector.support_
Out[17]: array([ True,  True,  True,  True,  True, False, False, False, False, False], dtype=bool)
```

6．自定义模型训练选择法

（1）导入 sklearn 库中 feature_selection 模块的 SelectFromModel 类、datasets 模块的 load_iris 类、svm 模块的 LinearSVC 类，使用 load_iris()创建一个 iris 数据的实例化对象 iris，将 iris 对象的数据与标签分别赋值给 X、y，并查看 X 的形状，代码如下：

1. from sklearn.svm **import** LinearSVC
2. from sklearn.datasets **import** load_iris

3. from sklearn.feature_selection **import** SelectFromModel
4. iris = load_iris()
5. X, y = iris.data, iris.target
6. X.shape

运行结果如下：

```
In [21]: from sklearn.svm import LinearSVC
         from sklearn.datasets import load_iris
         from sklearn.feature_selection import SelectFromModel
         iris = load_iris()
         X, y = iris.data, iris.target
         X.shape
Out[21]: (150, 4)
```

（2）使用 LinearSVC()创建一个实例对象，设置误差项的惩罚参数 C=0.01、正则化参数 penalty="l1"、对偶参数 dual=False，使用 fit 方法通过训练数据（X,y）创建线性支持向量机模型 lsvc，然后使用 SelectFromModel()，设置自定义函数参数 lsvc、预适应模型是否会直接传递到构造函数中的参数 prefit=True，创建自定义选择模型 model，并使用 transform 方法将 X 数据进行特征选择，返回结果 X_new，并查看 X_new 的形状，代码如下：

1. lsvc = LinearSVC(C=0.01, penalty="l1", dual=False).fit(X, y)
2. model = SelectFromModel(lsvc, prefit=True)
3. X_new = model.transform(X)
4. X_new.shape

运行结果如下：

```
In [22]: lsvc = LinearSVC(C=0.01, penalty="l1", dual=False).fit(X, y)
         model = SelectFromModel(lsvc, prefit=True)
         X_new = model.transform(X)
         X_new.shape
Out[22]: (150, 3)
```

17.6 交 叉 验 证

【实验目的】

（1）了解交叉验证的各种方法。

（2）熟练使用 sklearn.cross_validation 中的交叉验证方法。

【实验原理】

sklearn 是利用 Python 进行机器学习的一个非常全面和好用的第三方库，sklearn 中关于交叉验证有很多用法，在 sklearn.cross_validation 中包含如下交叉验证迭代器。

（1）k 折交叉验证迭代器，接收元素个数、fold 数、是否清洗等参数。

（2）LeaveOneOut 交叉验证迭代器。

（3）LeavePOut 交叉验证迭代器。

（4）LeaveOneLableOut 交叉验证迭代器。

（5）LeavePLabelOut 交叉验证迭代器。

下面是部分交叉验证迭代器的具体用法。

1. k 折交叉验证（k-Fold）

k 折交叉验证的语法如下：

```
sklearn.model_selection.KFold(n_splits=3, shuffle=False, random_state= None)
```

将训练/测试数据集划分为 n_splits 个互斥子集，每次用其中一个子集当作验证集，剩下的 n_splits-1 个子集作为训练集，进行 n_splits 次训练和测试，得到 n_splits 个结果。

注意，对于不能等分的数据集，其前 n_samples % n_splits 个子集拥有 n_samples //n_splits + 1 个样本，其余子集都只有 n_samples / n_splits 个样本。

参数说明：

（1）n_splits：表示划分几等份。

（2）shuffle：在每次划分时是否进行洗牌。当值为 False 时，其效果等同于 random_state（随机种子数）等于整数，即每次划分的结果相同。当值为 True 时，每次划分的结果都不一样，表示经过洗牌，随机取样 random_state。

属性：

（1）get_n_splits(X=None, y=None, groups=None)：获取参数 n_splits 的值。

（2）split(X, y=None, groups=None)：将数据集划分成训练集和测试集，返回索引生成器。

2. 留一交叉验证（LOO）

留一交叉验证是一种用来训练和测试分类器的方法，会用到图像数据集里所有的数据，假定数据集有 N 个样本（$N1, N2, ..., Nn$），将这个样本分为两份，第一份 $N-1$ 个样本用来训练分类器，第二份 1 个样本用来测试，如此从 N_1 到 N_n 迭代 N 次，所有样本里的所有对象都经过了测试和训练。

3. 随机排列交叉抽样（ShuffleSplit）

随机排列交叉抽样的语法如下：

```
sklearn.model_selection.ShuffleSplit(n_splits=10, test_size='default', train_size=None, random_ state=None)
```

数据集在进行划分之前，需要进行打乱操作，否则容易产生过拟合，导致模型泛化能力下降。

参数说明：

（1）n_splits：重新洗牌和分裂迭代次数。

（2）test_size：如果是 Float 类型的数据，则这个数的范围是 0～1.0，代表 test 集所占比例；如果是 Int 类型，则代表 test 集的数量；如果为 None，则被自动设置为 train 集的补集。

（3）train_size：如果是 Float 类型的数据，则这个数的范围是 0～1，表示数据集在 train 集中所占的比例；如果是 Int 类型的数据，则代表 train 集的样本数量；如果为 None，则被自动设置为 test 集的补集。

（4）random_state：随机抽样的伪随机数发生器状态。

【实验环境】

- Linux Ubuntu 16.04。
- Python 3.6.1。
- Jupyter。

【实验内容】

练习使用 sklearn 中交叉验证的各种方法。

【实验步骤】

打开终端模拟器，输入下面的命令，更新 scikit-learn 库：

1. conda update scikit-learn

打开终端模拟器，切换到 /home/zhangyu 目录下，在命令行输入"ipython notebook --ip='127.0.0.1'"，在浏览器中打开主界面，单击"New"下拉按钮，在弹出的下拉列表中选择"Python 3"选项，如图 17-29 所示。

1. cd /home/zhangyu
2. ipython notebook --ip='127.0.0.1'

图 17-29　在"New"下拉列表中选择"Python 3"选项

新建一个 ipynb 文件，用于编写并执行代码，如图 17-30 所示。

图 17-30　新建一个 ipynb 文件

（1）k 折交叉验证：将样例划分为 k 份，若 k=len（样例），即为留一交叉验证，用 k-1 份样例进行训练，剩余样例作为测试数据集。下面是一个示例，在有 4 个样本的数据集上进行 2 折交叉验证。

首先导入 numpy 包，并命名为 np；导入 sklearn.model_selection 模块中的 KFold 类，代码如下：

1. **import** numpy as np
2. from sklearn.model_selection **import** KFold

然后创建由"a"、"b"、"c"、"d"组成的列表 X，并使用 KFold 类，传入参数 n_splits=2，

创建 2 折对象 kf，再调用 kf 中的 split 方法，对列表 X 进行 2 折交叉验证迭代，最后用 for 循坏遍历 2 折交叉验证迭代结果，每个折叠都由两个数组组成，第一个折叠是与训练数据集相关的，第二个折叠是与测试数据集相关的，代码如下：

```
1.  X = ["a", "b", "c", "d"]
2.  kf = KFold(n_splits=2)
3.  for train_index, test_index in kf.split(X):
4.      print("%s %s" % (train_index, test_index))
    [2 3] [0 1]
    [0 1] [2 3]
```

（2）重复 k 折交叉验证（RepeatedKFold）：重复 k 折交叉验证 n 次，每次重复产生不同的分裂。下面是一个示例，在有 4 个样本的数据集上进行重复 2 次的 2 折交叉验证。

首先导入 numpy 包，并命名为 np；导入 sklearn.model_selection 模块中的 RepeatedKFold 类，代码如下：

```
1.  import numpy as np
2.  from sklearn.model_selection import RepeatedKFold
```

然后使用 np.array()创建二维数组 X 和一维数组 y，代码如下：

```
1.  X = np.array([[1, 2], [3, 4], [1, 2], [3, 4]])
2.  y = np.array([0, 0, 1, 1])
```

再使用 RepeatedKFold 类传入参数 n_splits=2、n_repeats=2、random_state=2652124，创建重复 2 次的 2 折对象 rkf，调用 rkf 中的 split 方法，对数组 X 进行折叠。最后用 for 循坏遍历折叠结果，每个折叠都由两个数组组成，第一个折叠是与训练数据集相关的，第二个折叠是与测试数据集相关的，代码如下：

```
1.  rkf = RepeatedKFold(n_splits=2, n_repeats=2, random_state=2652124)
2.  for train_index, test_index in rkf.split(X):
3.      print("TRAIN:", train_index, "TEST:", test_index)
4.      X_train, X_test = X[train_index], X[test_index]
5.      y_train, y_test = y[train_index], y[test_index]
    TRAIN: [0 1] TEST: [2 3]
    TRAIN: [2 3] TEST: [0 1]
    TRAIN: [1 2] TEST: [0 3]
    TRAIN: [0 3] TEST: [1 2]
```

（3）留一交叉验证：其实相当于 k-Fold（n_splits=n）或 LeavePOut（p=1），这里的 n 是样本数。下面是一个示例，在有 2 个样本的数据集上进行留一交叉验证，代码如下：

```
1.  import numpy as np
2.  from sklearn.model_selection import LeaveOneOut
3.  X = np.array([[1, 2], [3, 4]])
4.  y = np.array([1, 2])
5.  loo = LeaveOneOut()
6.  loo.get_n_splits(X)
7.
8.  print(loo)
9.
10. for train_index, test_index in loo.split(X):
```

```
11.     print("TRAIN:", train_index, "TEST:", test_index)
12.     X_train, X_test = X[train_index], X[test_index]
13.     y_train, y_test = y[train_index], y[test_index]
14.     print(X_train, X_test, y_train, y_test)
```

运行结果如下:

```
LeaveOneOut()
TRAIN: [1] TEST: [0]
[[3 4]] [[1 2]] [2] [1]
TRAIN: [0] TEST: [1]
[[1 2]] [[3 4]] [1] [2]
```

（4）留 P 交叉验证（LeavePOut）：从数据集中随机选取 P 个样本作为测试数据集，剩下的样本作为训练数据集，重复抽样，直到把所有的结果都取到。当 P>1 时，测试数据集中的数据有重叠。下面是一个留 P 交叉验证的例子，代码如下：

```
1.  import numpy as np
2.  from sklearn.model_selection import LeavePOut
3.  X = np.array([[1, 2], [3, 4], [5, 6], [7, 8]])
4.  y = np.array([1, 2, 3, 4])
5.  lpo = LeavePOut(1)
6.  lpo.get_n_splits(X)
7.  print(lpo)
8.  for train_index, test_index in lpo.split(X):
9.      print("TRAIN:", train_index, "TEST:", test_index)
10.     X_train, X_test = X[train_index], X[test_index]
11.     y_train, y_test = y[train_index], y[test_index]
```

运行结果如下:

```
LeavePOut(p=1)
TRAIN: [1 2 3] TEST: [0]
TRAIN: [0 2 3] TEST: [1]
TRAIN: [0 1 3] TEST: [2]
TRAIN: [0 1 2] TEST: [3]
```

（5）随机排列交叉抽样：首先将样本随机打乱，然后根据设置的参数划分训练数据集与测试数据集，其中参数 n_splits 表示重新洗牌和分裂迭代次数，参数 test_size 用来设置测试数据集的比例，参数 random_state 用来设置随机抽样的状态。下面是一个随机排列交叉抽样的示例，代码如下：

```
1.  import numpy as np
2.  from sklearn.model_selection import ShuffleSplit
3.  X = np.arange(5)
4.  ss = ShuffleSplit(n_splits=3, test_size=0.25,
5.      random_state=0)
6.  for train_index, test_index in ss.split(X):
7.      print("%s %s" % (train_index, test_index))
```

运行结果如下:

```
[1 3 4] [2 0]
[1 4 3] [0 2]
[4 0 2] [1 3]
```

（6）分层 k 折交叉抽样（StratifiedkFold）：是 k-Fold 的变种，会返回分层的折叠，即在每个小集合中,各个类别的样例比例大致和完整数据集中的样例比例相同,通过指定分组,对测试数据集进行无放回抽样。下面是一个分层 k 折交叉抽样的示例,代码如下:

```
1.  import numpy as np
2.  from sklearn.model_selection import StratifiedKFold
3.  X = np.ones(10)
4.  labels = [0, 0, 0, 0, 1, 1, 1, 1, 1, 1]
5.  skf = StratifiedKFold(n_splits=3)
6.  for train_index, test_index in skf.split(X, labels):
7.      print("TRAIN:", train_index, "TEST:", test_index)
```

运行结果如下:
```
TRAIN: [2 3 6 7 8 9] TEST: [0 1 4 5]
TRAIN: [0 1 3 4 5 8 9] TEST: [2 6 7]
TRAIN: [0 1 2 4 5 6 7] TEST: [3 8 9]
```

(7)分组 k 折交叉验证(GroupkFold):先分组,然后把所有组分为 k 份,随机取 k-1 份进行训练,剩余一份作为测试数据集,这里 k 小于分组的组数。下面是一个分组 k 折交叉验证的示例,代码如下:

```
1.  import numpy as np
2.  from sklearn.model_selection import GroupKFold
3.  X = np.array([[1, 2], [3, 4], [5, 6], [7, 8]])
4.  y = np.array([1, 2, 3, 4])
5.  groups = np.array([0, 0, 2, 2])
6.  group_kfold = GroupKFold(n_splits=2)
7.  print(group_kfold)
8.  for train_index, test_index in group_kfold.split(X, y, groups):
9.      print("TRAIN:", train_index, "TEST:", test_index)
10.     X_train, X_test = X[train_index], X[test_index]
11.     y_train, y_test = y[train_index], y[test_index]
12.     print(X_train, X_test, y_train, y_test)
```

运行结果如下:
```
GroupKFold(n_splits=2)
TRAIN: [0 1] TEST: [2 3]
[[1 2]
 [3 4]] [[5 6]
 [7 8]] [1 2] [3 4]
TRAIN: [2 3] TEST: [0 1]
[[5 6]
 [7 8]] [[1 2]
 [3 4]] [3 4] [1 2]
```

(8)分组留一交叉验证(LeaveOneGroupOut):先分组,然后随机取一组作为测试数据集,剩下的组作为训练数据集,它在分组 k 折交叉验证的基础上混乱度又减小了。下面是一个分组留一交叉验证的示例,代码如下:

```
1.  import numpy as np
2.  from sklearn.model_selection import LeaveOneGroupOut
3.  X = np.array([[1, 2], [3, 4], [5, 6], [7, 8]])
4.  y = np.array([1, 2, 1, 2])
```

```
5.    groups = np.array([1, 1, 2, 2])
6.    logo = LeaveOneGroupOut()
7.    logo.get_n_splits(X, y, groups)
8.    print(logo)
9.    for train_index, test_index in logo.split(X, y, groups):
10.       print("TRAIN:", train_index, "TEST:", test_index)
11.       X_train, X_test = X[train_index], X[test_index]
12.       y_train, y_test = y[train_index], y[test_index]
13.       print(X_train, X_test, y_train, y_test)
```

运行结果如下:

```
LeaveOneGroupOut()
TRAIN: [2 3] TEST: [0 1]
[[5 6]
 [7 8]] [[1 2]
 [3 4]] [1 2] [1 2]
TRAIN: [0 1] TEST: [2 3]
[[1 2]
 [3 4]] [[5 6]
 [7 8]] [1 2] [1 2]
```

(9) 分组留 P 交叉验证 (LeavePGroupsOut): 先分组, 然后随机取 P 组作为测试数据集, 剩下的组作为训练数据集。下面是一个分组留 P 交叉验证的示例, 代码如下:

```
1.    import numpy as np
2.    from sklearn.model_selection import LeavePGroupsOut
3.    X = np.array([[1, 2], [3, 4], [5, 6]])
4.    y = np.array([1, 2, 1])
5.    groups = np.array([1, 2, 3])
6.    lpgo = LeavePGroupsOut(n_groups=2)
7.    lpgo.get_n_splits(X, y, groups)
8.
9.    lpgo.get_n_splits(groups=groups)    # 'groups' is always required
10.
11.   print(lpgo)
12.
13.   for train_index, test_index in lpgo.split(X, y, groups):
14.      print("TRAIN:", train_index, "TEST:", test_index)
15.      X_train, X_test = X[train_index], X[test_index]
16.      y_train, y_test = y[train_index], y[test_index]
17.      print(X_train, X_test, y_train, y_test)
```

运行结果如下:

```
LeavePGroupsOut(n_groups=2)
TRAIN: [2] TEST: [0 1]
[[5 6]] [[1 2]
 [3 4]] [1] [1 2]
TRAIN: [1] TEST: [0 2]
[[3 4]] [[1 2]
 [5 6]] [2] [1 1]
TRAIN: [0] TEST: [1 2]
[[1 2]] [[3 4]
 [5 6]] [1] [2 1]
```

（10）分组随机排序交叉验证（GroupShuffleSplit）：先分组，然后将组排序随机打乱，最后根据设置的参数划分训练数据集与测试数据集。下面是一个分组随机排序交叉验证的示例，代码如下：

```
1. import numpy as np
2. from sklearn.model_selection import GroupShuffleSplit
3. X = [0.1, 0.2, 2.2, 2.4, 2.3, 4.55, 5.8, 0.001]
4. y = ["a", "b", "b", "b", "c", "c", "c", "a"]
5. groups = [1, 1, 2, 2, 3, 3, 4, 4]
6. gss = GroupShuffleSplit(n_splits=4, test_size=0.5, random_state=0)
7. for train_index, test_index in gss.split(X, y, groups=groups):
8.     print("TRAIN:", train_index, "TEST:", test_index)
```

运行结果如下：

```
TRAIN: [0 1 2 3] TEST: [4 5 6 7]
TRAIN: [2 3 6 7] TEST: [0 1 4 5]
TRAIN: [2 3 4 5] TEST: [0 1 6 7]
TRAIN: [4 5 6 7] TEST: [0 1 2 3]
```

17.7 模型评估

【实验目的】

（1）了解各种评估算法的原理。

（2）熟练掌握 sklearn 中评估算法对应的函数的使用方法。

【实验原理】

在使用机器学习算法的过程中，针对不同的场景，需要不同的评价指标，下面对常用的指标进行简单的汇总。

1．分类评价指标

（1）精确率与召回率。

精确率与召回率多用于二分类问题。精确率（Precision）指的是模型判为正的所有样本中有多少是真正的正样本。召回率（Recall）指的是所有正样本中有多少被模型判为正样本，即召回。设模型输出的正样本集合为 A，真正的正样本集合为 B，则有

$$\text{Precision}(A,B) = \frac{|A \cap B|}{|A|}, \quad \text{Recall}(A,B) = \frac{|A \cap B|}{|B|}$$

有时需要在精确率与召回率间进行权衡，一种选择是画出精确率-召回率曲线（Precision-Recall Curve），曲线下的面积被称为 AP 分数（Average Precision Score）；另一种选择是计算 F_β 分数：

$$F_\beta = (1+\beta^2) \cdot \frac{\text{precision} - \text{recall}}{\beta^2 \cdot \text{precision} + \text{recall}}$$

当 $\beta=1$ 时，称为 f1_score，是分类与信息检索中最常用的指标之一。

数据测试结果有下面 4 种情况。

- 真阳性（TP）：预测为正，实际也为正。

- 假阳性（FP）：预测为正，实际为负。
- 假阴性（FN）：预测为负，实际为正。
- 真阴性（TN）：预测为负，实际也为负。

（2）ROC。

设模型输出的正样本集合为 A，真正的正样本集合为 B，所有样本集合为 C，称 $\frac{|A \cap B|}{|B|}$ 为真正率（True-positive rate），称 $\frac{|A-B|}{|C-B|}$ 为假正率（False-positive rate）。

ROC 曲线适用于二分类问题，是以假正率为横坐标、以真正率为纵坐标的曲线图，如图 17-31 所示。

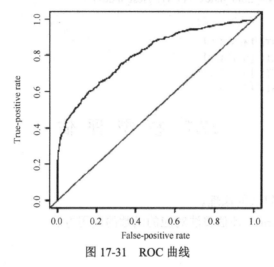

图 17-31　ROC 曲线

AUC 值是曲线下的面积（Area under curve），值越大意味着分类器效果越好。

（3）对数损失。

对数损失（Log loss）也被称为逻辑回归损失（Logistic regression loss）或交叉熵损失（Cross-entropy loss）。

对于二分类问题，设 $y \in \{0,1\}$ 且 $p=\Pr(y=1)$，则每个样本的对数损失为：

$$L_{\log}(y, p) = -\log \Pr(y|p) = -(y\log(p) + (1-y)\log(1-p))$$

可以很容易地将其扩展到多分类问题上。设 Y 为指示矩阵，即当样本 i 的分类为 k 时，$y_{i,k}=1$；设 P 为估计的概率矩阵，即 $p_{i,k}=\Pr(t_{i,k}=1)$，则每个样本的对数损失为：

$$L_{\log}(Y_i, P_i) = -\log \Pr(Y_i|P_i) = \sum_{k=1}^{K} y_{i,k} \log p_{i,k}$$

（4）铰链损失。

铰链损失（Hinge loss）一般用来使"边缘最大化"（Maximal margin）。

铰链损失最开始出现在二分类问题中，假设正样本被标记为 1、负样本被标记为-1、y 是真实值、w 是预测值，则铰链损失的定义为：

$$L_{\text{Hinge}}(w, y) = \max\{1-wy, 0\} = |1-wy|_{+}$$

后来被扩展到多分类问题，假设 y_w 是对真实分类的预测值，y_t 是对非真实分类预测中的最大值，则铰链损失的定义为：

$$L_{\text{Hinge}}(y_w, y_t) = \max\{1 + y_t - y_w, 0\}$$

注意，二分类情况下的定义并不是多分类情况下定义的特例。

（5）混淆矩阵。

混淆矩阵（Confusion matrix）又被称为错误矩阵，通过它可以直观地观察算法的效果。它的每一列是样本的预测分类，每一行是样本的真实分类（反过来也可以）。顾名思义，它反映了分类结果的混淆程度。混淆矩阵 ii 行 jj 列原本是类别 ii 却被分为类别 jj 的样本个数，计算完之后还可以对其进行可视化处理。

（6）kappa 系数。

kappa 系数（Cohen's kappa）用来衡量两种标注结果的吻合程度，标注指的是把 N 个样本标注为 C 个互斥类别。计算公式为：

$$K = \frac{p_0 - p_e}{1 - p_e} = 1 - \frac{1 - p_0}{1 - p_e}$$

其中，p_0 是观察到的符合比例，p_e 是随机产生的符合比例。当两种标注结果完全相符时，$K=1$，越不相符其值越小，甚至是负的。

例如，对于 50 个测试样本的二分类问题，预测情况与真实分布情况如表 17-4 所示。

表 17-4 测试样本的预测情况与真实分布情况

		GROUND	
		1	0
PREDICT	1	20	5
	0	10	15

预测情况与真实情况相符的共有 20+15 个样本，观察到的符合比例为 p_0=(20+15)/50=0.7。计算 p_e 比较复杂，PREDICT 预测为 1 的比例为 0.5，GROUND 中 1 的比例为 0.6，从完全随机的角度来看，PREDICT 与 GROUND 均为 1 的概率为 0.5×0.6=0.3，PREDICT 与 GROUND 均为 0 的概率为 0.5×0.4=0.2，则 PREDICT 与 GROUND 随机产生的符合比例为 0.2+0.3=0.5，即 p_e=0.5，最后得

$$K = \frac{p_o - p_e}{1 - p_e} = \frac{0.7 - 0.5}{1 - 0.5} = 0.4$$

（7）准确率。

准确率（Accuracy）衡量的是分类正确的比例。设 $\hat{y}_i$ 是第 i 个样本预测类别，y_i 是真实类别，在 nsample 个测试样本上的准确率为：

$$\text{accuracy} = \frac{1}{n_{\text{sample}}} \sum_{i=1}^{n_{\text{sample}}} 1(\hat{y}_i = y_i)$$

其中，$1(x)$ 是 Indicator 函数，当预测结果与真实情况完全相符时，准确率为 1，两者越不相符，准确率越低。虽然准确率适用范围很广，可用于多分类及多标签等问题，但在多标签问题上很严格，在有些情况下区分度较差。

（8）海明距离。

海明距离（Hamming distance）用于需要对样本多个标签进行分类的场景。对于给定的样本 i，$\hat{y}_{ij}$ 是对第 j 个标签的预测结果，y_i 是第 j 个标签的真实结果，L 是标签数量，$\hat{y}_{ij}$ 与 y_i 的海明距离为：

$$D_{\text{Hamming}}(\hat{y}_i, y_i) = \frac{1}{L} \sum_{j=1}^{L} 1(\hat{y}_{ij} \neq y_{ij})$$

其中，l(x)函数为：

$$\mathbf{1}_A(x) := \begin{cases} 1 & \text{if } x \in A \\ 0 & \text{if } x \notin A \end{cases}$$

当预测结果与实际情况完全相符时，距离为 0；当预测结果与实际情况完全不符时，距离为 1；当预测结果是实际情况的真子集或真超集时，距离为 0~1。

可以通过对所有样本的预测情况求平均得到算法在测试集上的总体表现情况，当标签数量 L 为 1 时，结果等于 1-Accuracy；当标签数量 $L>1$ 时，也有较好的区分度，不像准确率那么严格。

（9）杰卡德相似系数。

杰卡德相似系数（Jaccard similarity coefficients）用于需要对样本多个标签进行分类的场景。对于给定的样本 i，$\hat{y}_i$ 是预测结果，y_i 是真实结果，L 是标签数量，第 i 个样本的杰卡德相似系数为：

$$J(\hat{y}_i, y_i) = \frac{|\hat{y}_i \cap y_i|}{|\hat{y}_i \cup y_i|}$$

杰卡德相似系数与海明距离的不同之处在于分母。当预测结果与实际情况完全相符时，系数为 1；当预测结果与实际情况完全不符时，系数为 0；当预测结果是实际情况的真子集或真超集时，距离为 0~1。

可以通过对所有样本的预测情况求平均得到算法在测试集上的总体表现情况，当标签数量 L 为 1 时，结果等于 Accuracy。

2．回归评价指标

回归问题比较简单，所用到的衡量指标也相对直观。假设 y_i 是第 i 个样本的真实值，$\hat{y}_i$ 是对第 i 个样本的预测值。

（1）可释方差值。

可释方差值（Explained Variance Score）是根据误差的方差计算得到的：

$$\text{ExplainedVariance}(y, \hat{y}) = 1 - \frac{\text{Var}\{y - \hat{y}\}}{\text{Var}\{y\}}$$

（2）平均绝对误差。

平均绝对误差（Mean Absolute Error）又被称为 L1 范数损失（L1-norm loss），表达式为：

$$\text{MAE}(y, \hat{y}) = \frac{1}{n_{\text{samples}}} \sum_{i=0}^{n_{\text{samples}}-1} |y_i - \hat{y}_i|$$

（3）平均平方误差。

平均平方误差 MSE（Mean Squared Error）又被称为 L2 范数损失（L2-norm loss），表达式为：

$$\text{MSE}(y, \hat{y}) = \frac{1}{n_{\text{samples}}} \sum_{i=0}^{n_{\text{samples}}-1} (y_i - \hat{y}_i)^2$$

（4）中值绝对误差。

中值绝对误差（Median Absolute Error）表达式为：

$$\text{MedAE}(y, \hat{y}) = \text{median}(|y_1 - \hat{y}_1|, \cdots, |y_n - \hat{y}_n|)$$

(5)决定系数。

决定系数(Coefficient of Determination)又被称为 R^2 分数,表达式为:

$$R^2(y,\hat{y}) = 1 - \frac{\sum_{i=0}^{n_{\text{samples}}-1}(y_i - \hat{y}_i)^2}{\sum_{i=0}^{n_{\text{samples}}-1}(y_i - \overline{y})^2}$$

3. 聚类评价指标

(1)兰德指数。

兰德指数(Rand Index)需要给定实际类别信息 C,假设 K 是聚类结果,a 表示在 C 与 K 中都是同类别的元素对数,b 表示在 C 与 K 中都是不同类别的元素对数,则兰德指数为:

$$\text{RI} = \frac{a+b}{C_2^{n_{\text{samples}}}}$$

其中,$C_2^{n_{\text{samples}}}$ 是数据集中可以组成的总元素对数,RI 取值范围为[0,1],值越大意味着聚类结果与真实情况越吻合。

对于随机结果,RI 并不能保证分数接近零。为了实现"在聚类结果随机产生的情况下,指标应该接近零",调整兰德指数(Adjusted Rand Index)被提出,它具有更高的区分度:

$$\text{ARI} = \frac{\text{RI} - E[\text{RI}]}{\max(\text{RI}) - E[\text{RI}]}$$

ARI 取值范围为[-1,1],值越大意味着聚类结果与真实情况越吻合。从广义的角度来讲,ARI 衡量的是两个数据分布的吻合程度。

(2)互信息。

互信息(Mutual Information)也是用来衡量两个数据分布的吻合程度的。假设 U 与 V 是 N 个样本标签的分配情况,则两种分布的熵(熵表示的是不确定程度)分别为:

$$H(U) = \sum_{i=1}^{|U|} P(i)\log(P(i)), H(V) = \sum_{j=1}^{|V|} P'(j)\log(P'(j))$$

其中,$P(i) = |U_i|/N, P'(j) = |V_j|/N$。

U 与 V 之间的互信息(MI)定义为:

$$\text{MI}(U,V) = \sum_{i=1}^{|U|}\sum_{j=1}^{|V|} P(i,j)\log\left(\frac{P(i,j)}{P(i)P'(j)}\right)$$

其中,$P(i,j) = |U_i \cap V_j|/N$。

标准化后的互信息(Normalized Mutual Information)为:

$$\text{NMI}(U,V) = \frac{\text{MI}(U,V)}{\sqrt{H(U)H(V)}}$$

与 ARI 类似,调整互信息(Adjusted Mutual Information)定义为:

$$\text{AMI} = \frac{\text{MI} - E[\text{MI}]}{\max(H(U),H(V)) - E[\text{MI}]}$$

利用基于互信息的方法来衡量聚类效果需要实际类别信息,MI 与 NMI 的取值范围为[0,1],AMI 的取值范围为[-1,1],它们都是值越大意味着聚类结果与真实情况越吻合。

(3) 轮廓系数。

轮廓系数（Silhouette coefficient）适用于实际类别信息未知的情况。对于单个样本，设 a 是与它同类别中其他样本的平均距离，b 是与它距离最近不同类别中样本的平均距离，轮廓系数为：

$$s = \frac{b-a}{\max(a,b)}$$

对于一个样本集合，它的轮廓系数是所有样本轮廓系数的平均值。

轮廓系数的取值范围是[-1,1]，同类别样本距离越相近且不同类别样本距离越远，分数越高。

(4) 同质性、完整性、调和平均。

同质性（Homogeneity）指每个群集只包含单个类的成员。完整性（Completeness）指给定类的所有成员都分配给同一个群集。同质性和完整性分数基于以下公式得出：

$$h = 1 - \frac{H(C|K)}{H(C)}$$

其中，$H(C|K)$是给定簇赋值的类的条件熵，由以下公式求得：

$$H(C|K) = -\sum_{c=1}^{|C|}\sum_{k=1}^{|K|} \frac{n_{c,k}}{n} \cdot \log\left(\frac{n_{c,k}}{n_k}\right)$$

$H(C)$是类熵，公式为：

$$H(C) = -\sum_{c=1}^{|C|} \frac{n_c}{n} \cdot \log\left(\frac{n_c}{n}\right)$$

其中，n 是样本总数，n_c 和 n_k 分别是类 c 和类 k 的样本数，而 $n_{c,k}$ 是从类 c 划分到类 k 的样本数量。

条件熵 $H(K|C)$和类熵 $H(K)$，根据以上公式对称求得。

V-measure 是同质性和完整性的调和平均数，公式为：

$$v = 2 \cdot \frac{h \cdot c}{h + c}$$

V-measure 的优点如下。

● 分数明确：从 0 到 1 反映出从最差到最优的表现。
● 解释直观：差的调和平均数可以在同质性和完整性方面做定性的分析。
● 对簇结构不作假设：可以比较两种聚类算法如 K 均值算法和谱聚类算法的结果。

V-measure 的缺点是，以前引入的度量在随机标记方面没有规范化，这意味着根据样本数、集群和先验知识，完全随机标签并不总是产生相同的完整性和均匀性的值，所得调和平均值 V-measure 也不相同。随机标记不会产生零分，特别是当簇的数量很大时。

(5) Fowlkes-Mallows 指数。

Fowlkes-Mallows 指数是针对训练集和验证集求得的查全率和查准率的几何平均值，其公式为：

$$\text{FMI} = \frac{\text{TP}}{\sqrt{(\text{TP}+\text{FP})(\text{TP}+\text{FN})}}$$

其中，真阳性（TP）预测为正，实际也为正；假阳性（FP）预测为正，实际为负；假阴性（FN）预测为负，实际为正；真阴性（TN）预测为负，实际也为负。

metrics 是 sklearn 库用来做模型评估的重要模块，提供了各种评估度量，如图 17-32 所示。

第 17 章 数据分析

Scoring	Function	Comment
Classification		
'accuracy'	metrics.accuracy_score	
'average_precision'	metrics.average_precision_score	
'f1'	metrics.f1_score	for binary targets
'f1_micro'	metrics.f1_score	micro-averaged
'f1_macro'	metrics.f1_score	macro-averaged
'f1_weighted'	metrics.f1_score	weighted average
'f1_samples'	metrics.f1_score	by multilabel sample
'neg_log_loss'	metrics.log_loss	requires `predict_proba` support
'precision' etc.	metrics.precision_score	suffixes apply as with 'f1'
'recall' etc.	metrics.recall_score	suffixes apply as with 'f1'
'roc_auc'	metrics.roc_auc_score	
Clustering		
'adjusted_mutual_info_score'	metrics.adjusted_mutual_info_score	
'adjusted_rand_score'	metrics.adjusted_rand_score	
'completeness_score'	metrics.completeness_score	
'fowlkes_mallows_score'	metrics.fowlkes_mallows_score	
'homogeneity_score'	metrics.homogeneity_score	
'mutual_info_score'	metrics.mutual_info_score	
'normalized_mutual_info_score'	metrics.normalized_mutual_info_score	
'v_measure_score'	metrics.v_measure_score	
Regression		
'explained_variance'	metrics.explained_variance_score	
'neg_mean_absolute_error'	metrics.mean_absolute_error	
'neg_mean_squared_error'	metrics.mean_squared_error	
'neg_mean_squared_log_error'	metrics.mean_squared_log_error	
'neg_median_absolute_error'	metrics.median_absolute_error	
'r2'	metrics.r2_score	

图 17-32　metrics 模块的各种评估度量

【实验环境】

- Linux Ubuntu 16.04。
- Python 3.6.1。
- Jupyter。

【实验内容】

使用 sklearn 库的 metrics 模型中的方法，对模型进行评估（分类、聚类、回归）。

【实验步骤】

打开终端模拟器，输入下面的命令，更新 scikit-learn 库：

1. conda update scikit-learn

在终端模拟器的命令行输入"ipython notebook --ip='127.0.0.1'"，在浏览器中打开主界面，切换到/home/zhangyu 目录下，单击"New"下拉按钮，在弹出的下拉列表中选择"Python 3"选项，如图 17-33 所示。

图 17-33　在"New"下拉列表中选择"Python 3"选项

新建一个 ipynb 文件，用于编写并执行代码，如图 17-34 所示。

图 17-34　新建一个 ipynb 文件

1．分类模型评估

（1）准确率是 sklearn 库中经常被使用的方法，其语法如下：

```
sklearn.metrics.accuracy_score(y_true, y_pred, normalize=True, sample_weight= None)
```

准确率即预测值与真实值相同的数量比样本总数。示例代码如下：

```
1.  import numpy as np
2.  from sklearn.metrics import accuracy_score
3.  y_pred = [0, 2, 1, 3]
4.  y_true = [0, 1, 2, 3]
5.  accuracy_score(y_true, y_pred)
```

运行结果如下：

```
0.5
```

设置 accuracy_score 函数的参数 normalize=False，返回真实值与预测值相同的个数，代码如下：

```
1.  accuracy_score(y_true, y_pred, normalize=False)
```

运行结果如下：

```
2
```

（2）平均准确率（average_precision_score）。

针对不平衡数据，对于 n 个类别，计算每个类别 i 的准确率，然后求平均值。示例代码如下：

```
1.  import numpy as np
2.  from sklearn.metrics import average_precision_score
3.  y_true = np.array([0, 0, 1, 1])
4.  y_scores = np.array([0.1, 0.4, 0.35, 0.8])
5.  average_precision_score(y_true, y_scores)
```

运行结果如下：

```
0.83333333333333326
```

（3）f1_score 值（f1_score）的计算公式如下：

f1_score = 2 × (precision × recall) / (precision + recall)

其中，precision 是所有分类正确的正样本数比所有预测为正类的样本数，recall（召回率）是所有分类正确的正样本数比所有的正类样本数。

函数 f1_score 中的参数 average='micro' 表示先计算总体的 TP、FP 和 FN 的数量，然后计算 f1_score 的值，示例代码如下：

```
1. from sklearn.metrics import f1_score
2. y_true = [0, 1, 2, 0, 1, 2]
3. y_pred = [0, 2, 1, 0, 0, 1]
4. f1_score(y_true, y_pred, average='micro')
```

运行结果如下：

0.33333333333333331

参数 average='macro' 表示分布计算每个类别的 f1 值，然后求平均值（各类别 f1 值的权重相同），示例代码如下：

```
1. f1_score(y_true, y_pred, average='macro')
```

运行结果如下：

```
f1_score(y_true, y_pred, average='macro')
```

0.26666666666666666

参数 average='weighted' 表示分布计算每个类别的 f1 值，然后求平均值（各类别 f1 值的权重为该类别样本数占总样本数的比例），示例代码如下：

```
1. f1_score(y_true, y_pred, average='weighted')
```

运行结果如下：

```
f1_score(y_true, y_pred, average='weighted')
```

0.26666666666666666

参数 average=None 表示返回每个类别的 f1 值，示例代码如下：

```
1. f1_score(y_true, y_pred, average=None)
```

运行结果如下：

```
f1_score(y_true, y_pred, average=None)
```

array([0.8, 0. , 0.])

（4）对数损失（log_loss）：针对分类输出的不是类别而是类别的概率，使用对数损失函数评价类别的概率，示例代码如下：

```
1. from sklearn.metrics import log_loss
2. log_loss(["spam", "ham", "ham", "spam"],[[.1, .9], [.9, .1], [.8, .2], [.35, .65]])
```

运行结果如下：

```
from sklearn.metrics import log_loss
log_loss(["spam", "ham", "ham", "spam"],[[.1, .9], [.9, .1], [.8, .2], [.35, .65]])
```

0.21616187468057912

（5）精确率（precision_score）：所有分类正确的正样本数除以所有预测为正类的样本数，即 precision=TP/(TP+FP)。

参数 average='macro'表示先计算每个类别的精确率，然后求平均值（权重相等），示例代码如下：

```
1. from sklearn.metrics import precision_score
2. y_true = [0, 1, 2, 0, 1, 2]
3. y_pred = [0, 2, 1, 0, 0, 1]
4. precision_score(y_true, y_pred, average='macro')
```

运行结果如下：

0.22222222222222221

参数 average='micro'表示先计算总体的 TP、FP 和 FN 的数量，然后计算精确率，示例代码如下：

```
1. precision_score(y_true, y_pred, average='micro')
```

运行结果如下：

0.33333333333333331

参数 average='weighted'表示先计算每个类别的精确率，然后求平均值（各个类别精确率的权重为该类别样本数占总样本数的比例），示例代码如下：

```
1. precision_score(y_true, y_pred, average='weighted')
```

运行结果如下：

0.22222222222222221

参数 average=None 表示返回每个类别的精确率值，示例代码如下：

```
1. precision_score(y_true, y_pred, average=None)
```

运行结果如下：

```
precision_score(y_true, y_pred, average=None)
array([ 0.66666667, 0.        , 0.        ])
```

（6）召回率(recall_score)：所有分类正确的正样本数除以所有正类的样本数，即 precision=TP/(TP+FN)。

参数 average='macro'表示先计算每个类别的召回率，然后求平均值（权重相等），示例代码如下：

```
1. from sklearn.metrics import recall_score
2. y_true = [0, 1, 2, 0, 1, 2]
3. y_pred = [0, 2, 1, 0, 0, 1]
4. recall_score(y_true, y_pred, average='macro')
```

运行结果如下：

0.33333333333333331

参数 average='micro'表示先计算总体的 TP、FP 和 FN 的数量，然后计算召回率，示例代码如下：

```
1. recall_score(y_true, y_pred, average='micro')
```

运行结果如下：

0.33333333333333331

参数 average='weighted'表示先计算每个类别的召回率，然后求平均值（各个类别精确率的权重为该类别样本数占总样本数的比例），示例代码如下：

1. recall_score(y_true, y_pred, average='weighted')

运行结果如下：

```
recall_score(y_true, y_pred, average='weighted')
```
0.33333333333333331

（7）混合矩阵（confusion_matrix）：也被称为错误矩阵，通过它可以直观地观察算法的效果。它的每一列是样本的预测分类，每一行是样本的真实分类（反过来也可以）。顾名思义，它反映了分类结果的混淆程度。混淆矩阵 i 行 j 列原本是类别 i 却被分为类别 j 的样本个数，计算完之后还可以对之进行可视化，示例代码如下：

1. from sklearn.metrics **import** confusion_matrix
2. y_true=[2,0,2,2,0,1]
3. y_pred=[0,0,2,2,0,2]
4. confusion_matrix(y_true,y_pred)

运行结果如下：

```
array([[2, 0, 0],
       [0, 0, 1],
       [1, 0, 2]])
```

（8）分类报告（classification_report）：返回精确率、召回率、f1_score 值、均值、分类个数，示例代码如下：

1. from sklearn.metrics **import** classification_report
2. y_true = [0, 1, 2, 2, 2]
3. y_pred = [0, 0, 2, 2, 1]
4. target_names = ['class 0', 'class 1', 'class 2']
5. print(classification_report(y_true, y_pred, target_names=target_names))

运行结果如下：

```
             precision    recall  f1-score   support

    class 0       0.50      1.00      0.67         1
    class 1       0.00      0.00      0.00         1
    class 2       1.00      0.67      0.80         3

avg / total       0.70      0.60      0.61         5
```

（9）受试者工作特征曲线（roc_curve）：其实是多个混淆矩阵的结果组合，这里的 roc_curve 函数只适合做二分类模型评估，示例代码如下：

1. **import** numpy as np
2. from sklearn **import** metrics
3. y=np.array([1,1,2,2])
4. scores=np.array([0.1,0.4,0.35,0.8])
5. fpr, tpr, thresholds = metrics.roc_curve(y, scores, pos_label=2)
6. print(fpr,tpr,thresholds)

示例结果返回 fpr、tpr、阈值这 3 个值：

[0.   0.5 0.5 1.] [0.5 0.5 1.   1.] [0.8   0.4   0.35 0.1]

(10) ROC 曲线下面的面积（roc_auc_score）：面积的值越大，模型越精确，在二分类和多分类模型评估中可以用，示例代码如下：

```
1.  import numpy as np
2.  from sklearn.metrics import roc_auc_score
3.  y_true = np.array([0, 0, 1, 1])
4.  y_scores = np.array([0.1, 0.4, 0.35, 0.8])
5.  roc_auc_score(y_true, y_scores)
```

运行结果如下：
0.75

(11) Cohen's kappa 统计量（cohen_kappa_score）：值介于-1 和 1 之间，当值大于 0.8 时，普遍认为模型很好，一般可用在二分类和多分类问题中，但不能用在多标签问题中，示例代码如下：

```
1.  from sklearn.metrics import cohen_kappa_score
2.  y_true = [2, 0, 2, 2, 0, 1]
3.  y_pred = [0, 0, 2, 2, 0, 2]
4.  cohen_kappa_score(y_true,y_pred)
```

运行结果如下：
0.4285714285714286

(12) 海明损失（hamming_loss）：计算两个样本集合之间的平均海明损失，示例代码如下：

```
1.  from sklearn.metrics import hamming_loss
2.  y_pred=[1,2,3,4]
3.  y_true=[2,2,3,4]
4.  print(hamming_loss(y_true,y_pred))
```

运行结果如下：
0.25

(13) 0-1 损失（zero_one_loss）：该函数计算 nsample 个样本上的 0-1 分类损失（L0-1）和平均值。默认情况下，返回的是所有样本上损失的平均损失，把参数 normalize 设置为 False，就可以返回损失值的和，示例代码如下：

```
1.  from sklearn.metrics import zero_one_loss
2.  import numpy as np
3.  #二分类问题
4.  y_pred=[1,2,3,4]
5.  y_true=[2,2,3,4]
6.  print(zero_one_loss(y_true,y_pred))
7.  print(zero_one_loss(y_true,y_pred,normalize=False))
8.  #多分类标签问题
9.  print(zero_one_loss(np.array([[0,1],[1,1]]),np.ones((2,2))))
10. print(zero_one_loss(np.array([[0,1],[1,1]]),np.ones((2,2)),normalize=False))
```

运行结果如下：

0.25
1
0.5
1

（14）杰卡德相似系数（Jaccard）：是计算平均（默认）或杰卡德相似系数的总和，也被称为 Jaccard 指数，用于一对标签集之间。通常会以 jaccard_similarity_score 方式使用，示例代码如下：

1. **import** numpy as np
2. from sklearn.metrics **import** jaccard_similarity_score
3. y_pred = [0, 2, 1, 3,4]
4. y_true = [0, 1, 2, 3,4]
5. jaccard_similarity_score(y_true, y_pred)

运行结果如下：

```
import numpy as np
from sklearn.metrics import jaccard_similarity_score
y_pred = [0, 2, 1, 3,4]
y_true = [0, 1, 2, 3,4]
jaccard_similarity_score(y_true, y_pred)
```
0.59999999999999998

设置 jaccard_similarity_score()函数的参数 normalize=False，表示计算样本集中杰卡德相似度的和。

1. jaccard_similarity_score(y_true, y_pred, normalize=False)

运行结果如下：
3

2．回归评价指标

（1）可释方差值（explained_variance_score），值取 1 时回归效果最好，取值越小回归模型效果越差，示例代码如下：

1. from sklearn.metrics **import** explained_variance_score
2. y_true = [3, -0.5, 2, 7]
3. y_pred = [2.5, 0.0, 2, 8]
4. explained_variance_score(y_true, y_pred)

运行结果如下：
0.95717344753747324

当输入数据为多维时，设置 explained_variance_score()中的参数 multioutput='raw_values'，表示在多输出和多输入的情况下返回一组完整的方差值，示例代码如下：

1. y_true = [[0.5, 1], [-1, 1], [7, -6]]
2. y_pred = [[0, 2], [-1, 2], [8, -5]]
3. explained_variance_score(y_true, y_pred, multioutput='raw_values')

运行结果如下：
array([0.96774194, 1.   ])

设置 explained_variance_score()中的参数 multioutput='uniform_average'，表示先计算每个

可释方差值，然后求平均值，示例代码如下：

1. explained_variance_score(y_true, y_pred, multioutput='uniform_average')

运行结果如下：

0.9838709677419355

设置 explained_variance_score()中的参数 multioutput='variance_weighted'，表示先计算每个可释方差值，然后由每个单独输出的方差来求加权平均，示例代码如下：

1. explained_variance_score(y_true, y_pred, multioutput='variance_weighted')

运行结果如下：

0.98305084745762694

（2）平均绝对误差（mean_absolute_error）：平均绝对误差函数计算的是绝对误差，这是一种与绝对误差损失或1-范数损失的期望值相对应的风险指标，示例代码如下：

1. from sklearn.metrics **import** mean_absolute_error
2. y_true = [3, -0.5, 2, 7]
3. y_pred = [2.5, 0.0, 2, 8]
4. mean_absolute_error(y_true, y_pred)

运行结果如下：

0.5

在多输出和多输入的情况下，设置 mean_absolute_error()中的参数 multioutput='raw_values'，表示返回一组完整的误差值，示例代码如下：

1. y_true = [[0.5, 1], [-1, 1], [7, -6]]
2. y_pred = [[0, 2], [-1, 2], [8, -5]]
3. mean_absolute_error(y_true,y_pred,multioutput='raw_values')

运行结果如下：

array([0.5, 1.])

在多输出和多输入的情况下，设置 mean_absolute_error()中的参数 multioutput= 'uniform_average'，表示先计算各自的平均绝对误差值，然后求平均值，示例代码如下：

1. mean_absolute_error(y_true,y_pred,multioutput='uniform_average')

运行结果如下：

0.75

在多输出和多输入的情况下，设置 mean_absolute_error()中的参数 multioutput=[0.3, 0.7]，表示先计算各自的平均绝对误差值，然后按参数 multioutput 中的值进行加权求平均值，示例代码如下：

1. mean_absolute_error(y_true,y_pred,multioutput=[0.3,0.7])

运行结果如下：

0.849999999999999998

（3）均方误差（mean_squared_error）：均方误差函数计算均方误差，这是与平方（二次）误差或损失的期望值相对应的风险指标，示例代码如下：

```
1.  from sklearn.metrics import mean_squared_error
2.  y_true = [3, -0.5, 2, 7]
3.  y_pred = [2.5, 0.0, 2, 8]
4.  mean_squared_error(y_true, y_pred)
```

运行结果如下：

0.375

在多输出和多输入的情况下，设置 mean_squared_error()中的参数 multioutput='raw_values'，表示返回一组完整的误差值，示例代码如下：

```
1.  y_true = [[0.5, 1],[-1, 1],[7, -6]]
2.  y_pred = [[0, 2],[-1, 2],[8, -5]]
3.  mean_squared_error(y_true,y_pred,multioutput='raw_values')
```

运行结果如下：

array([0.41666667, 1.   ])

在多输出和多输入的情况下，设置 mean_squared_error()中的参数 multioutput=[0.3, 0.7]，表示先计算各自的均方误差值，然后按参数 multioutput 中的值进行加权求平均值，示例代码如下：

```
1.  mean_squared_error(y_true, y_pred, multioutput=[0.3, 0.7])
```

运行结果如下：

0.82499999999999996

（4）中值绝对误差（median_absolute_error）：中值绝对误差特别有趣，因为它对异常值很敏感。损失是通过计算目标和预测之间的所有绝对差异的中值来计算的，示例代码如下：

```
1.  from sklearn.metrics import median_absolute_error
2.  y_true = [3, -0.5, 2, 7]
3.  y_pred = [2.5, 0.0, 2, 8]
4.  median_absolute_error(y_true, y_pred)
```

运行结果如下：

0.5

（5）r2 方值：r2_score()计算 r 的值，即确定系数。它提供了一种衡量未来样本可能被模型预测的程度的方法。最好的分数是 1.0，也可以是负的（因为模型可能更糟）。一个总是预测 y 的期望值的常数模型，不管输入的特征是什么，都会得到 r2 的值 0.0，示例代码如下：

```
1.  from sklearn.metrics import r2_score
2.  y_true = [3, -0.5, 2, 7]
3.  y_pred = [2.5, 0.0, 2, 8]
4.  r2_score(y_true, y_pred)
```

运行结果如下：

0.94860813704496794

3．聚类指标

（1）兰德指数（adjusted_rand_score），示例代码如下：

```
1.  from sklearn.metrics.cluster import adjusted_rand_score
2.  adjusted_rand_score([0, 0, 1, 1], [0, 0, 1, 1])
```

运行结果如下:
```
1.0
```
ARI 是一个对称的测量方法:adjusted_rand_score(a, b) == adjusted_rand_score(b, a)。示例代码如下:

```
1.  adjusted_rand_score([0, 0, 1, 1], [1, 1, 0, 0])
```

运行结果如下:
```
1.0
```

如果类成员在不同的集群中完全被分开,那么分配是完全不完整的,因此 ARI 的值非常低,示例代码如下:

```
1.  adjusted_rand_score([0, 0, 0, 0], [0, 1, 2, 3])
```

运行结果如下:
```
0.0
```

(2) 调整互信息(adjusted_mutual_info_score),示例代码如下:

```
1.  from sklearn.metrics.cluster import adjusted_mutual_info_score
2.  adjusted_mutual_info_score([0, 0, 1, 1], [0, 0, 1, 1])
```

运行结果如下:
```
1.0
```

如果类成员在不同的集群中完全分裂,那么分配是完全不完整的,因此 AMI 的值非常低,示例代码如下:

```
1.  adjusted_mutual_info_score([0, 0, 0, 0], [0, 1, 2, 3])
```

运行结果如下:
```
0.0
```

(3) 轮廓系数(Silhouette Coefficient):一组样本的轮廓系数作为每个样本的轮廓系数的平均值,示例代码如下:

```
1.  from sklearn import metrics
2.  from sklearn.metrics import pairwise_distances
3.  from sklearn import datasets
4.  import numpy as np
5.  from sklearn.cluster import KMeans
6.
7.  #导入 iris 数据
8.  dataset = datasets.load_iris()
9.  X = dataset.data
10. y = dataset.target
11.
12. #创建 k-means 聚类模型
13. kmeans_model = KMeans(n_clusters=3, random_state=1).fit(X)
14. labels = kmeans_model.labels_
15.
```

```
16.  #模型评估：在正常使用中，轮廓系数应用于集群分析的结果。
17.  metrics.silhouette_score(X, labels, metric='euclidean')
```

运行结果如下：

0.5525919445309031

（4）同质性、完整性及调和平均。

同质性（homogeneity_score）：每个群集只包含单个类的成员，示例代码如下：

```
1.  from sklearn import metrics
2.  labels_true = [0, 0, 0, 1, 1, 1]
3.  labels_pred = [0, 0, 1, 1, 2, 2]
4.
5.  metrics.homogeneity_score(labels_true, labels_pred)
```

运行结果如下：

0.66666666666666685

完整性（completeness_score）：将给定类的所有成员都分配给同一个群集，示例代码如下：

```
1.  metrics.completeness_score(labels_true, labels_pred)
```

运行结果如下：

0.420619835714305

计算两者的调和平均（v-measure），示例代码如下：

```
1.  metrics.v_measure_score(labels_true, labels_pred)
```

运行结果如下：

0.51580374297938891

（5）fowlkes-mallows 指数（fowlkes_mallows_score）是针对训练数据集和验证数据集求查全率和查准率的几何平均值，示例代码如下：

```
1.  from sklearn import metrics
2.  labels_true = [0, 0, 0, 1, 1, 1]
3.  labels_pred = [0, 0, 1, 1, 2, 2]
4.  metrics.fowlkes_mallows_score(labels_true, labels_pred)
```

运行结果如下：

0.47140452079103173

第 18 章

综合实验

18.1 笔迹识别

【实验目的】

在熟练应用前面讲解的知识的基础上,进一步培养实践能力,综合运用各种技能和方法。

【实验原理】

K 最近邻(K-Nearest Neighbor,KNN)分类算法是一个理论上比较成熟的方法,也是最简单的机器学习算法之一。该方法的思路是,如果一个样本与特征空间中的 K 个(特征空间中最邻近)样本中的属于某个类别的大多数样本相似,则该样本也属于这个类别。在 KNN 分类算法中,所选择的邻居都是已经被正确分类的对象。该方法在定类决策上只依据最邻近的一个或几个样本的类别来决定待分类样本所属的类别。KNN 方法虽然从原理上也依赖极限定理,但在类别决策时,只与极少量的相邻样本有关。由于 KNN 方法主要靠周围有限的邻近的样本,而不是靠判别类域的方法来确定所属类别,因此对于类域的交叉或重叠较多的待分类样本集来说,KNN 方法较其他方法更为适合。

简单来说,KNN 算法可以看成:有那么一堆已经知道分类的数据,当一个新数据进入后,就开始跟训练数据里的每个点求距离,然后挑离这个数据最近的 K 个点看看都属于什么类型,用少数服从多数的原则,给新数据归类。

KNN 算法不仅可以用于分类,还可以用于回归。通过找出一个样本的 K 个最近邻居,将这些邻居的属性的平均值赋给该样本,就可以得到该样本的属性。更有用的方法是将不同距离的邻居对该样本产生的影响给予不同的权值(weight),如权值与距离成正比(组合函数)。

算法步骤如下。

(1)初始化距离为最大值。

(2)计算未知样本和每个训练样本的距离 dist。

(3)得到目前 K 个最近邻样本中的最大距离 maxdist。

(4)如果 dist<maxdist,则将该训练样本作为 K 最近邻样本。

(5)重复步骤(2)~步骤(4),直到未知样本和所有训练样本的距离都算完。

(6)统计 K 最近邻样本中每个类标号出现的次数。

(7)选择出现频率最大的类标号作为未知样本的类标号。

基于 scikit-learn 包实现机器学习之 KNN 算法的函数及其参数含义:KNeighborsClassifier 是一个类,它集成了 NeighborsBase、KNeighborsMixin、SupervisedIntegerMixin 和 ClassifierMixin。这里主要学习它的几个方法。当然,有的方法是其从父类继承的。

(1) _init_()：初始化函数（构造函数），主要有以下几个参数。
- n_neighbors=5：整型参数，KNN 算法中指定几个最近邻样本具有投票权，默认为 5。
- weights='uniform'：字符串参数，即每个拥有投票权的样本是按什么比重投票的。uniform 表示等比重投票；distance 表示按距离反比投票；callable 表示自己定义一个函数，这个函数接收一个距离数组，返回一个权值数组。默认参数为 uniform。
- algrithm='auto'：字符串参数，即内部采用什么算法实现。有以下几个参数：ball_tree 表示球树，kd_tree 表示 KD 树，brute 表示暴力搜索，auto 表示自动根据数据的类型和结构选择合适的算法。默认参数是 auto。前两种树型的数据结构哪种好视情况而定。KD 树是通过中值切分的方法依次设置 K 维坐标轴的，每个节点是一个超矩形，在维数小于 20 时效率最高。球树是为了克服 KD 树高维失效而被发明的，其用质心 C 和半径 r 分割样本空间，每个节点是一个超球体。一般低维数据用 KD 树速度快，用球树相对较慢。超过 20 维之后的高维数据用 KD 树效果反而不佳，而用球树效果要好，具体构造过程及优劣势读者若有兴趣，可以深入学习。
- leaf_size=30：整形参数，基于以上介绍的算法，此参数给出了 KD 树或球树的叶节点规模，叶节点的不同规模会影响树的构造和搜索速度，也会影响树的内存大小。具体最优规模是多少视情况而定。
- matric='minkowski'：字符串或距离度量对象，即怎样度量距离。默认是闵氏距离。闵氏距离不是一种具体的距离度量方法，它包括其他距离度量方式，是其他距离度量的推广，各种距离度量只是参数 p 的取值不同。
- p=2：整形参数，是以上闵氏距离等各种不同的距离参数，默认为 2，即欧氏距离。p=1 表示曼哈顿距离。
- metric_params=None：距离度量函数的额外关键字参数，一般不用管，默认为 None。
- n_jobs=1：整形参数，指并行计算的线程数量。默认为 1，表示一个线程。数量为-1 表示 CPU 的内核数，也可以指定为其他数量的线程。若不是很追求速度就不用管，需要用时可以看看多线程。

(2) fit()：训练函数，是最主要的函数。接收的参数只有 1 个，就是训练数据集，每一行是一个样本，每一列是一个属性。它返回对象本身，即只修改对象内部属性，因此直接调用就可以了，后面在用该对象的预测函数进行预测时用到了这个训练的结果。其实 fit 函数并不是 KNeighborsClassifier 类的方法，而是从它的父类 SupervisedIntegerMixin 继承的方法。

(3) predict()：预测函数接收输入的数组类型测试样本，一般是二维数组，每一行是一个样本，每一列是一个属性，返回数组类型的预测结果。如果每个样本只有一个输出，则输出为一个一维数组。如果每个样本的输出是多维的，则输出二维数组，每一行是一个样本，每一列是一维输出。

(4) predict_prob()：基于概率的判断，也是预测函数，但并不是给出某个样本的输出是哪个值，而是给出该输出是各种可能值的概率是多少。接收参数的作用和返回参数的作用类似，只是计算值的方式用概率替换。例如，输出结果有两种，即 0 和 1，预测函数给出的是长为 n 的一维数组，代表各样本一次的输出是 0 还是 1。而如果用概率预测函数，则返回的是 $n×2$ 的二维数组，每一行代表一个样本，每一行有两个数，分别是该样本输出为 0 的概率为多少、输出 1 的概率为多少，而各种可能的顺序是按字典顺序排列，如先 0 后 1，或者其他情况等，都是按字典顺序排列的。

（5）score()：计算准确率的函数，接收的参数有 3 个。X 接收输入的数组类型测试样本，一般是二维数组，每一行是一个样本，每一列是一个属性。y:X 是这些预测样本的真实标签，是一维数组或二维数组。sample_weight=None 是一个和 X 第一位一样长的各样本对准确率影响的权重，一般默认为 None。输出为一个浮点型数据，表示准确率。内部计算是按照 predict() 计算的结果进行的。其实该函数并不是 KNeighborsClassifier 类的方法，而是从它的父类 KNeighborsMixin 继承的方法。

（6）kneighbors()：计算某些测试样本的几个近邻训练样本。它接收 3 个参数。X=None 表示需要寻找最近邻的目标样本。n_neighbors=None 表示需要寻找目标样本的几个最近邻样本，默认为 None，需要调用时给出。return_distance=True 表示是否需要同时返回具体的距离值。其实该函数并不是 KNeighborsClassifier 类的方法，而是从它的父类 KNeighborsMixin 继承的方法。

【实验环境】

- Linux Ubuntu 16.04。
- Python 3.6。

【实验内容】

应用 scikit learn 库中的 KNN 算法进行笔迹识别。MNIST 手写识别数据共有 785 列，第 1 列为 label，剩下的 784 列数据存储的是灰度图像（0~255）的像素值（28×28=784）。训练数据有 20000 条，测试数据有 10000 条。

【实验步骤】

（1）在 Linux 中新建/data/python9 目录，并切换到该目录下，代码如下：

```
1.  sudo mkdir -p /data/python9/
2.  cd /data/python9/
```

（2）使用 wget 命令，从 http://192.168.1.100:60000/allfiles/python9/目录下，将实验所需的数据下载到本地/data/python9 目录下，代码如下：

```
1.  sudo wget http://192.168.1.100:60000/allfiles/python9/Font_data.csv
```

（3）打开 PyCharm，单击"File"→"New Project"菜单项，打开"New Project"对话框，将新建的项目命名为"python9"，如图 18-1 所示。

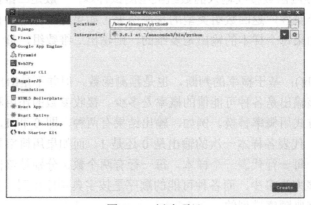

图 18-1　新建项目

（4）在"python9"项目上右击，在弹出的快捷菜单中选择"New"→"Python File"选项，如图 18-2 所示。

图 18-2 选择"New"→"Python File"选项

在打开的对话框中将新建的 Python File 文件命名为"KNN"，如图 18-3 所示。

图 18-3 新建 Python File 文件

（5）提取数据，并将数据分为 train 与 test 两部分，代码如下：

```
1.  import pandas as pd
2.  train_num = 20000
3.  test_num = 30000
4.  data = pd.read_csv('/data/python9/Font_data.csv')
5.  train_data = data.values[0:train_num,1:]
6.  train_label = data.values[0:train_num,0]
7.  test_data = data.values[train_num:test_num,1:]
8.  test_label = data.values[train_num:test_num,0]
9.  print(train_data.shape)
10. print(test_data.shape)
```

（6）对数据进行预处理。

由于数据维度过高，因此需要通过 PCA() 对数据降维，PCA() 的模型及参数的使用如下：

```
1.  from sklearn.decomposition import PCA
2.  #从 sklearn 库中导入 PCA
3.  pca = PCA(n_components=0.8,whiten=True)
4.  #设置 PCA 参数
5.  #n_components:
6.  #设为大于零的整数，会自动选取 n 个主成分
7.  #设为分数，选择特征值占总特征值大于 n 的作为主成分
8.  #whiten:
9.  #True 表示做白化处理，白化处理主要是为了使处理后的数据方差都一致
10. pca.fit_transform(data)
11. #对数据 data 进行主成分分析
12. pca.transform(data)
```

以下是通过 PCA()对数据进行降维处理的代码：

```
1.  from sklearn.decomposition import PCA
2.  pca=PCA(n_components = 0.8)
3.  train_x = pca.fit_transform(train_data)
4.  test_x = pca.transform(test_data)
```

（7）使用 KNN 算法进行字体识别。

sklearn 库中 KNN()的模型及参数如下：

```
1.  from sklearn.neighbors import KNeighborsClassifier
2.  #导入 scikit learn 库中的 KNN 算法
3.  neighbors=kneighbors([X, n_neighbors, return_distance])
4.  #找到一个点的 K 近邻，计算 n_neighbors 近邻的数目
5.  neighbors.fit(Training data,Target values)
6.  #对训练集的输入和输出进行训练
7.  pre= neighbors.predict(Test samples)
8.  #对测试集的输入进行预测，返回预测出的标签
```

使用 KNN 算法进行字体识别的具体代码如下：

```
1.  neighbors = KNeighborsClassifier(n_neighbors=4)
2.  neighbors.fit(train_x,train_label)
3.  pre= neighbors.predict(test_x)
```

（8）进行模型评估，代码如下：

```
1.  acc = float((pre==test_label).sum())/len(test_x)
2.  print('准确率：%f,花费时间：%.2fs' %(acc,time.time()-t))
```

（9）数据可视化。

随机显示 4 个训练数据的图像与 4 个预测数据的图像，代码如下：

```
1.  train_data1=[]
2.  j = 1
3.  for i in range(2,200):
4.      train=train_data[i,:].reshape(28,28)
5.      if (train_label[i] not in train_data1)and (j<5:
6.          # print(index, '\n', (image, label))
7.          plt.subplot(2, 4, j)
8.          plt.axis('off')
9.          plt.imshow(train, cmap=plt.cm.gray_r, interpolation='nearest')
10.         plt.title('train_%s' % train_label[i])
11.         train_data1.append(train_label[i])
12.         j+=1
13.     i+=1
14. predict=[]
15. k=5
16. for i in range(100):
17.     test=test_data[i,:].reshape(28,28)
18.     if (pre[i] not in predict) and (k<9):
```

```
19.         plt.subplot(2, 4, k)
20.         plt.axis('off')
21.         plt.imshow(test, cmap=plt.cm.gray_r, interpolation='nearest')
22.         plt.title('test_%s' % pre[i])
23.         predict.append(pre[i])
24.         k+=1
25.     i+=1
26. plt.show()
```

（10）完整的实验代码如下：

```
1.  import pandas as pd
2.  from sklearn.decomposition import PCA
3.  from sklearn.neighbors import KNeighborsClassifier
4.  import matplotlib.pyplot as plt
5.  import time
6.  #if __name__ == "__main__":
7.  train_num = 20000
8.  test_num = 30000
9.  data = pd.read_csv('/data/python9/Font_data.csv')
10. train_data = data.values[0:train_num,1:]
11. train_label = data.values[0:train_num, 0]
12. test_data = data.values[train_num:test_num, 1:]
13. test_label = data.values[train_num:test_num, 0]
14. print(train_data.shape)
15. print(test_data.shape)
16. t = time.time()
17. pca = PCA(n_components=0.8)
18. train_x = pca.fit_transform(train_data)
19. test_x = pca.transform(test_data)
20. neighbors = KNeighborsClassifier(n_neighbors=4)
21. neighbors.fit(train_x, train_label)
22. pre = neighbors.predict(test_x)
23. acc = float((pre == test_label).sum()) / len(test_x)
24. print('准确率：%f,花费时间：%.2fs' % (acc, time.time() - t))
25. train_data1=[]
26. j = 1
27. for i in range(2,200):
28.     train=train_data[i,:].reshape(28,28)
29.     if (train_label[i] not in train_data1)and (j<5):
30.         # print(index, '\n', (image, label))
31.         plt.subplot(2, 4, j )
32.         plt.axis('off')
33.         plt.imshow(train, cmap=plt.cm.gray_r, interpolation='nearest')
34.         plt.title('train_%s' % train_label[i])
35.         train_data1.append(train_label[i])
36.         j+=1
37.     i+=1
38. predict=[]
```

```
39.    k=5
40.    for i in range(100):
41.        test=test_data[i,:].reshape(28,28)
42.        if (pre[i] not in predict) and (k<9):
43.            plt.subplot(2, 4, k)
44.            plt.axis('off')
45.            plt.imshow(test, cmap=plt.cm.gray_r, interpolation='nearest')
46.            plt.title('test_%s' % pre[i])
47.            predict.append(pre[i])
48.            k+=1
49.        i+=1
50.    plt.show()
```

运行结果如图 18-4 所示。

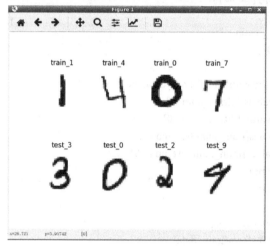

```
(20000, 784)
(10000, 784)
准确率:0.963100,花费时间:17.32s
```

图 18-4　运行结果

18.2　爬取商业动态数据

【实验目的】

（1）获取商业数据标题、标题图片信息、发布时间等。

（2）掌握用 PyCharm 创建 Python 项目。

（3）掌握 requests 模块的基本使用方法。

（4）掌握处理 JSON 数据格式。

【实验原理】

（1）用户输入网址（假设是一个 HTML 页面，并且是第一次访问），浏览器向服务器发送请求，服务器返回 HTML 文件。

（2）浏览器从 head 标签开始逐行解析 HTML 代码，遇到 link 标签会向服务器请求加载 CSS 文件，不过这个过程是异步的，当有多个 CSS 文件时，会同时加载多个文件。

（3）如果遇到 script 标签或 JS 文件就会立即执行它，而且 JS 文件的加载是同步的。

（4）遇到 body 标签就开始渲染页面，按照从头到尾的顺序依次渲染 DOM 元素。遇到 img 标签会异步向服务器发送请求加载图片文件，在执行此操作时浏览器会继续渲染页面，因为加载图片文件是异步的。

（5）如果遇到 DOM 节点变化和元素尺寸变化，那么浏览器就不得不重新渲染这部分代码。

（6）不同于 CSS 文件，JavaScript 是阻塞式的加载，当浏览器在执行 JavaScript 代码时，不会做其他的事情。只有 JavaScript 代码被执行后，才会继续渲染页面。所以，应该把 JavaScript 代码放到页面的底部。

【实验环境】

- Linux Ubuntu 16.04。
- Python 3.5。
- PyCharm。

【实验内容】

通过具体的示例掌握动态数据的采集方法。

【实验步骤】

（1）打开开发工具 PyCharm，选择"Create New Project"选项，创建一个 Python 项目，如图 18-5 所示。

图 18-5　选择"Create New Project"选项

（2）在打开的对话框中将项目命名为"BuFan"，指定项目存储的位置及对应的解释器，如图 18-6 所示。

（3）右击 BuFan 项目，在弹出的快捷菜单中选择"New"→"Python File"选项，在打开的对话框中新建名为"bufan"的 Python 文件，如图 18-7 所示。

（4）本次实验的目标网页如图 18-8 所示。

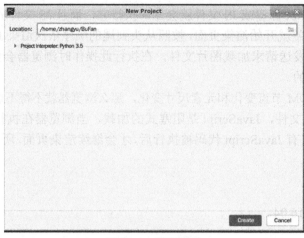

图 18-6　新建项目

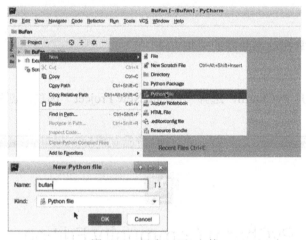

图 18-7　新建 bufan 文件

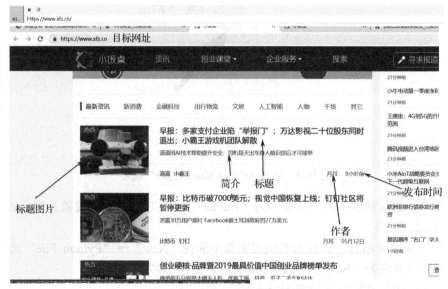

图 18-8　本次实验的目标网页

（5）按 F12 键打开开发工具查找网页元素，单击 XHR 按钮进行分析。单击弹出的路径，找到对应的信息来源地址进行分析，如图 18-9 所示。

图 18-9　分析信息来源地址

（6）分析动态数据接口，代码如下：

```
1.   # bufan_requests.py
2.
3.   __author__ = 'zhangyu'
4.   import requests
5.   import json
6.   # send a http request.
7.   response = requests.get('https://www.xfz.cn/api/website/articles/?p=3&n=20&type=')
8.   json_dict = response.json() # get a HttpResponse
9.   json_str = json.dumps(json_dict) # dict---> json_str
10.  with open('bufan.json', 'w', encoding='utf-8') as fp:   # write file
11.      fp.write(json_str)
```

（7）读取 JSON 文件，分析 JSON 数据格式，获得自己想要的数据。将 JSON 数据格式解码为 utf-8，代码如下：

```
1.   import json
2.   with open('bufan.json', 'r') as fp:
3.       json_data = fp.read() # read a file
4.       json_dict = json.loads(json_data, encoding='utf-8')
5.       for article_msg in json_dict['data']:
6.           print(article_msg['title'])
```

（8）获得前 10 次请求所需要的数据。通过加入循环进行遍历，处理 JSON 字符串数据，代码如下：

```
1.   wait_times = [10, 20, 13, 14, 18]
```

2.　**for** index **in** range(1, 11): # set pageNum
3.　　　print('Download the %s link, please wait a moment...' % index)
4.　　　base_url = 'https://www.xfz.cn/api/website/articles/?p={}&n=20&type='
5.　　　response = requests.get(base_url.format(index))
6.　　　time.sleep(random.choice(wait_times)) # random choice a time.
7.　　　json_dic = response.json()
8.　　　json_str = json.dumps(json_dic)
9.　　　**with** open('bufan_data_%s.json' % index, 'w', encoding='utf-8') as fp:
10.　　　　fp.write(json_str)
11.　　　print('the %s dowload over......' % index)

（9）完整代码如下：

1.　**import** json
2.　**import** requests
3.　**import** random   # random model
4.　**import** time
5.　wait_times = [10, 20, 13, 14, 18]
6.　**for** index **in** range(1, 11): # set pageNum
7.　　　print('Download the %s link, please wait a moment...' % index)
8.　　　base_url = 'https://www.xfz.cn/api/website/articles/?p={}&n=20&type='
9.　　　response = requests.get(base_url.format(index))
10.　　　time.sleep(random.choice(wait_times)) # random choice a time.
11.　　　json_dic = response.json()
12.　　　json_str = json.dumps(json_dic)
13.　　　**with** open('bufan_data_%s.json' % index, 'w', encoding='utf-8') as fp:
14.　　　　fp.write(json_str)
15.　　　print('the %s dowload over......' % index)

（10）在代码上右击，在弹出的快捷菜单中选择"run"选项运行程序，如图18-10所示。程序运行结果如图18-11所示。

图 18-10　运行程序

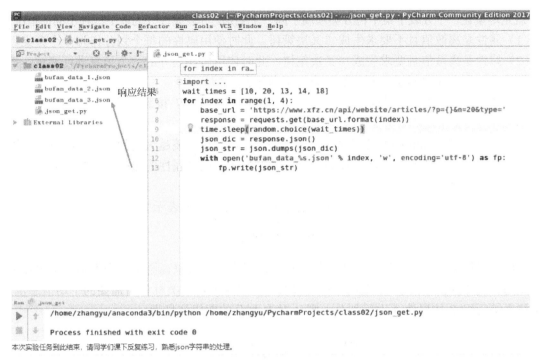

图 18-11　程序运行结果

18.3　决策树算法

【实验目的】

（1）掌握决策树算法的计算原理。
（2）掌握利用决策树分析商品销量的影响因素。

【实验原理】

1. 决策树的基本知识

决策树是一种依托决策建立起来的树。在机器学习中，决策树是一种预测模型，代表的是一种对象属性与对象值之间的映射关系，一个节点代表某个对象，树中的每个分叉路径代表某个可能的属性值，而每个叶子节点则对应从根节点到该叶子节点所经历的路径所表示的对象的值。决策树仅有单一输出。如果有多个输出，那么可以分别建立独立的决策树以处理不同的输出。

决策树是一个树结构（可以是二叉树或非二叉树）。其每个非叶子节点表示一个特征属性上的测试，每个分支代表这个特征属性在某个值域上的输出，而每个叶子节点存放一个类别。使用决策树进行决策的过程就是从根节点开始，测试待分类项中相应的特征属性，并按照其值选择输出分支，直到到达叶子节点，将叶子节点存放的类别作为决策结果。

决策树最重要的是决策树的构造。决策树的构造就是进行属性的选择度量，确定各个特征属性之间的拓扑结构。构造决策树的关键步骤是分裂属性。属性就是在某个节点处按照某个特征属性的不同划分构造不同的分支，其目标是让各个分裂子集尽可能的"纯"。尽可能的

"纯"就是尽量让一个分裂子集中待分类项属于同一个类别。分裂属性分为以下三种不同的情况。

（1）属性是离散值且不要求生成二叉决策树。此时使用属性的每个划分作为一个分支。

（2）属性是离散值且要求生成二叉决策树。此时使用属性划分的一个子集进行测试，按照"属于此子集"和"不属于此子集"分成两个分支。

（3）属性是连续值。此时确定一个值作为分裂点 split_point，按照大于 split_point 和小于或等于 split_point 生成两个分支。

信息论中有熵（Entropy）的概念，表示状态的混乱程度，熵越大越混乱。熵的变化可以看作信息增益，决策树 ID3 算法的核心思想是以信息增益度量属性的选择，选择分裂后信息增益最大的属性进行分裂。

设 D 为用（输出）类别对训练元组进行的划分，则 D 的熵表示为：

$$\text{info}(D) = -\sum_{i=1}^{m} p_i \log_2(p_i)$$

式中，P_i 表示第 i 个类别在整个训练元组中出现的概率，一般来说会用这个类别的样本数量占总量的比例作为概率的估计；熵的实际意义表示是 D 中元组的类标号所需要的平均信息量。如果将训练元组 D 按属性 A 进行划分，则 A 对 D 划分的期望信息为：

$$\text{info}_A(D) = \sum_{j=1}^{v} \frac{|D_j|}{|D|} \text{info}(D_j)$$

于是，信息增益就是两者的差值，即

$$\text{gain}(A) = \text{info}(D) - \text{info}_A(D)$$

ID3 决策树算法就用到了上面的信息增益，在每次分裂时贪心选择信息增益最大的属性作为本次分裂属性。每次分裂就会使得树长高一层。这样逐步生成下去，就一定可以构建一棵决策树。

2．ID3 算法介绍

ID3 算法是决策树的一种，它基于奥卡姆剃刀原理，即尽量用较少的东西做更多的事。ID3 算法（Iterative Dichotomiser 3）是迭代二叉树 3 代，是 Ross Quinlan 发明的一种决策树算法，越是小型的决策树越优于大的决策树，尽管如此，也不总是生成最小的树型结构，而是一个启发式算法。在信息论中，期望信息越小，信息增益就越大，从而纯度就越高。ID3 算法的核心思想就是以信息增益来度量属性的选择，选择分裂后信息增益最大的属性进行分裂。该算法自上向下贪婪地搜索可能的决策空间。

3．信息熵与信息增益

在信息增益中，重要性的衡量标准就是看特征能够为分类系统带来多少信息，带来的信息越多，该特征越重要。在了解信息增益之前，先来看看信息熵的定义。熵这个概念最早起源于物理学，在物理学中用来度量一个热力学系统的无序程度，而在信息学里面，熵是对不确定性的度量。在 1948 年，香农引入了信息熵，将其定义为离散随机事件出现的概率，一个系统越有序，其信息熵就越低；反之，一个系统越混乱，其信息熵就越高。所以，信息熵可以被认为是系统有序化程度的一个度量。假如一个随机变量 X 的取值为 $X = \{x_1, x_2, \ldots, x_n\}$，每一种取到的概率分别是 $\{p_1, p_2, \ldots, p_n\}$，那么 X 的熵定义为：

$$H(X) = -\sum_{i=1}^{n} p_i \log_2 p_i$$

$H(X)$ 的意思是一个变量的变化情况越多，它携带的信息量就越大。

对于分类系统来说，类别 C 是变量，它的取值为 $C_1, C_2, \cdots, C_n$，而每个类别出现的概率分别是 $P(C_1), P(C_2), \cdots, P(C_n)$，这里的 n 就是类别的总数，此时分类系统的熵就可以表示为：

$$H(C) = -\sum_{i=1}^{n} P(C_i) \log_2 P(C_i)$$

以上就是信息熵的定义，接下来介绍信息增益。信息增益是针对一个个特征而言的，就是看一个特征 t，系统有它时和没有它时的信息量各是多少，两者的差值就是这个特征给系统带来的信息量，即信息增益。接下来以天气预报数据集例子来说明。表 18-1 所示是天气预报数据集的数据表，学习目标是 play 或 not play。

表 18-1 天气预报数据集的数据表

Outlook	Temperature	Humidity	Windy	Play?
sunny	hot	high	false	no
sunny	hot	high	true	no
overcast	hot	high	false	yes
rain	mild	high	false	yes
rain	cool	normal	false	yes
rain	cool	normal	true	no
overcast	cool	normal	true	yes
sunny	mild	high	false	no
sunny	cool	normal	false	yes
rain	mild	normal	false	yes
sunny	mild	normal	true	yes
overcast	mild	high	true	yes
overcast	hot	normal	false	yes
rain	mild	high	true	no

可以看出，一共 14 个样例，包括 9 个正例和 5 个负例。那么当前信息的熵计算如下：

$$\text{Entropy}(S) = -\frac{9}{14} \log_2 \frac{9}{14} - \frac{5}{14} \log_2 \frac{5}{14} = 0.940286$$

在决策树分类问题中，信息增益就是决策树在进行属性的选择划分前和划分后信息的差值。假设利用属性 outlook 来分类，如图 18-12 所示。

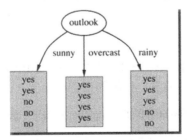

图 18-12 利用属性 Outlook 分类

划分后，数据被分为三部分，各个分支的信息熵计算如下：

$$\text{Entropy(sunny)} = -\frac{2}{5}\log_2\frac{2}{5} - \frac{3}{5}\log_2\frac{3}{5} = 0.970951$$

$$\text{Entropy(overcast)} = -\frac{4}{4}\log_2\frac{4}{4} - 0 \cdot \log_2 0 = 0$$

$$\text{Entropy(rainy)} = -\frac{3}{5}\log_2\frac{3}{5} - \frac{2}{5}\log_2\frac{2}{5} = 0.970951$$

划分后的信息熵为：

$$\text{Entropy}(S|T) = \frac{5}{14} \cdot 0.970951 + \frac{4}{14} \cdot 0 + \frac{5}{14} \cdot 0.970951 = 0.693536$$

Entropy($S|T$) 表示在特征属性 T 的条件下样本的条件熵。那么最终得到特征属性带来的信息增益为：

$$IG(T) = \text{Entropy}(S) - \text{Entropy}(S|T) = 0.24675$$

信息增益的计算公式为：

$$IG(S|T) = \text{Entropy}(S) - \sum_{\text{value}(T)} \frac{|S_v|}{S} \text{Entropy}(S_v)$$

其中，S 为全部样本集合，value（T）是属性 T 所有取值的集合，v 是 T 的其中一个属性值，S_v 是 S 中属性 T 的值为 v 的样例集合，$|S_v|$ 为 S_v 中所含样例数。在决策树的每一个非叶子节点划分之前，计算每个属性所带来的信息增益，选择最大信息增益的属性来划分，因为信息增益越大，区分样本的能力就越强，也越具有代表性，很显然这是一种自顶向下的贪心策略。

【实验环境】

- Linux Ubuntu 16.04。
- Python3.6。
- sklearn0.19.0。

【实验内容】

T 餐饮企业作为大型连锁企业，生产的产品种类比较多，涉及的分店所在的地理位置也不同，数量比较多。对于企业的高层来说，了解周末和非周末的销量情况，以及天气、促销活动等因素对门店销量的影响至关重要。因此，为了让决策者准确了解和销量有关的一系列影响因素，采用算法构建决策树模型，分析天气、是否周末和是否有促销活动对销量的影响。

【实验步骤】

（1）在 Linux 中新建/data/python13 目录，并切换到该目录下，代码如下：

```
1.  sudo mkdir -p /data/python13/
2. cd /data/python13/
```

（2）使用 wge 命令，从 http://192.168.1.100:60000/allfiles/python13/目录下，将实验所需数据下载到本地/data/python13 目录下，代码如下：

```
1.  sudo wget http://192.168.1.100:60000/allfiles/python13/sales_data.txt
```

（3）新建 Python 项目，并命名为"python13"，如图 18-13 所示。

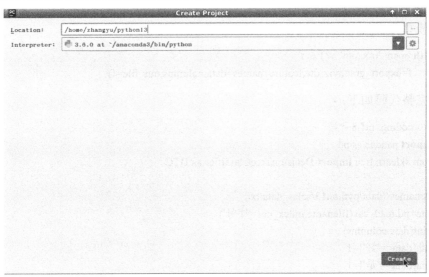

图 18-13　新建 Python 项目

（4）新建 Python 文件，并命名为"DT"，如图 18-14 所示。

图 18-14　新建 Python 文件

（5）导入数据所需的外包，代码如下：

1. **import** pandas as pd
2. from sklearn.tree **import** DecisionTreeClassifier as DTC
3. from sklearn.tree **import** export_graphviz

（6）导入数据，代码如下：

1. filename='/data/python13/sales_data.txt'
2. data=pd.read_csv(filename,index_col='序号')

（7）数据预处理，代码如下：

1. data[data=='好']=1
2. data[data=='是']=1
3. data[data=='高']=1
4. data[data!=1]=-1

（8）特征提取，代码如下：

1. x=data.iloc[:,:3].as_matrix().astype(**int**)
2. y=data.iloc[:,3].as_matrix().astype(**int**)

（9）建立决策树模型，代码如下：

1. dtc=DTC(criterion="gini").fit(x,y)

（10）模型可视化，代码如下：

```
1.  with open( 'tree.dot','w') as f:
2.      f=export_graphviz(dtc,feature_names=data.columns,out_file=f)
```

（11）完整代码如下：

```
1.  #-*- coding: utf-8 -*-
2.  import pandas as pd
3.  from sklearn.tree import DecisionTreeClassifier as DTC
4.
5.  filename='/data/python13/sales_data.txt'
6.  data=pd.read_csv(filename,index_col='序号')
7.  print(data.columns)
8.  data[data=='好']=1
9.  data[data=='是']=1
10. data[data=='高']=1
11. data[data!=1]=-1
12.
13. x=data.iloc[:,:3].as_matrix().astype(int)
14. y=data.iloc[:,3].as_matrix().astype(int)
15.
16. dtc=DTC(criterion="gini").fit(x,y)
17.
18. from sklearn.tree import export_graphviz
19.
20. with open( 'tree.dot','w') as f:
21.     f=export_graphviz(dtc,feature_names=data.iloc[:,:3].columns,out_file=f)
```

（12）在当前目录下可以看到一个名为 tree.dot 的文件，切换到当前项目所在目录 ~/python13 文件下，以如下方式编译，将其转换为可视化文件 tree.png，代码如下：

```
1.  cd ~/python13
2.  dot -Tpng tree.dot -o tree.png
```

（13）在 PyCharm 中打开 tree.png 文件，如图 18-15 所示。

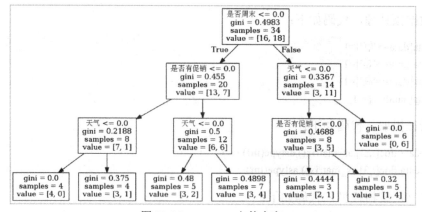

图 18-15　tree.png 文件内容

18.4　机器学习实验

【实验目的】

掌握 Python 用于机器学习的算法包 sklearn，该算法包提供了大量机器学习算法，使用简单，如今成为机器学习入门的必备工具。

【实验原理】

机器学习算法从数据分析中获得规律，并利用规律对未知数据进行预测，使得计算机能从大量历史数据中学习规律，从而对新的样本做智能识别或对未来的变化做预测。

机器学习的开发方式与传统的软件开发方式有很大不同，因此初学者必须深刻理解机器学习的本质，才能更好地进行后面的学习。普通的程序开发是编写一个固定的规则，执行的时候由规则对输入进行判断。而机器学习的开发过程没有这个规则，规则需要通过"训练"得到，得到的规则被称为数学模型。之后，应用模型对新的输入进行判断的过程被称为预测。

模型训练是机器学习的核心，其本质是一种数学的迭代计算，即通过多次输入数据和预测结果不断对比以求解模型的参数，使得预测的误差最小，有点类似解方程的过程。为了让读者更好地理解机器学习的过程，本书推荐一个机器学习平台——极简人工智能实验平台，该平台配置 Python 机器学习的开发环境，读者可以使用本书提供的代码。同时，该平台提供了一个无代码的实验环境，可以让读者充分体验机器学习的过程。

【实验环境】

极简人工智能实验平台。

【实验内容】

解决分类问题和回归问题是人工智能最主要的两项任务，本实验将以分类为例，让读者初步了解人工智能。本实验将应用极简人工智能实验平台，以无代码的图形化方式，描述分类模型建立的过程和场景，以便让读者以 Python 为基础，迅速了解人工智能。该平台可以让初学者快速掌握人工智能的内涵，轻松入门。

本实验中使用的数据集是 sklearn 官方推荐的鸢尾花卉数据集，专门用于分类问题的测试。鸢尾花（iris）数据集共有 4 个属性列和 3 个品种类别列。属性列分别是 sepal length（萼片长度）、sepal width（萼片宽度）、petal length（花瓣长度）、petal width（花瓣宽度），单位都是厘米。3 个品种类别列分别是 Setosa、Versicolour、Virginica，样本数量有 150 个，每类有 50 个。

【实验步骤】

（1）实验目标是建立一个分类模型，该模型可以对未来的变化进行预测。本实验选用一个方便的人工智能工具体现，该数据集已经被内置在该系统中。相对于普通分类模型，岭回归分类模型加入 L2 正则项可以更好地防止模型过拟合。

（2）需要注意过拟合的问题，所谓过拟合就是模型只适应训练数据，而不适应测试数据。我们首先在系统中选择岭回归分类模型，并设置各项参数，如图 18-16～图 18-18 所示。将数据集划分为训练集和测试集，一般比例为 7∶3，再设置随机种子、正则化系数、常数项等参数。所有参数也可以使用默认值。

图 18-16 因变量选择

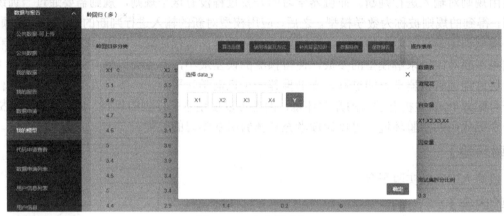

图 18-17 自变量选择

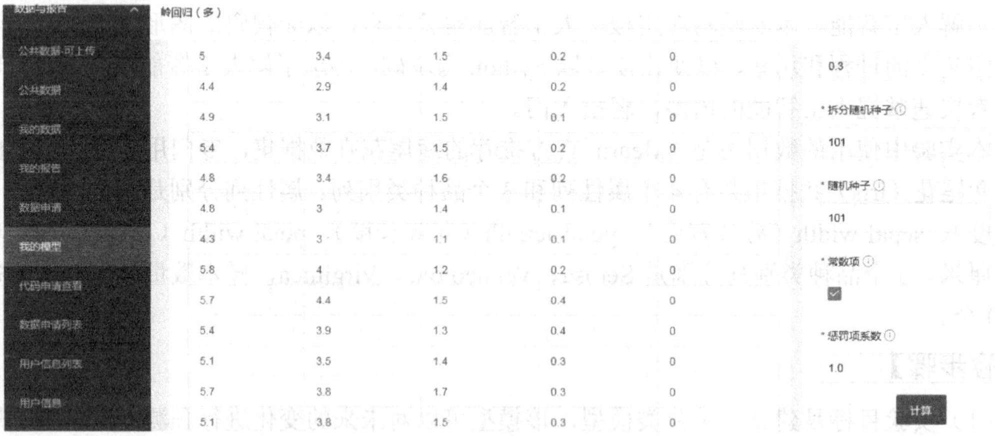

图 18-18 设置岭回归参数

（3）平台会自动计算模型的系数和各项评估值，如图 18-19 所示。其中，最需要关注的是准确度，它反映了模型对测试集能否给出正确的判断。如果准确度不合格，则将对模型参数进行二次调整，之后重新建模。

分类报告

```
              precision    recall  f1-score   support

         0.0       1.00      1.00      1.00        13
         1.0       0.92      0.55      0.69        20
         2.0       0.55      0.92      0.69        12

    accuracy                           0.78        45
   macro avg       0.82      0.82      0.79        45
weighted avg       0.84      0.78      0.78        45
```

图 18-19 分类报告

（4）建模完成后，在系统的模型中会生成刚刚建立的模型，如图 18-20 所示。该模型可以在今后进行调用，用于对新数据进行判断。本实验中该模型可以用于辨别鸢尾花的品种。

图 18-20 新建立的模型

（5）相关机器学习代码。

机器学习的开发环境配置相对于普通的 Python 编程开发环境配置要复杂一些，需要通过 pip 命令安装相应的软件环境。极简人工智能实验平台已经为读者部署好了实验环境，初学者可以直接使用。

本例相关实验代码及注释如图 18-21 所示。

```python
from sklearn.model_selection import train_test_split   #引入模型拆分包
from sklearn.datasets import load_iris                 #读入Iris数据集
from sklearn.linear_model import RidgeClassifier       #加载岭回归包

# 导入数据集

x_data = load_iris().data      # .data返回iris数据集所有输入特征
y_data = load_iris().target    # .data返回iris数据集所有输入目标

# 对数据进行拆分，分为训练数据和测试数据
x_train, x_test, y_train, y_test = train_test_split(x_data, y_data, test_size = 0.3, random_state = 101)

# 对数据训练
clf = RidgeClassifier().fit(x_train, y_train)    # 获取逻辑回归对象

# 模型预测打分函数
clf.score(x_test,y_test)
```

图 18-21 本例相关实验代码及注释

运行结果如下：

```
0.8
```